高职高专"工作过程导向"新理念教材 计算机系列

Web前端开发项目化教程（第2版）

汤明伟 曹雪花 主编
崔蓬 郑伟 何隽 副主编

清华大学出版社
北京

内 容 简 介

本书以1+X Web前端开发职业技能等级证书(初级、中级和高级)的职业素养和能力标准为纲要,以Web前端开发所对应的行业企业岗位需求能力为导向,以读者喜闻乐见的电子商务平台"叮当网上书店"校企合作项目(PC端版和移动端版)为导入项目,按照"项目导入,任务驱动"的教学模式,基于现代软件工程岗位的工作过程精心组织和安排教学内容。本书由3篇组成:基础篇的重点介绍采用XHTML、CSS、Hack等前端技术进行PC端版网站开发、设计和测试;进阶篇的重点介绍采用HTML 5、CSS 3、Bootstrap前端框架、DOM、Hack、Flex弹性盒等前端技术进行移动端版网站开发、设计和测试;交互篇的重点介绍采用JavaScript语言和jQuery前端框架等交互技术进行静态网站人机交互的开发、设计和测试。网站产品的浏览器兼容性设计是本书的难点。

本书将静态网站搭建方面的能力标准、行业开发规范与规则和职业素养有机地融入各项任务中,可作为中高职院校相关专业的教材,也可作为网站设计师、Web前端开发工程师、网站交互设计师、Web前端移动工程师、UI设计工程师等网站设计与开发人员的参考书。

本书封面贴有清华大学出版社防伪标签,无标签者不得销售。
版权所有,侵权必究。举报: 010-62782989, beiqinquan@tup.tsinghua.edu.cn。

图书在版编目(CIP)数据

Web前端开发项目化教程 / 汤明伟,曹雪花主编. -- 2版. -- 北京:清华大学出版社,2025.5. -- (高职高专"工作过程导向"新理念教材).
ISBN 978-7-302-69013-9
Ⅰ.TP312;TP393.092
中国国家版本馆CIP数据核字第2025HW3941号

责任编辑:孟毅新
封面设计:傅瑞学
责任校对:袁 芳
责任印制:沈 露

出版发行:清华大学出版社
  网 址: https://www.tup.com.cn, https://www.wqxuetang.com
  地 址: 北京清华大学学研大厦A座 邮 编: 100084
  社 总 机: 010-83470000 邮 购: 010-62786544
  投稿与读者服务: 010-62776969, c-service@tup.tsinghua.edu.cn
  质量反馈: 010-62772015, zhiliang@tup.tsinghua.edu.cn
  课件下载: https://www.tup.com.cn, 010-83470410
印 装 者: 北京鑫海金澳胶印有限公司
经 销: 全国新华书店
开 本: 185mm×260mm 印 张: 21.5 字 数: 490千字
版 次: 2015年2月第1版 2025年5月第2版 印 次: 2025年5月第1次印刷
定 价: 69.00元

产品编号: 100310-01

第 2 版前言

目前,随着"互联网+"和移动 Web 应用的不断发展,Web 前端开发正处于高峰期。在 Web 2.0、Web 3.0 的热潮下,Web 前端开发的岗位(如网页设计师、Web 前端开发工程师、用户体验分析师、网站交互设计师、Web 前端移动工程师等)需求量日益增长,几乎每个大的互联网公司都有属于自己的互联网开发团队,如淘宝网的"淘宝 UED"、百度旗下的"百度 UFO"、腾讯的 ISD 和 CDC 等。

2019 年 2 月国务院发布的《国家职业教育改革实施方案》提出,在职业院校、应用型本科高校启动"学历证书+若干职业技能等级证书(1+X)"证书制度试点工作。Web 前端开发专业作为全国首批 1+X 职业技能等级证书的 6 个试点专业之一,经过多年的发展,在全国各大试点院校的共同努力下,取得了一定的探索及研究的成果。本书基于 1+X 职业技能等级证书标准编写,给广大读者提供一种思路,旨在抛砖引玉。

本书内容

本书以校企合作的真实项目——"叮当网上书店"电子商务网站为导入项目,按照行业工作过程及 Web 前端开发 1+X 职业技能等级初级、中级、高级证书在静态网站搭建方面的能力标准和职业素养要求,将项目分为 PC 端版静态网站搭建、移动端版静态网站搭建和静态网站人机交互设计 3 篇。

1. 基础篇

在任务 1 中,介绍本书项目网站的需求分析,主要介绍网站项目需求分析的两大任务:页面元素级和网站功能级的需求分析应该做些什么?怎么做?让读者能够了解整个行业网站项目需求分析的大概流程。

在任务 2 和任务 3 中,主要介绍网站项目的 DEMO(快速原型法)和网站图片素材的整理和设计,为项目的实施做好基础工作。DEMO 采用的是手绘设计稿的方法,重点介绍网站常用的版式设计。图片素材的整理和设计主要采用 Photoshop 软件来完成,培养读者的设计技能和设计思路。

从任务 4 到任务 7,主要介绍 XHTML 语言和常用结构化标签,培养读者掌握在 Web 2.0 标准下的 DIV+CSS 布局思想,强调尽量采用合适的标签来进行页面及模块结构的设计,提高读者编写 XHTML 语言代码的质量。

从任务8到任务12，主要介绍CSS样式，因为CSS是Web标准中的一个核心技术内容，因此本书用5个任务的篇幅来介绍。从盒子模型、浮动、文档流、定位、CSS样式表、CSS缩写、CSS的浏览器兼容性等方面进行深入浅出的详尽的分析和介绍。对项目的开发进行精细化管理和把控，让读者真正能够理解知识和掌握技能。

2. 进阶篇

在任务13中，按照1+X职业技能等级证书考试的环境要求，主要介绍HBuilder X开发工具及移动端版项目建站。

从任务14到任务18，主要介绍采用HBuilder X开发工具、Bootstrap前端框架、Flex弹性盒、HTML 5、CSS 3等前端技术设计、开发和测试移动端版"叮当网上书店"项目。培养读者掌握在Web 3.0标准下的行业开发规范和规则，对网站产品进行质量控制，培养精益求精的工匠精神。

3. 交互篇

在任务19中，主要介绍采用JavaScript语言、DOM、jQuery前端框架对PC端版和移动端版的表单验证、购物车结算等交互设计、开发和测试，对于没有JavaScript基础的读者来说，也可以采用目前比较流行的、效果比较丰富的jQuery框架来进行网站交互的开发和设计，可以让读者很轻松地学习后实现网站的相应的交互效果，培养读者在网站产品开发中的人性化设计理念。

本书特色

（1）以Web前端开发1+X职业技能等级证书的能力标准进行总体设计，按Web前端开发1+X职业技能等级证书的职业素养要求，融入劳动教育等高质量职业教育发展元素。

（2）以"项目导入，任务驱动"教学模式，基于现代软件工程岗位工作过程组织和编写，模拟仿真企业岗位开发情景，让读者在项目中学，在项目中做，以学生为中心，以能力为本位。

（3）配套泛雅网络教学平台，包含全任务慕课视频、电子讲稿、PPT课件、作业库、试题库、拓展项目库、讨论区、微课等高质量课程精品资源，保障和提升读者的学习效果。

（4）注重代码编写质量，由点到面、由简到难，以"公用性、复用性"为原则逐步重构项目的代码，让读者轻松地掌握行业企业的开发规范及规则，有利于读者真正掌握Web前端开发的技术和技巧。

读者对象

目前，随着Web前端开发岗位需求量的日益增长以及Web前端开发1+X职业技能等级证书的深入发展，许多网站设计师开始学习并应用Web标准，学习Web前端开发技术（HTML、CSS、JavaScript、DOM、Bootstrap、jQuery和AJAX等）。本书适合所有网站设计师、Web前端开发工程师、UI设计工程师、网站交互设计师、Web前端移动开发工程师等网站设计与开发人员。本书将Web前端开发1+X职业技能等级初级、中级、高级证书在静态网站搭建方面的能力标准和职业素养要求有机地融入各项任务，读者通过任务的逐步实施，在学中做，在做中学。本书在Web 2.0标准下，采用DIV+CSS布局对项目的 PC 端版进行开发设计与测试,对 CSS 代码进行了不断的重构,探讨了浏览器兼容性并提供了常用的一些解决方案;在 Web 3.0 标准下,采用 HTML 5、CSS 3、Flex 弹性盒、Bootstrap 前端框架等技术对项目的移动端版进行开发设计与测试,探讨了在不同屏幕尺寸的移动端设备下的兼容性测试及解决方案;针对初学者,还加入了 JavaScript、DOM、jQuery 前端框架的交互设计,为读者从入门到精通打下坚实的基础。

脚本代码

书中提供了大量的 HTML 与 CSS 代码,用以帮助读者学习和制作完成本项目,由于篇幅有限,编者不可能将整篇网站项目的代码放置其中,因此针对代码做了相应的注释和格式的排版。

例如,下面代码中未加粗和倾斜的代码是延续上面任务完成后的 CSS 代码或者是加入了新的 CSS 代码,而加粗和倾斜的代码是针对本任务添加的新的 CSS 代码,编者加入了详尽的注释,以帮助读者能够更好地理解和掌握。

```
/* 修改 yuanjiao_center,实现离左侧 20px,垂直方向居中 */
.yuanjiao_center{
    float:left;
    height:27px;
    line-height:27px;       /* 通过设置 line-height 的值和 height 的值相同来实现文本垂直方向居中 */
    padding-left:20px;      /* 通过设置 padding-left 的值来实现离左侧的间距 */
    width:954px;            /* 根据盒子模型,设置了 padding-left 的值为 20px,那么要使整个盒子的宽度不变,应将盒子的 width 值相应地减去 20px,因此修改 width 的值为 954px */
    background-image:url(../images/head_yj_center.jpg);
    background-repeat:repeat-x;
    background-position:left top;
}
/* 添加 .yuanjiao_center a 和 .yuanjiao_center a:hover 的超链接样式及伪类样式 */
.yuanjiao_center a{
    padding:0 10px 0 5px;
    margin:0;
    color:#FFFFFF;
    text-decoration:none;
}
.yuanjiao_center a:hover{
    text-decoration:underline;
}
/* 添加 .yuanjiao_center span 样式,实现超链接之间垂直线的效果 */
.yuanjiao_center span{
    color:#efefef;
    margin-right:5px;
}
```

项目介绍

本书选取"叮当网上书店"电子商务网站作为本书的导入项目,主要考虑本书的读者基本都有过网购的经历或者对电商网站有一定的了解。一方面,读者可以很好地理解项目网站的业务流程和页面流转；另一方面，本项目能够涵盖 Web 前端开发 1+X 职业技能等级初级、中级、高级证书在静态网站搭建方面的大部分知识点和技能及职业素养要求。

本书项目 PC 端版网站通过了 IE 6~IE 9、Chrome、Firefox 等主流浏览器的兼容性测试，移动端版网站则通过了不同屏幕尺寸的移动终端设备的兼容性测试。通过对本项目的学习和实践，读者能够掌握一定的浏览器、移动端设备兼容性设计技能和技巧，提升读者的岗位竞争能力，打通学校人才培养目标和企业岗位能力需求间"最后一公里"的通道。

本书主要创作团队为课程组的汤明伟、崔蓬、郑伟、何隽、曹雪花、金志泉、黄成老师及黄婧、张怡、潘瑜蓉、邹珂珂、徐子轩学生，郑柳娟老师对全书进行了总审。本书付梓当然也离不开家人和其他领导、同事的关心和支持，在此一并表示真挚的感谢。

由于编者技术水平有限，书中难免有不足之处，希望广大读者批评、指正，并提出宝贵的意见和建议。

编　者

2025 年 4 月

目 录

基 础 篇

任务 1　"叮当网上书店"项目需求分析 ········· 2
- 1.1　任务描述 ········· 2
- 1.2　相关知识 ········· 3
  - 1.2.1　什么是 Web 标准 ········· 3
  - 1.2.2　Web 标准的历史 ········· 4
  - 1.2.3　Web 标准的构成 ········· 4
  - 1.2.4　网站项目需求分析的流程 ········· 6
- 1.3　任务实施 ········· 7
  - 1.3.1　页面级设计需求 ········· 7
  - 1.3.2　网站功能级的需求 ········· 9
- 1.4　任务拓展 ········· 11
- 1.5　职业素养 ········· 11
- 1.6　任务小结 ········· 12
- 1.7　能力评估 ········· 12

任务 2　"叮当网上书店"前台版面设计稿 ········· 13
- 2.1　任务描述 ········· 13
- 2.2　相关知识 ········· 13
  - 2.2.1　网站常用的布局结构 ········· 13
  - 2.2.2　网站常用的页面版式 ········· 14
- 2.3　任务实施 ········· 16
  - 2.3.1　"叮当网上书店"首页版面设计稿 ········· 16
  - 2.3.2　"叮当网上书店"登录页版面设计稿 ········· 18
  - 2.3.3　"叮当网上书店"图书分类页版面设计稿 ········· 19
  - 2.3.4　"叮当网上书店"购物车页版面设计稿 ········· 21
- 2.4　任务拓展 ········· 22
  - 2.4.1　"叮当网上书店"注册页版面设计稿 ········· 22

2.4.2 "叮当网上书店"图书详情页版面设计 ………………………… 23
　2.5 职业素养 ……………………………………………………………… 23
　2.6 任务小结 ……………………………………………………………… 23
　2.7 能力评估 ……………………………………………………………… 23

任务3 "叮当网上书店"图片素材设计 ……………………………………… 24
　3.1 任务描述 ……………………………………………………………… 24
　3.2 相关知识 ……………………………………………………………… 25
　　3.2.1 像素与分辨率 ………………………………………………… 25
　　3.2.2 位图和矢量图 ………………………………………………… 25
　　3.2.3 图像的颜色模式 ……………………………………………… 26
　　3.2.4 图像的格式 …………………………………………………… 26
　　3.2.5 图层 …………………………………………………………… 27
　　3.2.6 蒙版 …………………………………………………………… 28
　3.3 任务实施 ……………………………………………………………… 29
　　3.3.1 "叮当网上书店"Logo 制作 ………………………………… 29
　　3.3.2 "购买"按钮图片制作 ………………………………………… 30
　　3.3.3 头部高级搜索按钮背景的制作 ……………………………… 31
　　3.3.4 导航按钮背景图片制作 ……………………………………… 32
　　3.3.5 分类导航条背景的制作 ……………………………………… 35
　　3.3.6 GIF 动画设计制作 …………………………………………… 36
　　3.3.7 蒙版 Banner 图制作 ………………………………………… 38
　3.4 任务拓展 ……………………………………………………………… 40
　3.5 职业素养 ……………………………………………………………… 41
　3.6 任务小结 ……………………………………………………………… 41
　3.7 能力评估 ……………………………………………………………… 41

任务4 "叮当网上书店"项目建站 …………………………………………… 42
　4.1 任务描述 ……………………………………………………………… 42
　4.2 相关知识 ……………………………………………………………… 42
　　4.2.1 什么是 XHTML ……………………………………………… 42
　　4.2.2 XHTML 文件结构 …………………………………………… 43
　　4.2.3 DTD 文件 ……………………………………………………… 43
　　4.2.4 XHTML 编码规则 …………………………………………… 44
　　4.2.5 头部标签 head ………………………………………………… 45
　4.3 任务实施 ……………………………………………………………… 47
　　4.3.1 "叮当网上书店"项目建站 …………………………………… 47
　　4.3.2 "叮当网上书店"新建首页 …………………………………… 48

4.4 任务拓展 49
    4.4.1 SEO——让你的网站排名靠前 49
    4.4.2 用三个标签实现 SEO 50
4.5 职业素养 51
4.6 任务小结 51
4.7 能力评估 51

任务 5 "叮当网上书店"页面框架结构 52

5.1 任务描述 52
5.2 相关知识 53
    5.2.1 div 标签 54
    5.2.2 span 标签 55
5.3 任务实施 55
    5.3.1 "叮当网上书店"首页 XHTML 框架结构 56
    5.3.2 "叮当网上书店"购物车页 XHTML 框架结构 59
5.4 任务拓展 62
    5.4.1 "叮当网上书店"登录页 XHTML 框架结构 62
    5.4.2 "叮当网上书店"注册页 XHTML 框架结构 63
    5.4.3 "叮当网上书店"图书分类页 XHTML 框架结构 64
    5.4.4 "叮当网上书店"图书详情页 XHTML 框架结构 64
5.5 职业素养 67
5.6 任务小结 67
5.7 能力评估 67

任务 6 "叮当网上书店"首页总体结构 68

6.1 任务描述 68
6.2 相关知识 68
    6.2.1 插入图片——img 标签 68
    6.2.2 列表——ul、ol 和 li 标签 70
    6.2.3 超链接——a 标签 71
    6.2.4 表单类标签 71
    6.2.5 hn 和 p 标签 74
6.3 任务实施 75
    6.3.1 首页 header 区域 XHTML 模块结构 75
    6.3.2 首页 search 区域 XHTML 模块结构 76
    6.3.3 首页中间 left 区域 XHTML 模块结构 79
    6.3.4 首页中间 right 区域 XHTML 模块结构 81
    6.3.5 首页中间 center 区域 XHTML 模块结构 84

　　　　6.3.6　首页 footer 区域 XHTML 模块结构 …………………… 88
　　6.4　任务拓展 ………………………………………………………… 89
　　　　6.4.1　图书分类页 XHTML 总体结构 ………………………… 89
　　　　6.4.2　图书详情页 XHTML 总体结构 ………………………… 93
　　　　6.4.3　登录页 XHTML 总体结构 ……………………………… 98
　　6.5　职业素养 ………………………………………………………… 99
　　6.6　任务小结 ……………………………………………………… 100
　　6.7　能力评估 ……………………………………………………… 100

任务 7　"叮当网上书店"购物车页整体结构 …………………… 101

　　7.1　任务描述 ……………………………………………………… 101
　　7.2　相关知识 ……………………………………………………… 102
　　　　7.2.1　table、tr、th 和 td 标签 ……………………………… 102
　　　　7.2.2　thead、tbody 和 tfoot 标签 …………………………… 103
　　7.3　任务实施 ……………………………………………………… 104
　　　　7.3.1　购物车主体部分整体结构 ……………………………… 104
　　　　7.3.2　标题 shoppingtitle 结构 ……………………………… 105
　　　　7.3.3　表头 shoppingtabletop 结构 ………………………… 105
　　　　7.3.4　中间表格区 shoppingtablecenter 结构 ……………… 105
　　　　7.3.5　底部 shoppingtablefooter 结构 ……………………… 111
　　7.4　任务拓展 ……………………………………………………… 111
　　　　7.4.1　注册页 XHTML 总体结构 …………………………… 111
　　　　7.4.2　登录页 XHTML 总体结构 …………………………… 113
　　7.5　职业素养 ……………………………………………………… 114
　　7.6　任务小结 ……………………………………………………… 114
　　7.7　能力评估 ……………………………………………………… 115

任务 8　"叮当网上书店"页面布局与定位 ……………………… 116

　　8.1　任务描述 ……………………………………………………… 116
　　8.2　相关知识 ……………………………………………………… 117
　　　　8.2.1　CSS 样式表 …………………………………………… 117
　　　　8.2.2　应用 CSS 到网页中 …………………………………… 119
　　　　8.2.3　盒子模型 ……………………………………………… 121
　　　　8.2.4　浮动布局 ……………………………………………… 125
　　　　8.2.5　定位布局 ……………………………………………… 127
　　8.3　任务实施 ……………………………………………………… 127
　　　　8.3.1　首页布局与定位 ……………………………………… 127
　　　　8.3.2　图书分类页布局与定位 ……………………………… 131

|　　8.3.3　购物车页布局与定位 ……………………………………………… 132
|　8.4　任务拓展 ………………………………………………………………… 133
|　8.5　职业素养 ………………………………………………………………… 135
|　8.6　任务小结 ………………………………………………………………… 135
|　8.7　能力评估 ………………………………………………………………… 136

任务 9　"叮当网上书店"首页 navlink 区样式 ……………………………… 137
　9.1　任务描述 ………………………………………………………………… 137
　9.2　相关知识 ………………………………………………………………… 138
　　9.2.1　使用列表元素 ……………………………………………………… 138
　　9.2.2　背景控制 …………………………………………………………… 138
　　9.2.3　文本与段落样式 …………………………………………………… 139
　　9.2.4　超链接样式控制 …………………………………………………… 141
　9.3　任务实施 ………………………………………………………………… 142
　　9.3.1　首页 navlink 区 Logo 图片样式 …………………………………… 143
　　9.3.2　首页 navlink 区导航菜单样式 ……………………………………… 144
　　9.3.3　首页 navlink 区用户快速导航样式 ………………………………… 147
　9.4　任务拓展 ………………………………………………………………… 148
　9.5　职业素养 ………………………………………………………………… 148
　9.6　任务小结 ………………………………………………………………… 148
　9.7　能力评估 ………………………………………………………………… 149

任务 10　"叮当网上书店"首页 search 区样式 …………………………… 150
　10.1　任务描述 ………………………………………………………………… 150
　10.2　相关知识 ………………………………………………………………… 151
　　10.2.1　圆角背景控制 …………………………………………………… 151
　　10.2.2　表单 UI 设计效果 ………………………………………………… 151
　10.3　任务实施 ………………………………………………………………… 154
　　10.3.1　首页 search 区圆角背景样式 …………………………………… 156
　　10.3.2　首页 search 区表单设计样式 …………………………………… 158
　10.4　任务拓展 ………………………………………………………………… 162
　　10.4.1　首页 main_left、main_right 两侧样式 …………………………… 162
　　10.4.2　首页 main_right 用户登录区样式 ……………………………… 162
　　10.4.3　用户注册页样式 ………………………………………………… 162
　　10.4.4　用户登录页样式 ………………………………………………… 163
　10.5　职业素养 ………………………………………………………………… 163
　10.6　任务小结 ………………………………………………………………… 163
　10.7　能力评估 ………………………………………………………………… 164

任务 11 "叮当网上书店"首页 main_center 区样式 ·············· 165

11.1 任务描述 ·············· 165
11.2 相关知识 ·············· 168
    11.2.1 CSS 缩写 ·············· 168
    11.2.2 CSS Hack 技术 ·············· 170
    11.2.3 ul 的不同表现 ·············· 172
    11.2.4 容器不扩展问题 ·············· 172
11.3 任务实施 ·············· 173
    11.3.1 首页 main_center 区主编推荐区样式 ·············· 175
    11.3.2 首页 main_center 区本月最新出版区样式 ·············· 177
11.4 任务拓展 ·············· 179
    11.4.1 首页 main_center 区本周媒体热点区样式 ·············· 179
    11.4.2 首页 footer 区样式 ·············· 180
11.5 职业素养 ·············· 180
11.6 任务小结 ·············· 181
11.7 能力评估 ·············· 181

任务 12 "叮当网上书店"购物车页样式 ·············· 182

12.1 任务描述 ·············· 182
12.2 相关知识 ·············· 183
    12.2.1 细线表格 ·············· 184
    12.2.2 表格隔行变色 ·············· 184
12.3 任务实施 ·············· 185
    12.3.1 购物车页表格列表效果 ·············· 189
    12.3.2 购物车页表格隔行变色效果 ·············· 193
12.4 任务拓展 ·············· 194
    12.4.1 用户登录页样式 ·············· 194
    12.4.2 用户注册页样式 ·············· 195
12.5 职业素养 ·············· 195
12.6 任务小结 ·············· 195
12.7 能力评估 ·············· 196

进 阶 篇

任务 13 "叮当网上书店"移动端项目建站 ·············· 198

13.1 任务描述 ·············· 198

13.2 相关知识 ·············· 198
13.2.1 HBuilder X 下载 ·············· 198
13.2.2 HBuilder X 软件介绍 ·············· 198
13.2.3 HBuilder X 软件 ·············· 199
13.2.4 HBuilder X 软件的特点 ·············· 201
13.2.5 HTML 5 语言 ·············· 201
13.3 任务实施 ·············· 202
13.3.1 HBuilder X 项目建站 ·············· 202
13.3.2 HBuilder X 新建项目首页 ·············· 203
13.4 任务拓展 ·············· 205
13.4.1 HBuilder X 支持的项目运行说明 ·············· 205
13.4.2 HBuilder X 常用的快捷键操作 ·············· 206
13.4.3 网络资源推荐 ·············· 207
13.5 职业素养 ·············· 207
13.6 任务小结 ·············· 207
13.7 能力评估 ·············· 207

任务 14 "叮当网上书店"移动端首页设计与制作 ·············· 208
14.1 任务描述 ·············· 208
14.2 相关知识 ·············· 209
14.2.1 Bootstrap 简介 ·············· 209
14.2.2 Bootstrap 4 环境安装 ·············· 209
14.2.3 Flex 弹性盒布局 ·············· 211
14.2.4 网格系统 ·············· 213
14.2.5 导航栏/Tabs ·············· 215
14.2.6 轮播 ·············· 218
14.3 任务实施 ·············· 219
14.3.1 首页导航模块 ·············· 221
14.3.2 首页轮播模块 ·············· 226
14.3.3 首页 Tabs 商品展示模块 ·············· 229
14.3.4 首页底部版权模块 ·············· 234
14.4 任务拓展 ·············· 235
14.4.1 自适应广告位 ·············· 235
14.4.2 点击 Top 10 排行榜商品展示模块 ·············· 236
14.5 职业素养 ·············· 237
14.6 任务小结 ·············· 237
14.7 能力评估 ·············· 237

任务 15　"叮当网上书店"移动端分类页设计与制作 ········· 238
　15.1　任务描述 ········· 238
　15.2　相关知识 ········· 239
　15.3　任务实施 ········· 240
　　15.3.1　分类页总体布局与定位 ········· 240
　　15.3.2　分类页选项卡切换效果 ········· 242
　　15.3.3　分类页选项卡主内容区 ········· 245
　15.4　任务拓展 ········· 247
　15.5　职业素养 ········· 248
　15.6　任务小结 ········· 248
　15.7　能力评估 ········· 248

任务 16　"叮当网上书店"移动端详情页设计与制作 ········· 249
　16.1　任务描述 ········· 250
　16.2　相关知识 ········· 250
　16.3　任务实施 ········· 253
　　16.3.1　顶部导航栏设计与制作 ········· 253
　　16.3.2　导航目标区设计与制作 ········· 255
　　16.3.3　底部导航条 ········· 263
　16.4　任务拓展 ········· 264
　16.5　职业素养 ········· 266
　16.6　任务小结 ········· 266
　16.7　能力评估 ········· 266

任务 17　"叮当网上书店"移动端购物车页设计与制作 ········· 267
　17.1　任务描述 ········· 268
　17.2　相关知识 ········· 268
　17.3　任务实施 ········· 272
　　17.3.1　购物车顶部导航栏设计与制作 ········· 273
　　17.3.2　购物车页主体模块设计与制作 ········· 274
　　17.3.3　购物车页底部结算导航栏设计与制作 ········· 279
　17.4　任务拓展 ········· 280
　17.5　职业素养 ········· 281
　17.6　任务小结 ········· 282
　17.7　能力评估 ········· 282

任务 18　"叮当网上书店"移动端"我的"页设计与制作 ········· 283
　18.1　任务描述 ········· 283

18.2 任务实施 ··· 283
    18.2.1 顶部用户状态区设计与制作 ··· 284
    18.2.2 我的订单区设计与制作 ·· 286
  18.3 任务拓展 ··· 288
  18.4 职业素养 ··· 289
  18.5 任务小结 ··· 289
  18.6 能力评估 ··· 289

交 互 篇

任务 19 "叮当网上书店"网站交互设计与制作 ································ 292
  19.1 任务描述 ··· 292
  19.2 相关知识 ··· 294
    19.2.1 jQuery 简介 ··· 294
    19.2.2 jQuery 的工作原理 ·· 295
    19.2.3 jQuery 下载并安装 ·· 295
    19.2.4 jQuery 基本知识 ·· 297
    19.2.5 jQuery 选择器 ··· 298
    19.2.6 jQuery 事件 ··· 300
    19.2.7 jQuery 效果 ··· 301
    19.2.8 jQuery HTML ·· 302
    19.2.9 jQuery 遍历 ··· 303
    19.2.10 jQuery AJAX ·· 305
  19.3 任务实施 ··· 307
    19.3.1 PC 端注册页表单验证交互效果设计与制作 ···························· 307
    19.3.2 移动端首页返回顶部交互效果设计与制作 ···························· 314
    19.3.3 移动端购物车页交互效果设计与制作 ································· 317
  19.4 任务拓展 ··· 321
  19.5 职业素养 ··· 323
  19.6 任务小结 ··· 323
  19.7 能力评估 ··· 324

参考文献 ··· 325

基础篇

任务1 "叮当网上书店"项目需求分析
任务2 "叮当网上书店"前台版面设计稿
任务3 "叮当网上书店"图片素材设计
任务4 "叮当网上书店"项目建站
任务5 "叮当网上书店"页面框架结构
任务6 "叮当网上书店"首页总体结构
任务7 "叮当网上书店"购物车页整体结构
任务8 "叮当网上书店"页面布局与定位
任务9 "叮当网上书店"首页 navlink 区样式
任务10 "叮当网上书店"首页 search 区样式
任务11 "叮当网上书店"首页 main_center 区样式
任务12 "叮当网上书店"购物车页样式

任务 1 "叮当网上书店"项目需求分析

叮当书店是暨阳市的一家中小型连锁书店,有很多优质图书资源和广阔的市场前景,各连锁网点遍布当地高等院校、中小学校周边。因其图书更新速度快、折扣较低、服务快速优质,叮当书店在暨阳市当地市场的图书销售业绩和客户服务都很出色。

从现在开始,在宫成世的带领下,我们将用5个月,和主人公蔡晶理一起,为叮当连锁书店开发新的Web应用系统——"叮当网上书店"。

作为项目组IFTC(展望软件研发中心)的成员之一,程旭元作为Web前端开发工程师亲自参与这个过程,帮助项目组开发设计项目的整个DEMO,俗称"静态网页制作"。现在由程旭元通过自己的项目开发经验,带领大家一起体验来自"叮当网上书店"项目开发中Web前端工程师的酸甜苦辣,让读者完成从初学者到Web前端工程师的蜕变。

学习目标

(1) 理解什么是Web标准。
(2) 了解Web标准的历史及构成。
(3) 理解网站开发设计的项目需求分析流程。
(4) 理解网站开发设计的页面需求分析。
(5) 理解网站开发设计的功能需求分析。

1.1 任务描述

许多学校的老师、学生都非常喜欢到叮当书店购书。遗憾的是,对于叮当书店而言,核心客户只是书店周边的老师和学生,其他人则难以体验到叮当书店的特色。因为叮当书店只有传统的两种销售渠道:各连锁书店直接销售、电话预订销售(支持连锁书店取货、送货上门两种配送方式)。

前几年,在一些媒体和客户的口碑传导下,叮当书店的销售业务量飞速增长。但是,随着淘宝网、当当网、ChinaPub等知名电子商务平台的迅速发展,更丰富的图书、更便捷的采购、更低的折扣等都让叮当书店感受到了巨大的销售压力。而叮当书店传统的销售渠道,也已经无法满足客户对于更高服务质量的期望。客户经常向总店客服投诉说无法及时从连锁书店取到预订的图书,配送员也在各连锁书店和客户之间疲于奔命……很显然,叮当书店迫切需要适应市场需求,扩充它的销售渠道,提高服务质量。

幸运的是，叮当书店拥有一位出色的销售经理肖景利，他与连锁书店周边学校的许多老师、学生都有着很好的私人关系。肖景利正全力以赴应对即将到来的 9 月销售旺季——新学期开学，都是各类图书最热销的季节。

肖景利迅速召开了几次内部会议，最终证实，如果仅仅依赖目前的销售渠道，要提高销售业务量和服务质量太难了。肖景利期望定制开发一套比较完善的电子商务平台——叮当网上书店系统。这套网上书店系统要能结合叮当书店连锁书店自身网店分布广的优势，面向特定的客户群体，拓展网上图书销售渠道。这意味着新的电子商务解决方案要在当年 7 月 1 日之前上线测试并投入运行，而离这个时间只有短短的不到 5 个月。肖景利对此一窍不通，根本不知道如何在这么短的时间内使网上书店系统上线和运行。几经斟酌后，肖景利联系到了当地一家具有电子商务行业开发经验的软件研发机构——IFTC（展望软件研发中心）。肖景利将这个项目的研发工作交给了 IFTC。

宫成世是 IFTC 的主要负责人，具有非常丰富的电子商务平台研发经验。宫成世决定承接叮当书店的"网上书店"项目。为尽可能准确地了解叮当书店的需求，宫成世做了充分的准备工作，他给肖景利打电话，约了第二天中午到 IFTC 的茶座"曼茶馆"细聊。

经过几次当面、QQ、电话等的沟通和交流后，"叮当网上书店"项目正式开始实施。程旭元作为项目组成员之一，一直参与了整个项目的需求分析，多次跟客户进行交流，按照客户制订的参考项目"当当网上书店"的页面设计效果和功能开发设计叮当网上书店的 DEMO，并形成网站开发设计需求分析报告给客户进行确认。

1.2 相 关 知 识

要做好网站开发设计需求分析报告，需要了解相关 Web 开发的知识和标准，以及需求分析报告的相关要求及内容。

1.2.1 什么是 Web 标准

Web 标准是由 W3C（world wide web consortium）和其他标准化组织制定的一套规范集合，包含一系列标准，自然也包含了我们所熟悉的 HTML、XHTML、JavaScript 以及 CSS 等。Web 标准的目的在于创建一个统一的用于 Web 表现层的技术标准，以便通过不同浏览器或终端设备向最终用户展示信息内容。

相关链接

W3C 中文译名为万维网联盟，它是一个非营利性组织，主要工作是制定适用于网络的技术标准。W3C 不断地考察互联网应用情况，根据互联网的发展及一些技术的逐步应用，将某些技术制定为国际统一的标准。比如，HTML、CSS 以及最近比较热门的 XML、RDF 等都由 W3C 负责制定。除了制定标准外，W3C 还提供标准方面的资讯、标准的版本更新、辅助代码验证工具等服务，可以通过 http://www.w3c.org 了解有关方面的最新消息。

1.2.2　Web标准的历史

提到Web标准的历史,不得不谈及一个经典的名词——HTML(hypertext markup language,超文本置标语言)。事实上,HTML技术是目前最优秀也是最为核心的Web技术之一。目前计算机上(包括互联网在内)的大部分应用程序在交互操作上的核心原理都来自HTML的链接设计思想。

超文本式浏览从根本上改变了人们的阅读习惯,这种非线性的阅读方式,可以灵活地组织多种信息的内容。用户不再为从上至下的段落阅读方式所束缚,可以根据全文的内容随时通过某个关键字上的链接去查看相关的注释或者其他信息。更重要的是,由于这种链接式文本的出现,使得传统信息可以进行更合理的分类与检索,从而改变了信息的展现方式。

目前互联网上的优秀网站无一不是通过对信息进行合理的分析、分类与处理来创造商业价值的,比如Google、Amazon、eBay等,它们通过信息的超文本式整理与业务模式来进行整合,使得全新的商业模式带给用户与企业客观的价值。目前HTML也是最为普及的网页设计技术,不同的操作系统或者浏览器都可以通过HTML进行信息的设计、整合。HTML 4.0版本已经是一种非常成熟的页面描述脚本语言,它支持、提供(包含段落、列表、表格等)众多标签元素来对信息进行组织,并且具备一定的设计功能,比如能对版式、字体颜色及图片等信息做出控制,这是目前最普及的网页设计技术。

然而仅仅依靠一种文本技术来进行网页表现还是远远不够的,W3C通过长期的技术积累,开发了另一种用于文本设计的技术,这就是CSS(cascading style sheet,层叠样式表)。

在CSS技术初期,由于它的出现晚于浏览器的推出,没能被当时的浏览器所支持,所以一直未能得到普及。直到CSS 2.0版本出现,它才被广大网页设计师所接受。如果你在1999—2000年期间开始了解网页制作技术的话,应该能够体会到,当时通过CSS来定义全站的字体颜色和链接样式的方法,已经能够让当时的网站设计工作变得高效、灵活。

随着网络技术的发展与用户需求提高,单纯的信息展示已经不能满足大家对获取信息的需求。拥有交互性也是Web发展的标志之一,JavaScript的诞生正是为了处理日益增长的对页面交互的需求,使得用户能通过鼠标或者键盘操作来对页面上的信息进行交互行为,如增加、改变或者删除信息以及使用更为丰富的交互方式。

时至今日,Web标准已经是由一系列架构分明的技术组成,这些技术都已成为目前Web表现层技术的头号应用。

1.2.3　Web标准的构成

Web标准由一系列规范组成,由于Web设计越来越趋向整体与结构化,目前的Web标准也逐步变为由三大部分组成的标准集:结构(structure)、表现(presentation)和行为(behavior),如图1-1所示。

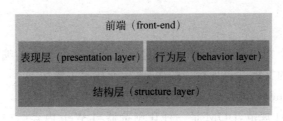

图 1-1　Web 标准三大部分

1．结构

结构用来对网页中用到的信息进行整理与分类。用于结构化设计的 Web 标准技术主要有这几种：HTML、XML(extensible markup language,可扩展置标语言)、XHTML (extensible HTML,可扩展 HTML)。

1) HTML

HTML 是 Web 最基本的描述语言,设计 HTML 语言的目的是把存放在这台计算机中的文本及图形与另一台计算机中的文本及图形方便地联系在一起,形成有机的整体,这样人们不用考虑具体信息是存放在当前计算机中还是在网络上的其他计算机中。只要使用鼠标在某一页面中单击一个图标,Internet 就会马上转到与此图标相关的内容,而这些信息可能存放在网络中的另一台计算机里。

HTML 文本是由 HTML 标签组成的描述性文本。HTML 标签可以说明文字、图形、动画、声音、表格、超链接等。HTML 的结构包括头部(head)、主体(body)两大部分。头部描述浏览器所需的信息,主体包括所要展现的具体内容。

2) XML

XML 是一种能定义其他语言的语言,即可扩展置标语言。XML 最初设计的目的是弥补 HTML 的不足,以其强大的扩展性满足网络信息发布的需要,后来逐渐用于网络数据的转换及描述。

3) XHTML

虽然 XML 的数据转换能力强大,完全可以替代 HTML,但面对成千上万的 Internet 站点,直接采用 XML 还为时过早。因此,人们在 HTML 的基础上,用 XML 的规则对其进行扩展,得到了 XHTML。简单来说,建立 XHTML 的目的就是实现 HTML 向 XML 的过渡。

2．表现

表现技术用于对已经被结构化的信息进行显示上的控制,包括版式、颜色、大小等样式控制。目前的 Web 展示中,用于表现的 Web 标准技术主要就是 CSS 技术。

W3C 创建 CSS 标准的目的是希望以 CSS 来描述整个页面的布局设计,与 HTML 所负责的结构分开。使用 CSS 布局与 XHTML 所描述的信息结构相结合,能够帮助设计师分离出表现与内容,使站点的构建及维护更加容易。

3. 行为

行为是指对整个文档内部的一个模型进行定义及交互行为的编写，用于编写用户可以进行交互式操作的文档。表现行为的 Web 标准技术主要如下。

1) DOM(document object model，文档对象模型)

根据 W3C DOM 规范，DOM 是一种让浏览器与 Web 内容结构之间沟通的接口，使用户可以访问页面上的标准组件。DOM 给予 Web 设计师和开发者一个标准的方法，让他们来访问站点中的数据、脚本和表现层对象。

2) ECMAScript 脚本语言

ECMAScript 脚本语言是由 CMA(computer manufacturers association)制定的一种标准脚本语言，于 1999 年 12 月成为 JavaScript 的通行标准，用于实现具体界面上对象的交互操作。

1.2.4 网站项目需求分析的流程

一个网站项目的确立是建立在各种各样的需求上面的，这种需求往往来自客户的实际需求或者是出于公司自身发展的需要，其中客户的实际需求也就是说这种交易性质的需求占了绝大部分。面对拥有不同知识层面的客户，网站开发项目的负责人对用户需求的理解程度，在很大程度上决定了此类网站开发项目的成败。因此，如何更好地了解、分析、明确用户需求，并且能够准确、清晰地以文档的形式表达给参与项目开发的每个成员，保证开发过程按照满足用户需求、正确的项目开发方向进行，是每个网站开发项目管理者需要面对的问题。

本书就目前网站开发行业的需求分析文档为读者进行讲解。整个需求分析阶段的流程如图 1-2 所示。

通过对这个流程的分析，建议专业的网站需求分析中应该包括以下几大部分。

(1) 网站框架图或网站地图的规划。使用专业的流程图绘制工具绘画出网站的框架图，让网站中各个页面、导航、栏目、版块都能够清晰地展现在图中，作为网站需求分析的总览图。

(2) 页面设计的需求总结。在网站需求分析中总结出哪些页面需要独立设计，页面的风格色彩是什么，页面分辨率是多少，是否有 VI 图标的设计以及数量要求，是否有动画设计以及数量要求，是否有 JavaScript 前端效果以及数量要求等。这些都会影响项目的工期进度以及成本。

(3) 网站功能需求总结。根据客户需要以及网站内容管理的全面性要求进行功能的总结，在网站需求分析中，一定要将每个功能的细节操作定义清晰，以免在后期开发中出现歧义。例如，本项目中的用户模块包括"用户注册""用户登录""用户个人信息维护""用户注销""用户修改密码"等。

(4) 技术说明。在网站需求分析中应体现出使用的是哪种技术平台、哪种设计软件，网站前端技术有哪些，安全防御措施有哪些等。

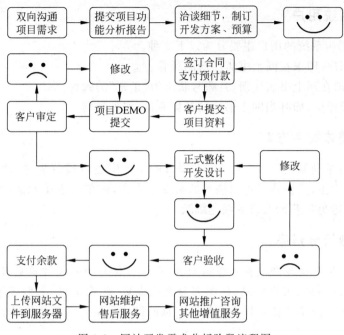

图 1-2　网站开发需求分析阶段流程图

(5) 关于网站优化的分析。实际上网站的作用主要是带来流量和客户源，因此在网站需求分析中要重视对网站优化推广的策划，分析网站的客户群习惯搜索哪些关键词去找他们需要的信息或产品，然后根据这些关键词对网站进行优化。

(6) 网站报价。当然，如果是自己公司的网站，就不必走这一步了。如果是建站公司对外服务，那么应将每项服务或功能的报价细节罗列在网站需求分析文档中。

(7) 项目实施安排。明确说明项目的实施步骤、项目工期和人员配备情况。

(8) 售后服务。售后服务也可以称为后期网站维护，在网站需求分析中应对网站后期的内容维护、定期改版、数据备份等工作给出安排说明。

按照以上几条进行网站需求分析并将结果撰写成文档，会对网站建设工作具有重要作用。根据网站类型和规模的不同，还可以将一些特殊的需求加入网站需求分析文档中，以保证建站效果。

1.3　任务实施

1.3.1　页面级设计需求

程旭元通过前期的需求分析和客户指定的参考项目，对"叮当网上书店"项目的网站设计方面做了大量的分析，并做出本项目的相关需求分析总结。

1. 定义系统用户

叮当网上书店系统的用户主要分为以下 3 种。
(1) 匿名用户,即未在网上书店注册的顾客。
(2) 会员,即在网上书店注册,且账号状态为"正常"的顾客。
(3) 书店管理员,即叮当网上书店的销售专员,如肖景利。

2. 页面整体配色方案

根据客户肖景利制定的参考项目,本项目的整体配色以橘黄为主,背景色以白色为主,字体以黑色为主,模块背景色以橘黄的渐变色为主,表单及表单元素的配色应符合整体色设计,尽量避免色差很大或者颜色跳跃。

3. 页面数及分辨率

根据本项目的功能模块及业务逻辑需求,本项目总共需要设计首页、图书分类页、图书详情页、用户注册页、用户登录页、图书分类检索页、购物车页、平台帮助页 8 个页面。每个页面采用 1024×768 像素以上分辨率。页面设计采用固定宽度且居中版式。

4. 页面浏览器支持

项目中所有页面都要支持在 IE 6.0、IE 7.0、IE 8.0、IE 9.0、Edge、Firefox、Chrome、搜狗、世界之窗等主流浏览器上的显示统一。由于每种浏览器存在对 CSS 2.0 的兼容与解析 Bug 的问题,因此,同样的样式在不同的浏览器中产生的效果可能不同,所以,需要开发者对 CSS Hack 技术有所了解和掌握。本书也会对项目开发中的一些常见的 CSS Hack 问题做详尽的讲解和剖析。

5. 页面广告及 VI 图标设计

根据客户肖景利的需求,"叮当网上书店"的 Logo 需要设计制作,总体要求能够符合公司宣传需求,美观大方,符合版面设计要求。对于广告位的设计,要在网站前台页面的底部设计一个 982×80 像素的长幅图片广告位,主要为客户进行网络推广。

6. 页面交互设计

页面交互性能是提高网站用户体验度的体现,目前实现页面交互的技术比较多,比如 DOM、JavaScript 等。本项目网站中,准备采用目前比较流行的 AJAX、jQuery 等技术,实现网站首页搜索提示、用户登录页面、用户注册页面、购物车页面等相关的交互功能。

7. 页面技术方案

程旭元是 Web 前端工程师,主要为"叮当网上书店"整个电子商务平台提供前端技术支持和保障。由于本项目电商平台的技术平台为 ASP. NET、SQL Server、Windows 操作系统,因此,在网站设计制作中,程旭元准备采用由 W3C 提供的 Web 开发标准技术来实现,其中包括 XHTML、CSS、jQuery、AJAX 等。

8. 网站页面搜索优化

作为一个电商平台,在网络上快速、精确地进行搜索,能够为企业带来巨大的用户量和经济价值。因此,在网站开发设计阶段给客户进行搜索优化设计是一个非常重要的工作,其中包括对网站关键词的设计、页面代码优化等。需要网站设计开发者在开发制作过程中具有良好的编码习惯、页面与样式分离等能力。

本项目中的网站开发流程中的网站报价、域名注册、服务器主机、项目实施安排、后期维护与支持等工作由项目负责人宫成世具体实施。但是,即使作为一个纯静态的网站开发项目,这些环节也是必不可少的。

1.3.2 网站功能级的需求

网站功能级的需求主要是指对网站整个业务流程和每个页面的功能模块的划分。用相应的工具软件,描述出各页面的功能模块图,以便与客户交流时,能够快速、高效地进行需求分析和沟通交流。

程旭元按照与客户肖景利的交流沟通结果,对"叮当网上书店"的整体功能图、各页面功能模块图进行了绘制与阐述。

1. 网站整体功能图

"叮当网上书店"整体功能图如图 1-3 所示。

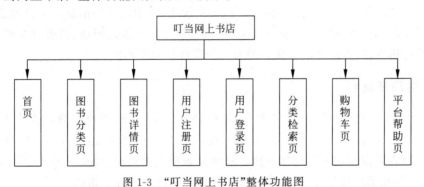

图 1-3 "叮当网上书店"整体功能图

2. 首页功能模块图

首页功能模块图如图 1-4 所示。

3. 图书分类页

本页面主要对图书进行分类列表展示,进行分页、排序(上架时间、价格、销售记录等),并提供图书购买、收藏功能。其他 Logo 及导航菜单模块、快速分类检索模块、图书分类模块、品牌出版社排行模块、广告位展示模块等的布局和设计与首页相同。图书分类检索页的设计与图书分类页设计基本一致。

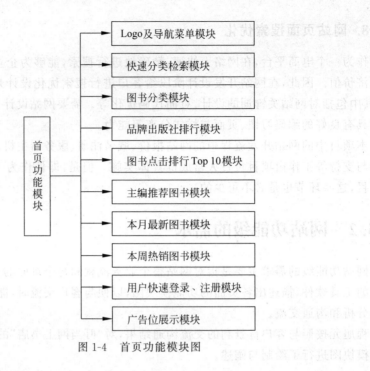

图 1-4　首页功能模块图

4. 图书详情页

本页面主要是对单本图书进行详细展示,包括图书的封面图片、书名、作者、出版社、出版时间、ISBN、原价、折扣、折扣价、库存、简要说明、详细说明等信息。本页面也提供图书购买、收藏功能。其他 Logo 及导航菜单模块、快速分类检索模块、图书分类模块、品牌出版社排行模块、广告位展示模块等的布局与设计与首页相似。

5. 用户注册页

本页面主要提供为顾客(匿名用户)进行会员注册功能,用户注册需提供 E-mail 账号、昵称、密码及确认密码等信息。对用户提供的 E-mail 账号进行 AJAX 的检测,确保 E-mail 账号在数据库记录中的唯一性。对所有表单元素进行 jQuery 的客户端验证。其他 Logo 及导航菜单模块、广告位展示模块等布局和设计与首页相似。

6. 用户登录页

本页面主要为会员用户提供一个网购登录功能,登录时,会员需要提供 E-mail 账号、密码信息。本页面还要为会员提供找回密码功能和快速注册链接功能。其他 Logo 及导航菜单模块、广告展示模块等布局和设计与首页相似。

7. 分类检索页

分类检索页对图书进行多维度分类,帮助用户迅速定位喜好的领域。支持按书名、作者精准查找,还有热门关键词推荐。高级检索能按出版年份、价格区间筛选,满足个性需求。简洁界面,操作便捷,无论资深书虫还是新手读者,都能快速找到心仪好书,开启知识探索之旅。

8. 购物车页

本页面主要为登录会员提供在选购图书之后,结算订单之前,对图书数量、单价和总价等进行列表统计功能,包括对购物车中图书的删除、图书数量的编辑、订单总价的自动统计、继续购物链接、结算等。其他 Logo 及导航菜单模块、广告位模块等布局和设计与首页相似。

9. 平台帮助页

本页面主要为本电子商务平台的客户提供使用教程,主要将平台各页面的使用规范和操作功能进行描述和展示,能够让初次使用者快速熟练使用本平台。其他 Logo 及导航菜单模块、广告位模块等布局和设计与首页相似。

程旭元根据多年的网站设计与开发项目需求分析经验,总结出了网站功能级需求的重要性和必要性。网站功能级需求做得越详细越细致,对后期的开发就越有利,越能让项目开发做到精细化,尽量避免因为项目功能而与客户产生一些不必要的纠纷。

1.4 任务拓展

经过任务 1 的学习,读者大致了解了网站项目设计与开发的需求分析流程和各个流程环节中应该做的具体工作。读者可以按照本任务的一些具体内容和标准,参照行业内网站设计与开发项目的需求分析报告格式,自己动手完成一份"叮当网上书店"电子商务平台项目的需求分析报告,为自己以后的职业生涯打下一定的基础并积累一定的经验。

1.5 职业素养

本任务高度仿真当前互联网 IT 行业和企业的工作场景,围绕"培养具有现代班组长潜质的 IT 人才"的人才培养计划。课程开设之初,参照 IT 行业和企业的项目组配备,将班级学生按照 6~7 人为一个项目组的模式进行项目分组。项目组的组织架构图如图 1-5 所示。

其中,项目经理(project manager,PM)是项目团队的领导者,其首要职责是在预算范围内按时、优质地领导项目小组完成全部项目工作内容,并使客户满意。质量控制(question and answer,Q&A)是对项目开发的全过程进行质量监控、文档规范及整理的人员。技术经理(technical manager,TM)是项目开发、实施组的负责人,主要负责组织制定各种技术标准和技术规范并保证实施,是具有一定开发团队领导能力、能够带领技术团队进行项目攻关的人员。开发工程师是负责项目各功能模块开发实施、测试的人员。

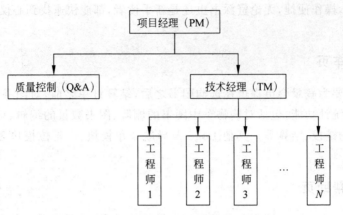

图 1-5 项目组的组织架构图

以高度仿真的 IT 项目组进行课程内容的实施与贯彻,主要培养学生以下方面的职业素养。

(1) 自觉遵守 IT 行业基本公约,具备一定知识产权知识,具有保护行业商业秘密和客户隐私的职业道德。

(2) 具有及时与客户沟通、交流,向客户反馈项目进展的服务意识。

(3) 具有一定的 5S 管理能力,能够保障授课场所的整理、整顿、清扫、清洁。

(4) 在项目组中能够进行团队合作、诚信开发。

1.6 任务小结

本任务主要为读者讲解和阐述网站项目设计与开发的需求分析的流程和各流程应该做哪些工作等,并从页面级和功能级两个方面进行了详尽的阐述,让读者能够通过本任务的学习,初步了解 Web 标准的相关知识以及网站项目设计与开发的需求分析应该怎么做,做什么;也能够独立完成第一份网站项目设计与开发的需求分析报告,为接下来的工作打下坚实的基础。

1.7 能力评估

1. 什么是 Web 标准?
2. Web 标准有哪三大部分?每部分的技术标准有哪些?
3. 网站项目设计与开发的需求分析流程有哪些?
4. 页面设计需求包括哪些方面?
5. 网站功能需求包括哪些方面?

任务 2 "叮当网上书店"前台版面设计稿

通过任务 1 的"叮当网上书店"首页网站项目需求分析,程旭元基本明确了用户需求和网站的功能模块。根据网站整体功能图,网站主要包含首页、图书分类页、图书详情页、用户注册页、用户登录页、分类检索页、购物车页、平台帮助页八大功能模块。首先,根据需求,程旭元给出初步版面设计稿,并与客户沟通并修改后,确定各版面的设计最终稿,以确立网站页面框架结构。

学习目标

(1) 理解常用的网站布局格式。
(2) 根据网站功能级的需求,完成各版面设计稿。

2.1 任务描述

程旭元通过"叮当网上书店"首页网站项目需求分析和客户指定的参考项目,确立了网站整体功能,绘制出网站整体功能图和各功能模块图。在这个阶段,程旭元要将功能图实现为各页版面设计图,安排各页面的版式,然后根据客户反馈调整,直到确定各版面的设计最终稿。

2.2 相关知识

2.2.1 网站常用的布局结构

本任务要求在了解各种布局形式后,确定各网页整体布局方式和各功能模块的安排定位。网页布局版式主要按照任务 1 中客户制定的"叮当网上书店"的页面设计效果和功能开发,设计"叮当网上书店"的 DEMO。

一般网站都需要实现以下一些模块:网站名称与 Logo、新闻、广告、主菜单、友情链接、版权、计数器、搜索和邮件列表等,安排这些模块内容,就需要对网站进行布局,确定一种网站结构和版式。

在采用基于 DIV+CSS 的布局开发时,经常需要考虑各种显示器的分辨率和各种浏览器版本的兼容性问题。网站的视觉路径一般是从上到下,从左到右。常用的布局模式主要包括"左中右"和"上中下"以及两种模式的结合。

2.2.2 网站常用的页面版式

网站的版式可分为以下几种。

(1)一列固定宽度。这种布局在实际应用中一般用于网站大框架的构造,比如图 2-1 所示的网站就采用了一列固定宽度居中布局,将网站整体锁定在浏览器窗口的正中间。

图 2-1 一列固定宽度居中布局网站

(2)一列宽度自适应。自适应布局同样是网页设计中常见的布局形式之一,它能根据浏览器窗口的大小,自动改变其宽度或高度值。这是一种非常灵活的布局形式,类似于框架结构中的设置,良好的自适应布局网站对不同分辨率的显示器都能提供最好的显示效果。

(3)二列固定宽度。二列固定宽度在页面设计中经常会用到,适用于网站大框架的构造或内容分栏,如图 2-2 所示。

(4)二列宽度自适应。

(5)二列右列宽度自适应。

(6)二列固定宽度居中。

(7)三列浮动中间列宽度自适应。

任务2 "叮当网上书店"前台版面设计稿

图 2-2 二列固定宽度布局网站

2.3 任务实施

2.3.1 "叮当网上书店"首页版面设计稿

根据任务1中给出的首页功能模块图确定页面中各部分的内容后,接下来需要根据内容本身考虑整体的页面板块结构。"叮当网上书店"是一列固定宽度居中的版式,在这里也采用这样的版式来安排图1-4所示的首页功能模块图中的各个模块。

"叮当网上书店"首页版面设计稿效果如图2-3和图2-4所示,分为头部、主体部分和底部。头部为导航栏和搜索栏,以橘黄的渐变色为主,导航栏从左到右分别是Logo、导航按钮、导航文字链接。底部的上、下分为图片广告条和版权信息、工商编号。主体部分安排为左、中、右三栏显示,左侧为图书栏目和品牌出版社栏目,右侧为用户登录表单栏目和点击排行榜栏目。以上的图书、品牌出版社和点击排行榜3个栏目都用橙色圆角矩形作为标题背景,以列表的形式来显示具体内容。中间部分分为上、中、下三块,从上至下分别是主编推荐栏目、本月新版栏目和本周热点栏目。主编推荐和本周热点栏目都以左侧封面图片、右侧文字简介的形式显示内容,本月新版栏目是以封面图片配以书名价格的方式形成四列两行的列表列出新版图书的书目。

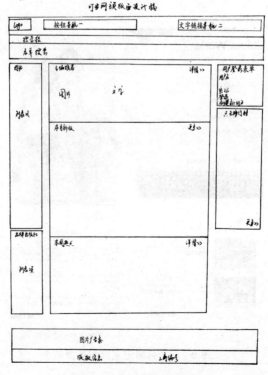

图2-3 首页版面设计稿

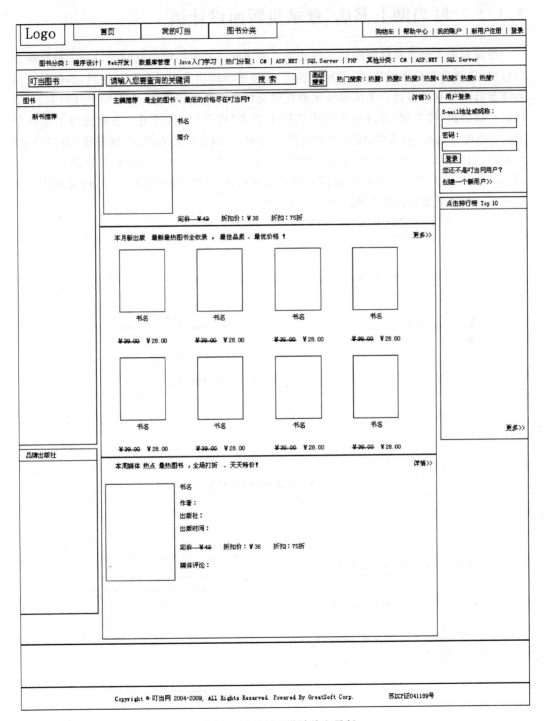

图 2-4 首页版面设计稿电子版

2.3.2 "叮当网上书店"登录页版面设计稿

登录页面为会员提供网购登录的功能。考虑到网站风格统一的问题,Logo 及导航菜单模块、快速分类检索模块、图书分类模块、广告展示模块等布局与首页相同,也就是头部和底部沿用首页的设计。主体部分主要提供会员的网购登录功能,在布局上分为上、下结构。上部给出"叮当网,全球领先的中文网上书店"的口号,然后用一条横线与下部分分隔;下部再分为左、右结构,按照用户的操作习惯,左侧安排广告语,右侧安排"用户登录"的界面,用圆角矩形边框包围,包含的表单内容为供 E-mail 账号和密码信息输入的文本框和"登录"按钮,并为会员提供找回密码功能和快速注册功能的链接文字,链接到用户注册页面。整体效果如图 2-5 和图 2-6 所示。

图 2-5 登录页版面设计稿

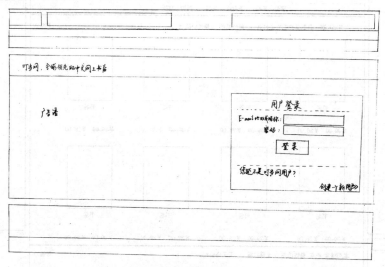

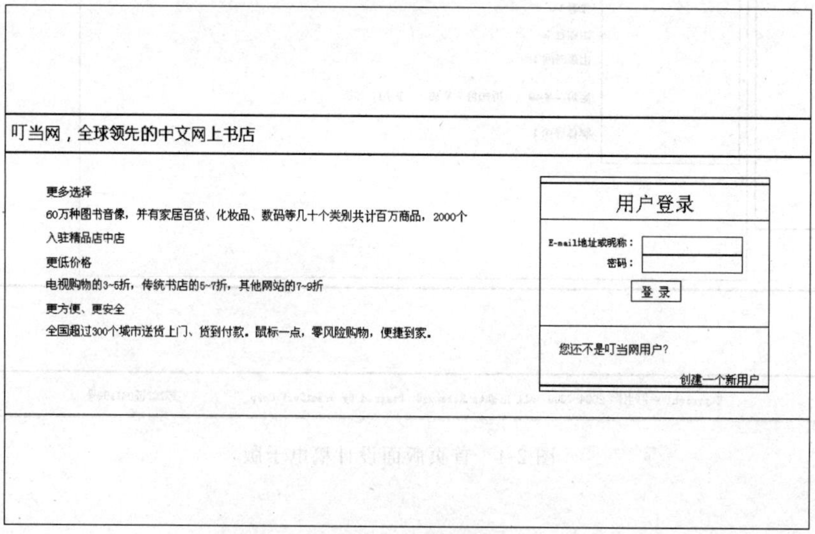

图 2-6 登录页版面设计稿电子版

2.3.3 "叮当网上书店"图书分类页版面设计稿

图书分类页面主要功能是对图书进行分类列表展示。根据风格统一性原则，头部和底部也沿用首页的设计，主体部分顶部添加页面导航，给出"您现在的位置：叮当网＞＞图书分类＞＞列表"；接下来分为左、右结构，左侧沿用首页主体部分左侧的图书栏目和品牌出版社栏目，右侧用来显示分页、排序（上架时间、价格、销售记录等），并提供图书购买、收藏功能，自上而下分别为排序方法、图书列表和页码跳转的功能模块。其中，图书列表中每页从上到下安排4本书，每本书的部分为左右结构，左侧放置封面图片，右侧从上到下依次为书名、虚线分隔、顾客评分、作者、出版社、图书简介、价格折扣、"购买"和"收藏"按钮。整体效果如图2-7和图2-8所示。

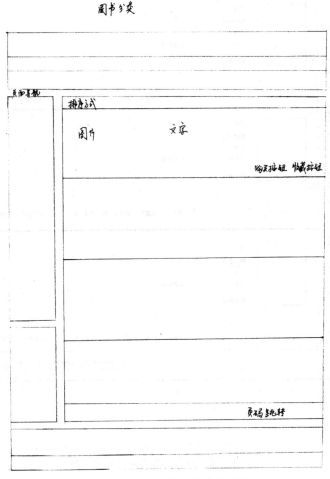

图2-7 图书分类页版面设计稿

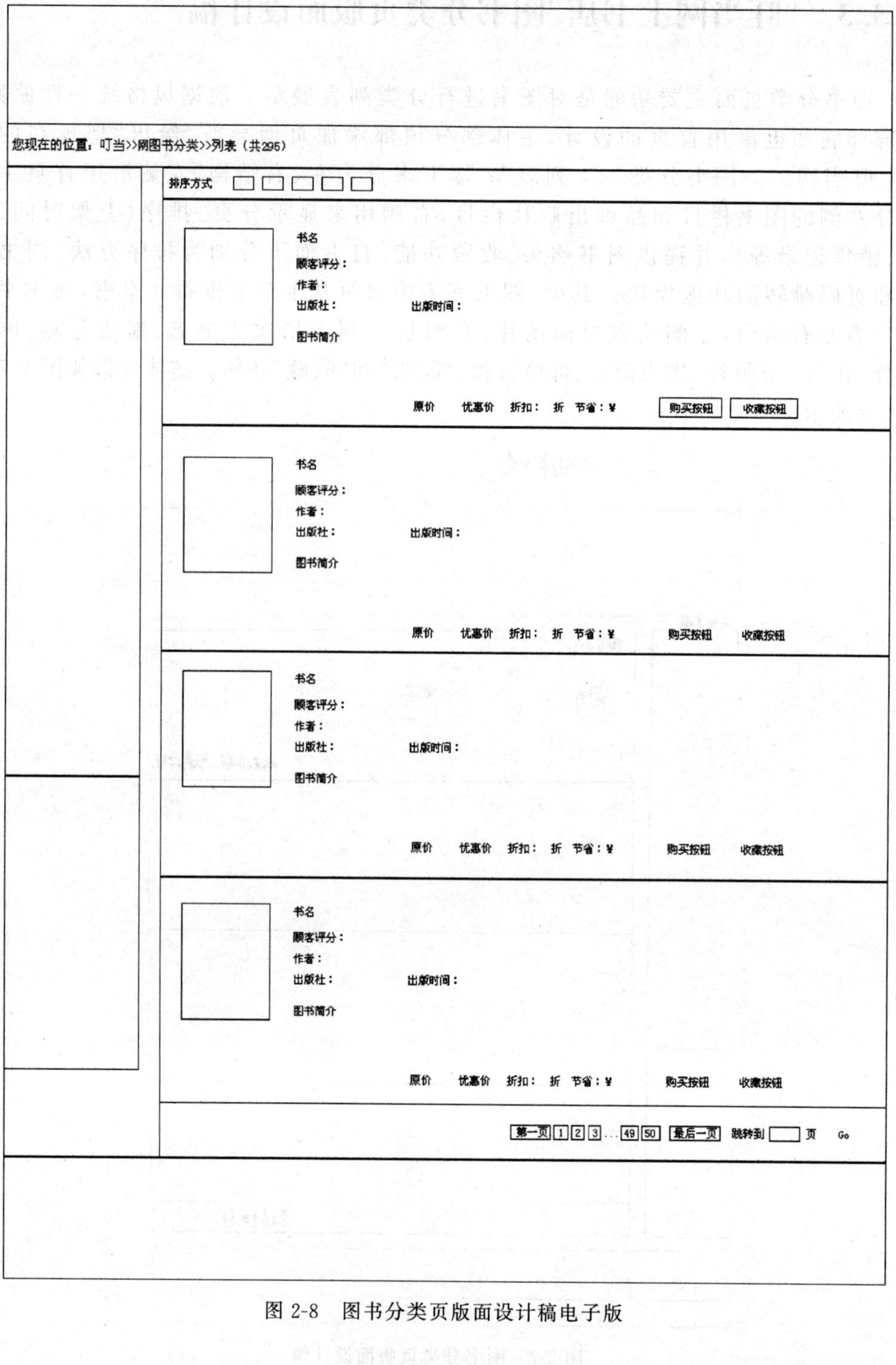

图 2-8　图书分类页版面设计稿电子版

2.3.4 "叮当网上书店"购物车页版面设计稿

根据风格统一性原则,购物车页面的头部和底部再次沿用首页的设计。主体部分首先显示购物车图片和"您选好的商品:"文字。接下来,考虑到本页面的功能,主要为已登录的会员在选购图书之后结算订单之前,对图书数量、单价和总价等进行列表统计。列表用表格的形式来显示。表格为内外嵌套,外层表格为3行1列,为浅蓝色圆角细线表格。表头为浅蓝色圆角背景,其中嵌有一个5列1行的表格,内容分别为商品号、商品名、价格、数量和操作;第二行嵌有一个5列多行的表格,列与表头对应,为多选框、带链接的书名(链接到图书详情页)、价格及折扣、带数字的文本框、"删除"及"修改"链接。本表格的功能包括对购物车中图书的删除、图书数量的编辑、订单总价的自动统计、继续购物链接和结算等。在表格的最后一行,参照图书分类页,安排相同的页码跳转的功能模块,整个表格用灰色的细线边框进行分隔;第三行为圆角底部背景。

整体效果如图 2-9 和图 2-10 所示。

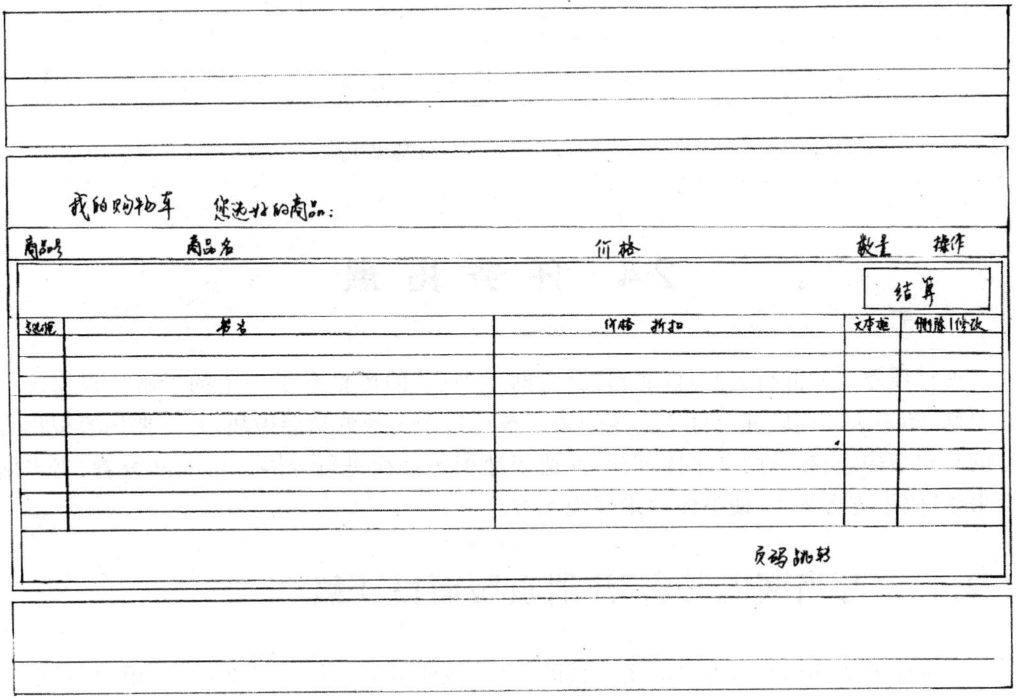

图 2-9 购物车页版面设计稿

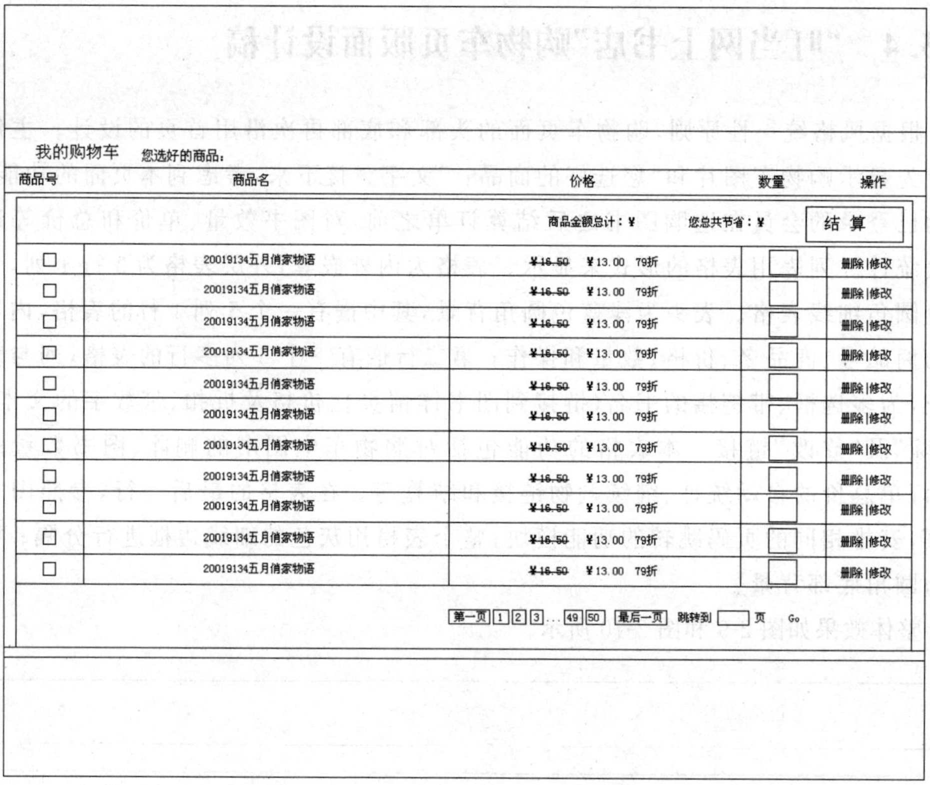

图 2-10 购物车页版面设计稿电子版

2.4 任务拓展

通过任务 2 的分析展开，读者对"叮当网上书店"的风格有了一定的了解。根据统一性原则，知道头部和底部与首页完全一致。按照每个页面的功能模块，将主要内容根据合适的版式结构，安排在网页主体部分，并适当地用边框线进行分隔。可上网查看"当当网上书店"效果进行参考，使整体效果美观大方。

2.4.1 "叮当网上书店"注册页版面设计稿

本页面的头部和底部可以沿用首页的设计，主体部分主要为顾客（匿名用户）提供会员注册功能。用户注册时须提供 E-mail 账号、昵称、密码及确认密码等信息。根据注册信息的需要，可采用比较整齐的行列形式来展示内容，读者可参考购物车页面独立完成此效果。

2.4.2 "叮当网上书店"图书详情页版面设计

本页面的头部和底部也可沿用首页的设计。主体部分主要是对单本图书进行详细展示,包括图书的封面图片、书名、作者、出版社、出版时间、ISBN、原价、折扣、折扣价、库存、简要说明、详细说明等信息,同时提供图书购买、收藏功能。读者可参考图书分类页面安排主体部分的页面版式。

2.5 职业素养

软件设计稿是软件开发的基石,是软件产品的生命线,按照任务1中的网络软件产品的工作过程标准体系,软件设计稿设计出来后,必须充分跟客户沟通、交流、确认,直到客户满意。并且,软件设计稿在设计过程中,不仅总体设计要到位,还要做到对每个设计细节精益求精,充分考虑产品操作的简单性、人性化设计等方面。

通过本任务的设计与实施,主要培养学生以下方面的职业素养。

(1) 及时与客户交流、沟通,具有向客户展示及提升产品的人性化设计的服务意识。

(2) 对软件产品设计要精益求精。

2.6 任务小结

通过本任务的学习和实践,程旭元已经根据客户需求,完成了整个"叮当网上书店"版式的设计,对于初次学习的广大读者来说,可以上网大量浏览优秀的品牌网站,对各种网站版式进行了解,对功能模块的安排进行探索,为以后开发企业网站前台积累经验。

2.7 能力评估

1. 网页中常见的布局格式有哪些?
2. 网站设计布局中框架集有哪些?

任务 3 "叮当网上书店"图片素材设计

通过任务 2 的实施,程旭元已经完成了网站各版面的设计稿,接下来就要按照设计稿的要求进行页面框架设计。在结构制作过程中,我们需要插入相关的图片,因此需要使用 Photoshop 工具进行相关图片的制作。制作结束后,在结构设计和效果设计阶段可以将图片作为网页元素插入,也可以作为背景进行页面美化。

学习目标

(1) 熟练掌握图层的使用。
(2) 掌握文字工具的使用和编辑。
(3) 熟练掌握圆角矩形的使用。
(4) 熟练掌握前景色、背景色和渐变色填充。
(5) 熟练掌握图层样式的使用。
(6) 熟练掌握切片工具的使用和切片的导出。
(7) 熟练掌握 GIF 动画的制作和导出。
(8) 掌握蒙版的使用和编辑。

3.1 任务描述

在结构制作过程中,我们需要插入相关的图片,因此需要使用 Photoshop 工具进行相关图片的制作。网站图片设计需要体现网站的整体风格,并且要有很好的用户体验度。我们从以下几个方面进行图片的制作。

1. Logo 制作

Logo 是网站特色和内涵的集中体现。网站强大的整体实力、优质的产品和服务都被涵盖于标志中。Logo 是网站广告宣传、文化建设、对外交流中必不可少的元素。因此首先需要完成 Logo 图片的制作。

2. "购买"按钮制作

"叮当网上书店"是一个电子商务平台,需要给用户提供图书购买功能,网站的视觉效果还是很影响用户体验的,因此制作一个美观的"购买"按钮,能够提升用户的购物体验。

3．导航按钮制作

导航按钮的功能主要是让用户更快速、有效地浏览网站，准确地找到自己需要获取的信息，进而增加网站黏度，达到优化用户体验的目的。

4．GIF 动画制作

根据设计稿的要求，首页中的列表项和标题前面的项目符号具有动态效果，因此需要创建一个由多个帧组成的 GIF 动画。把单一的画面扩展到多个画面，形成一个连续循环的动作。

5．Banner 制作

页面中 Banner 的功能是让用户对网站主题有初步的了解和认识，同时增加内容的趣味度和内容方向引导。Banner 是一种网络广告形式，一般放置在网页上的不同位置，在用户浏览网页信息的同时，吸引用户对于广告信息的关注，从而获得网络营销的效果。

3.2 相 关 知 识

3.2.1 像素与分辨率

1．像素

像素是组成图像的最基本的单元，它是一个小的方形的颜色块。一个图像通常由许多像素组成，当用缩放工具将图像放到足够大时，就可以看到类似马赛克的效果，其中每个小方块就是一个像素。

2．分辨率

分辨率是指单位长度内的点、像素或墨点的数量，通常用"像素/英寸"和"像素/厘米"表示。单位面积内的像素越多，则分辨率越高，图像越清晰，反之图像越模糊。

3.2.2 位图和矢量图

1．位图

位图是由许多点组成的，其中每一个点即为一个像素，每一个像素都有自己的颜色和强度。这些位置、像素决定图像所呈现的最终样式。通常看到的风景、人物等图像文件都是位图图像。位图色彩变化非常丰富，图像容量大。在以低于创建时的分辨率缩放或打印图像时，会使图像呈现锯齿状效果。

2. 矢量图

矢量图又称为向量图,是由线条和色块组成的图像。矢量图根据图像的几何特性描绘图像。其造型最基本的元素是点、线、面,所占的空间小。矢量图形与分辨率无关,在进行放大操作时,不会影响图形的清晰度。

3.2.3 图像的颜色模式

1. RGB 模式

彩色图像中每个像素的 R、G、B 分量指定一个介于 0(黑色)到 255(白色)之间的强度值。R、G、B 分别代表红、绿、蓝,两位十六进制数代表一种颜色,范围为 00~ff。颜色值用一个十六进制数(用"♯"作为前缀)表示。

2. CMYK 模式

CMYK 模式的图像由青(C)、洋红(M)、黄(Y)、黑(K)4 种颜色构成。4 个值分别为每个像素的每种印刷油墨指定的百分比值,主要用于彩色印刷。

3. 索引模式

索引模式的图像仅包含 256 种颜色。如果原图像中颜色不能用 256 色表现,则从可使用的颜色中选出最相近颜色来模拟这些颜色。索引模式多用于媒体动画制作或网页制作,图像文件较小。

4. 灰度模式

灰度色是指纯白、纯黑以及两者之间的一系列从黑到白的过渡色。灰度模式使用 256 级灰度。

3.2.4 图像的格式

1. PSD 格式

PSD 格式是 Photoshop 的专用图像文件格式,可以存储 Photoshop 中所有的图层、通道、路径、参考线、注解和颜色模式等信息,文件比较大。

2. JPG 格式

JPG 是一种图像压缩格式,可以存储 RGB 或 CMYK 模式的图像,可以嵌入路径,被广泛用于网络。

3. GIF 格式

GIF 是网页上通用的图像文件格式，用来存储索引颜色模式的图像。GIF 采用 LZW 无损压缩，可以将数张图像存储到一个文件中，形成动画效果。

4. PNG 格式

PNG 是 Adobe 公司针对网络图像开发的文件格式。这种格式可以使用无损压缩方式压缩图像文件，并利用 Alpha 通道制作透明背景。

3.2.5 图层

1. 图层的概念

图层是构成图像的重要组成单位，每个图层都由许多像素组成，而图层又通过叠加方式组成整个图像。打个比喻，每个图层就好似一面透明"玻璃"，当各面"玻璃"中都有图像时，俯视所有图层，可以看到完整的图像，如图 3-1 所示。如果"玻璃"中什么都没有，它就是个完全透明空图层。

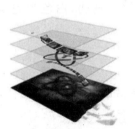

图 3-1 分层效果和显示效果比较

2. 图层的特点

（1）图层有上下关系。
（2）图层可以移动。
（3）图层相对独立。
（4）图层可以合并。

3. 图层样式

1) 概念

图层样式是 Photoshop 中用于制作各种效果的强大功能。利用图层样式功能，可以简单快捷地制作出各种立体投影、质感以及光影效果的图像特效。图层样式具有速度更快、效果更精确、可编辑性更强等优势。图层样式是应用于一个图层或图层组的一种或多种效果，可以应用 Photoshop 附带提供的预设样式，也可以应用"图层样式"对话框来创建自定样式。应用图层样式十分简单,可以为普通图层、文本图层和形状图层等图层应用图层样式。

2)斜面和浮雕图层样式

斜面和浮雕可以说是 Photoshop 图层样式中最复杂的,其中包括内斜面、外斜面、浮雕、枕形浮雕和描边浮雕,虽然每一项中包含的设置选项都是一样的,但是制作出来的效果却大有区别,大家可以在练习中不断体会。

3)描边图层样式

描边非常直观,也非常简单,就是沿着图层的非透明边缘加上一个描边的效果。描边样式的参数,归纳起来有两大类,分别是结构类型和填充类型。在结构类型中,有大小、位置、混合模式和不透明度;而在填充类型中,有颜色的选择。

3.2.6 蒙版

1. 蒙版的概念

在编辑图像中,为了方便地显示和隐藏原图像并且保护原图像不被更改的技术称为蒙版。蒙版是将不同灰度色值转化为不同的透明度,并作用到它所在的图层,使图层不同部位透明度产生相应的变化。黑色为完全透明,白色为完全不透明,灰色就是半透明。

2. 蒙版的优点

(1)在不破坏原图像的情况下,可以比较灵活地显示和隐藏图像,使图像之间更加自然地融合在一起。

(2)修改方便,不会因为使用橡皮擦或剪切、删除工具而造成不可挽回的遗憾。

(3)可运用不同滤镜,以产生一些意想不到的特效。

(4)任何一幅灰度图像都可作为蒙版使用。

3. 蒙版的种类

1)图层蒙版

图层蒙版是指根据选择区或目标图层的整个画布创建的蒙版,一般在含有不少于2个图层以上的画布中,给位于上方的图层添加蒙版。

2)矢量蒙版

矢量蒙版是指根据路径创建的蒙版(背景图层无法基于路径创建图层蒙版,但创建后的矢量蒙版可反复修改),但必须首先创建路径。

3)剪贴蒙版

使用剪贴蒙版可以将当前图层与它相邻的下一个图层之间联合起来,最终的效果是只能在下一个图层所在对象的区域查看到当前图层所在的对象,但此时仍然可以对当前图层所在的对象进行各种操作。剪贴蒙版的图层关系如图 3-2 所示。

图 3-2　剪贴蒙版的图层关系

4）快速蒙版

快速蒙版是对选区的操作，使用快速蒙版一般先用选区工具建立一个选区，进入快速蒙版状态后，采用画笔涂抹，最后退出快速蒙版状态。

3.3　任务实施

3.3.1　"叮当网上书店"Logo 制作

1. 新建文件

（1）利用 Photoshop，新建一个大小为 87×40 像素、背景透明的文件。

（2）在"图层"面板中单击 按钮，双击图层 1，将其重命名为 name。

2. 输入文字并编辑

（1）单击工具栏中的横排文字工具 ，在图像制作区单击，输入"叮当网"字样，如图 3-3 所示。

（2）选中"叮当网"3 个字，在文字工具选项栏中设置字体（方正综艺简体）和字号（可直接输入数字 28）。双击颜色块，在"选择文本颜色"对话框中设置颜色号为♯01a77f。

（3）在"字符"面板中将所选文字的字距调整为 50。

3. 制作网址部分

（1）新建图层 2，将其重命名为 address。

（2）使用矩形选框工具 在 Logo 底端绘制一个矩形区域，宽度为 Logo 的宽度，如图 3-4 所示。

图 3-3　文字输入状态 　　　　　　　图 3-4　绘制选区

（3）在色板中选择颜色，将前景色设置为♯f67820。按 Alt＋Delete 组合键为选区填充前景色，再按 Ctrl＋D 组合键取消选区，如图 3-5 所示。

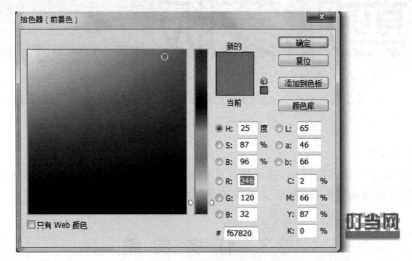

图 3-5　选区填色

（4）选择横排文字工具，在橙色色块上单击，在"图层"面板中会自动出现一个新文字图层。在插入点处输入"dingdang.com"，并设置字符各选项，如图 3-6 所示。

（5）在网站目录中创建一个 images 文件夹。然后在 Photoshop 中选择"文件"|"存储"命令，在弹出的"存储为"对话框中，选择保存位置为 images 文件夹，在"文件名"文本框中输入"logo.psd"，单击"保存"按钮保存文件。

（6）选择"文件"|"存储为"命令，在"格式"下拉列表框中选择"*.png"选项，以原文件名存储。

图 3-6　英文字符选项设置

3.3.2　"购买"按钮图片制作

1. 制作按钮浮雕效果

（1）新建 69×21 像素的 Photoshop 文件，背景为透明，将图层 1 命名为 bg。

（2）将前景色置为橙色♯ff7100，按 Alt＋Delete 组合键在 bg 层填充前景色。

（3）在"图层"面板底部单击 fx. 按钮，在菜单中选择"斜面和浮雕"命令，打开"图层样式"对话框。

（4）在"图层样式"对话框中设置斜面和浮雕参数，如图 3-7 所示。

（5）单击"确定"按钮，为 bg 图层添加样式。

任务3 "叮当网上书店"图片素材设计

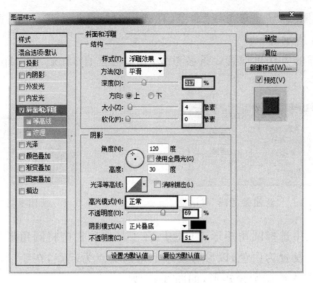

图 3-7 斜面和浮雕参数设置

2．添加文字和购物车图标

（1）在工具栏中选择横排文字工具，在制作区的背景上单击，在插入点处输入"购买"字样，在"字符"面板中设置文字效果，如图 3-8 所示。

（2）在 Photoshop 中打开"购物车图标.png"，按 Ctrl＋A 组合键全选，按 Ctrl＋C 组合键复制。切换到"购买"按钮文件，按 Ctrl＋V 组合键粘贴。

（3）使用移动工具，将购物车图标放置到合适位置。"购买"按钮最终效果如图 3-9 所示。

图 3-8 字符选项设置　　图 3-9 "购买"按钮最终效果

（4）将文件保存为 but_buy.psd，再另存为 but_buy.png。

3.3.3 头部高级搜索按钮背景的制作

（1）新建文件，大小为 33×29 像素，背景透明。

（2）按 Ctrl＋R 组合键，打开标尺。

（3）选择"视图"|"新建参考线"命令，在弹出的对话框中选择"垂直"选项，设置位置为1px，如图3-10所示。

（4）使用同样的方法再设置3条参考线，分别为垂直32px、水平1px、水平28px，效果如图3-11所示。

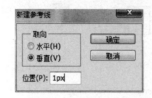

图3-10 "新建参考线"对话框

图3-11 新建参考线效果

（5）在工具栏中选择圆角矩形工具，在工具选项栏中将圆角半径设置为2px。

（6）将前景色设置为白色，以参考线左上角的交点为起点，在绘图区的参考线范围内绘制圆角矩形，如图3-12所示。

（7）在"图层"面板底部单击 fx. 按钮，在菜单中选择"描边"命令，打开"图层样式"对话框，设置描边样式参数（大小为1像素、颜色为浅灰色），如图3-13所示。最终效果如图3-14所示。

图3-12 白色圆角矩形

（8）将文件保存为adsearch.psd，再另存为adsearch.png。

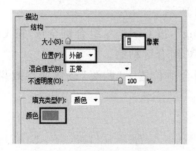

图3-13 描边样式参数设置

图3-14 高级搜索按钮背景最终效果

3.3.4 导航按钮背景图片制作

1. 为圆角矩形设置渐变色

（1）新建文件，大小为393×34像素，背景为透明。

（2）选择圆角矩形工具，在工具选项栏中设置圆角半径为4px，设置圆角矩形固定大小为W：393px，H：34px。在画布左上角单击，在图层1绘制圆角矩形。

（3）为图层1锁定透明像素。

注意：在Photoshop中，如果只是修改活动图层有像素的区域，并且要使该图层的透明区域不受影响，就要用锁定透明像素功能。要锁定活动图层的透明区域，可单击"图层"

面板的"锁定透明像素"图标，此时"图层"面板中的图层名称右边将出现一个小锁图标 。

（4）选择渐变工具，单击工具选项栏中的   按钮，在渐变色编辑器窗口下方的色带中单击色带下方第一个色标，在弹出的"颜色"对话框中设置颜色为#fcd7ba，再设置下方最右端的色标颜色为#faa95b。

（5）将光标移动到已设置好颜色的色带下方，光标变为手状时单击，就会增加一个色标。设置新色标的颜色值为#f07d10，位置为40%，如图3-15所示。此时色带效果如图3-16所示。

图3-15　新色标颜色值和位置　　　　图3-16　色带最终效果

（6）将渐变色设置为线性渐变，从画布顶端拖动渐变色到画布底端，为圆角矩形添加线性渐变效果，如图3-17所示。

图3-17　圆角矩形渐变效果

（7）为该渐变层添加"描边"图层样式，大小为1px，位置为内部，颜色为#d1b4a6。

2. 使用参考线定位绘制深色浅色间隔线条

（1）新建6条垂直参考线，位于130px、131px、132px、261px、262px、263px处；再新建一条水平参考线，位于31px处。按Ctrl+"+"组合键，放大画布。

（2）新建图层，并命名为"深色间隔线条"。

（3）使用矩形选框工具，在第1、2条参考线之间绘制如图3-18所示的区域（宽为1px，高度为画布高），将前景色置为#aa6f35，用前景色填充该区域。按Ctrl+D组合键取消选区，如图3-18所示。

（4）新建图层"浅色间隔线条"，设置其前景色为#f6d1b3。用同样的方法在第2、3条参考线之间绘制线条。在"图层"面板中将该图层的不透明度设置为70%。

图3-18　绘制深色间隔线

（5）选中"深色线条"图层，按Ctrl+J组合键复制该图层，得到深色间隔线条副本图层。选择移动工具，按住Shift键，将深色副本图层水平移动到第4、5条参考线之间（可以使用键盘上的方向箭头微调），如图3-19所示。

（6）复制浅色线条图层，并水平移动到第5、6条参考线中间位置。效果和图层关系分别如图3-20和图3-21所示。

图 3-19　绘制深色线条副本

图 3-20　间隔线效果

图 3-21　图层关系

3. 使用切片工具切片并导出所需图片

（1）选择切片工具，从画布左上角开始，到第 2 条垂直参考线与水平参考线交叉处结束，进行切片，编号为 01，如图 3-22 所示。

图 3-22　第一个切片

（2）从浅色线条左上角开始，到第 5 条垂直参考线与水平参考线交叉处结束，进行切片，编号为 02。

（3）再绘制同样高度的第 03 号切片，直到画布右边界与水平参考线交叉处，切片最终效果如图 3-23 所示。

图 3-23　切片最终效果

注意：这 3 个切片是连续的，中间不能有其他切片。

（4）选择"文件"|"存储为 Web 和设备所用格式"命令，选择存储格式为 PNG。

（5）单击"存储"按钮，在弹出的对话框中输入名称为 top_bg，单击"保存"按钮，这时会在保存目录下生成 images 文件夹，如图 3-24 所示。里面有根据切片号保存的所有图片，01、02、03 号切片的图片为所需图片，将导出的衍生切片 top_bg_04.png 删除。

图 3-24　导出切片

3.3.5　分类导航条背景的制作

1．分类导航条渐变背景

（1）新建大小为 15×31 像素的文件，背景透明。

（2）选择圆角矩形工具，在工具选项栏中单击"像素"按钮 ▢，设置圆角半径为 3px。

（3）单击 下拉按钮，在选项框中选择固定大小，设置大小为 W：15px，H：31px。

（4）在画布左上角绘制圆角矩形。

（5）选择工具栏中的渐变工具 ▇，单击选项栏中的渐变色编辑按钮，弹出"渐变色"编辑器。

（6）在弹出的编辑器中，设置色带下方第一个色标颜色为#fd7a03。

（7）双击色带下方最右侧的色标，设置颜色为#ff9231，单击"确定"按钮两次。

（8）锁定透明像素，然后在工具选项栏中单击"线性渐变"按钮，从画出的圆角矩形的顶端开始，按 Shift 键拖动直到底部，为圆角矩形添加设置好的渐变色，如图 3-25 所示。

图 3-25　绘制渐变色圆角背景

2. 为分类导航条背景切片

(1) 新建3条垂直参考线,位于4px、5px、11px处;再新建一条水平参考线,位于27px处。

(2) 按Ctrl+"+"组合键,放大绘图区(可用Ctrl+"-"组合键缩小)。

(3) 在工具栏中选择切片工具,从绘图区的左上角开始拖动,一直拖动到第1条垂直参考线和水平参考线交叉处,绘制第01个切片(编号为切片01)。

(4) 从第2条垂直参考线的左上角拖动到第3条垂直参考线与水平参考线交叉处,绘制第02个切片。

(5) 从第3条垂直参考线与顶部交叉处开始拖动直到绘图区右侧边界与水平参考线交叉处,绘制出第03个切片,如图3-26所示。

图3-26 渐变色圆角背景切片效果

(6) 选择"文件"|"存储为Web和设备所用格式"命令,选择存储格式为PNG,单击"存储"按钮。

(7) 在弹出的对话框中输入名称为bg_header,单击"保存"按钮。这时会在保存目录下生成images文件夹,里面有根据切片号保存的所有图片,01、02、04切片号的图片为所需图片。

3.3.6 GIF动画设计制作

1. 绘制橙色倒三角

(1) 新建Photoshop文件,大小为12×12像素,背景透明。

(2) 在工具栏中选择形状工具组中的多边形工具,在工具选项栏中单击"像素"按钮,设置边数为3。

(3) 将前景色置为#ff7800。

(4) 按住Shift键,从画布中部位置开始拖动绘制倒三角形,如图3-27所示。

图3-27 绘制橙色倒三角

2. 制作上下位置交替循环动画

(1) 选择"窗口"|"动画"命令,将"动画"面板打开,如图3-28所示。

(2) 单击"动画"面板下方的"复制当前帧"按钮 ,得到重复的一帧,如图3-29所示。

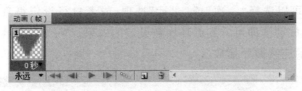

图 3-28 "动画"面板

图 3-29 复制当前帧

(3) 选择移动工具，根据需要使用↑或↓键将第二帧图像向上或向下移动 1 像素，如图 3-30 所示。

图 3-30 改变图像位置

(4) 将这两帧一起选中，单击 0 秒处的黑色箭头，在弹出的菜单中选择 0.5 秒，如图 3-31 所示。

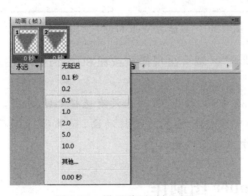

图 3-31 设置动画时间延迟

(5) 选择"文件"|"存储为 Web 和设备所用格式"命令，在弹出的对话框中单击"存储"按钮，在弹出的"将优化结果存储为"对话框中输入文件名 index_arrow.gif，格式设为"仅限图像"，单击"保存"按钮。

3．补充说明

1) 动画的循环方式

可以为动画设定播放的循环次数。在"动画"面板第一帧的下方有"永远"字样，这就是循环次数。单击后可以选择"一次"或"永远"选项,或者自行设定循环的次数,如图 3-32 所示。之后再次播放动画即可看到循环次数设定的效果。"一次"表示动画播放一次结束后停止,"永远"表示连续循环播放。

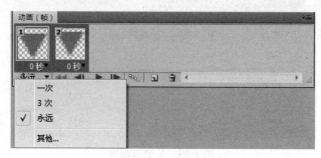

图 3-32　设置动画的循环方式

2) 保存 GIF 动画

(1) 选择"文件"|"存储为 Web 和设备所用格式"命令,参照图 3-33 进行相关设定即可。

图 3-33　"存储为 Web 和设备所用格式"对话框

(2) 窗口右下方"动画"区域会出现播放按钮和循环选项,在此更改循环次数会同时更改源文件中的设定。

注意:如果在图 3-33 中的"预设"区域内没有选择 GIF 选项,则"动画"区域的"播放"按钮不可用。这是因为只有 GIF 格式才支持动画,如果强行保存为其他格式如 JPG 或 PNG,则所生成的图像中只有第一帧的画面。

3.3.7　蒙版 Banner 图制作

1. 图片素材处理

(1) 在 Photoshop 中打开 banner_bg.jpg 和 banner_pic.jpg 文件。

(2) 将 banner_pic 选定为当前文件,按 Ctrl+A 组合键全选,按 Ctrl+C 组合键将整个图像复制。

(3) 切换到 banner_bg 文件,按 Ctrl+V 组合键进行粘贴,在"图层"面板中会产生一个图层 1,如图 3-34 所示。

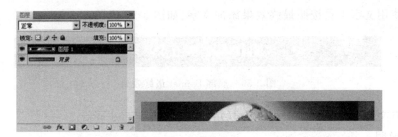

图 3-34　准备素材

（4）选中图层 1，按 Ctrl+T 组合键打开变形框，在变形工具选项栏中输入缩放比例宽和高均为 50%，如图 3-35 所示。使用移动工具 将图片移动到画布左侧合适位置，按 Enter 键确认，效果如图 3-36 所示。

图 3-35　素材的比例缩放

图 3-36　素材位置关系

2．为购物车图片层添加蒙版使其与背景层融合

（1）在"图层"面板中选中图层 1 为当前图层，单击"图层"面板下方的"添加图层蒙版"按钮 ，为图层 1 添加一个蒙版，如图 3-37 所示。

（2）按 D 键，恢复默认的前景色/背景色为黑/白。

（3）选择工具栏中的渐变工具 ，选择黑色到白色渐变。

（4）选中"图层"面板中的图层 1 蒙版缩略图，在画布上从金色图片右侧拖动渐变色到左侧，为图层 1 添加黑白渐变蒙版，如图 3-38 所示。

图 3-37　添加图层蒙版

图 3-38　添加蒙版后的效果

（5）使用文字工具按照最终效果添加文字，如图 3-39 所示。

图 3-39　底部 Banner 最终效果

（6）将文件保存为 index_end.psd，并另存为 index_end.png。

补充说明：

为图层添加蒙版后，"图层"面板呈现如图 3-40 所示的状态。左侧是图层缩略图，右侧是蒙版缩略图。

蒙版的基本操作如下。

（1）蒙版的移动。选中蒙版缩略图或者图层缩略图，使用移动工具，就可以改变其位置，形成不同的效果。

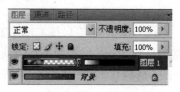

图 3-40　图层和蒙版缩略图

（2）蒙版的链接。在图层缩略图和蒙版缩略图中间若有 按钮，表示图层和蒙版链接了，对图层移动或缩放时蒙版也会移动或缩放。如果需要取消它们之间的链接，只要再次单击"链接"按钮即可。

（3）蒙版的停用。要想停用蒙版效果，只要右击蒙版缩略图，选择"停用图层蒙版"命令，蒙版缩略图上会出现一个红叉。如果要重新使用蒙版，只要右击蒙版缩略图，选择"启用图层蒙版"命令即可。

（4）蒙版的删除。要想删除蒙版效果，只要右击蒙版缩略图，选择"删除图层蒙版"命令即可。

注意：

（1）将背景图层转为普通图层是因为背景图层不能应用蒙版。

（2）在蒙版上操作，不会对图片造成任何破坏；而使用橡皮擦工具，会将图片的像素擦掉（删除）。因此，在蒙版上如果做得不满意，删掉蒙版即可，不会对图片造成任何影响。

3.4　任务拓展

本任务重点学习了使用 Photoshop 软件进行"叮当网上书店"图片素材制作的相关知识和技能。读者可以掌握一些常用的图像处理方法。下面独立完成以下相关效果，从而能够熟练掌握本任务的相关知识和技能。

（1）制作"收藏"按钮，效果为 。

（2）制作鼠标光标悬停在"高级搜索"按钮上时的背景图片，效果为 。

（3）制作"搜索"按钮，效果为 。

（4）制作鼠标光标悬停在"导航"按钮上时的背景图片（注意渐变色的变化），效果分别为 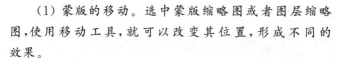 、 　 、 　 。

3.5 职业素养

叮当网上书店项目的图片素材设计是对整个网站风格的确立。在为客户设计网站图片时要注重战略思维谋全局。首先,对公司文化、商品以及消费者定位都要有所了解;其次,与客户进行沟通前,充分准备各种风格的网站图片提供给客户选择;再次,先整体后局部,先进行整体风格的设计,再开发网站 LOGO、Banner 和 GIF 动画;最后,要注意在每部分图片小样设计出来之后,要充分反复地与客户沟通和确认,直到客户满意。图片素材的制作过程中要注重后期编码人员的沟通,文件命名也要符合行业 Web 前端建站规范。在设计的同时,发挥创新思维,在扎实自身的图像设计功底的基础上,探索创新的设计方法,注意细节的把握,设计和制作出客户满意的网站图片。

通过本任务的设计与实施,主要培养学生以下方面的职业素养。

(1) 解决问题的全局观和计划性,讲究先把握整体,再着眼局部的设计思想,具备良好的科学素养。

(2) 积极与客户沟通、交流,能够诚信服务客户。

(3) 精通软件操作和掌握多样化图像设计技巧,自身扎实学识,在工作中秉承一丝不苟的探索精神和精益求精的工匠精神。

3.6 任务小结

通过本任务的学习和实践,程旭元了解和掌握了使用 Photoshop 软件完成网站所需图片素材的制作。网站图片素材的样式很多,制作方法也很多样,这还需要读者在今后的实践过程中不断学习和掌握。在制作网站图片的过程中,不仅要紧贴网站设计稿的要求,还要尽可能考虑网页制作的可行性,这样制作出来的图片素材才更能满足网页制作的需要。

3.7 能力评估

1. 什么是位图?它与矢量图有什么区别?
2. 简述图层的特点。它与像素和图像的关系是什么?
3. 图像常用的颜色模式有哪几种?
4. 三基色是指哪三种颜色?图像中的颜色值分别有哪两种表示方式?
5. 网页中能支持的图像格式有哪些?
6. 简述蒙版的作用和原理。

任务 4 "叮当网上书店"项目建站

通过前期的准备,程旭元已经将"叮当网上书店"的整体规划和所用素材等资料准备完成。接下来程旭元就要开始带领大家进行整个网站的制作了。就如同造房子打地基一样,首先我们必须掌握网站搭建的第一步——建站,同时还要掌握一门搭建结构的语言——XHTML。

 学习目标

(1) 理解 XHTML 的文件结构及编码规范。
(2) 掌握 head 标签的应用。
(3) 掌握建站的步骤和方法。

4.1 任务描述

(1) 学习 XHTML 语法及文件结构。
(2) 完成"叮当网上书店"项目建站及首页的创建。

4.2 相关知识

4.2.1 什么是 XHTML

(1) XHTML 指可扩展超文本置标语言(extensible hypertext mark-up language)。
(2) XHTML 的目标是取代 HTML。
(3) XHTML 与 HTML 4.01 几乎是相同的。
(4) XHTML 是更严格、更纯净的 HTML 版本。
(5) XHTML 是作为一种 XML 应用被重新定义的 HTML。
(6) XHTML 是一个 W3C 标准。

今天的市场中存在着不同的浏览器,一些浏览器运行在计算机中,一些浏览器则运行在移动电话和手持设备上。而后者没有能力和手段来解释复杂的置标语言。XHTML可以被所有的支持 XML 的设备读取,同时在其余的浏览器升级至支持 XML 之前,

XHTML 使用户有能力编写出拥有良好结构的文档,这些文档可以很好地工作于所有的浏览器,并且可以向后兼容。

4.2.2　XHTML 文件结构

XHTML 文件结构如下所示,由 3 部分组成:声明(DOCTYPE)、文档头部(head)和文档主体(body)。

```
<!DOCTYPE html PUBLIC "-//W3C//DTD XHTML 1.0 Transitional//EN"
"http://www.w3.org/TR/xhtml1/DTD/xhtml1-transitional.dtd">
<html xmlns="http://www.w3.org/1999/xhtml">
  <head>
    <meta http-equiv="Content-Type" content="text/html; charset=utf-8" />
    <title>无标题文档</title>
  </head>
  <body>
    …
  </body>
</html>
```

(1) 声明:主要对文档所遵循的标准进行说明,详见 4.2.4 小节。

(2) 文档头部:<head>…</head>标签之间的部分。这部分内容主要用来定义文档的相关信息,如文档标题、说明信息、样式定义、脚本代码等。书写在头部的信息不会显示在页面中。

(3) 文档主体:标签<body>…</body>之间的部分。这部分内容就是要展示给用户的部分。它可以包含文本、图片、音频、视频等各种内容。

注意:文档头部和文档主体全部由<html>和</html>标签围住。<html>标签告诉浏览器网页文件的开始和结束。

4.2.3　DTD 文件

在 XHTML 结构的声明部分,<!DOCTYPE>定义了文档使用的 DTD 版本、类型、下载位置等。如上例中定义了文档使用的语言版本是 XHTML 1.0,文档类型是 Transitional,DTD 下载地址是 http://www.w3.org/TR/xhtml1/DTD/xhtml1-transitional.dtd。

XHTML 1.0 提供了 3 种 DTD 类型可供选择。

(1) Transitional:过渡类型,允许继续使用 HTML 4.01 中已作废的标签和属性,但要符合 XHTML 的写法。

```
<!doctype html public "-//W3C//DTD XHTML 1.0 Transitional//EN"
"http://www.w3.org/TR/xhtml1/DTD/xhtml1-transitional.dtd">
```

（2）Strict：严格类型，用户必须严格遵守 XHTML 规范，不再支持已作废的标签和属性。

```
<!doctype html public "-//W3C//DTD XHTML 1.0 Strict//EN"
"http://www.w3.org/TR/xhtml1/DTD/xhtml1-strict.dtd">
```

（3）Frameset：框架集类型，如果页面中包含框架，需要采用这种 DTD。

```
<!doctype html public "-//W3C//DTD XHTML 1.0 Frameset//EN"
"http://www.w3.org/TR/xhtml1/DTD/xhtml1-frameset.dtd">
```

提示：初学者可以使用 Transitional 型的文档，它的限制较少，但推荐使用 Strict 型的文档，这有助于养成良好的习惯，为制作规范的网页打好基础。

4.2.4　XHTML 编码规则

1. 标签

标签是 HTML 的基本元素，它用来控制内容的格式、功能、效果等。标签有单标签和双标签两种格式。

1）单标签：<x />

单标签没有结束标签，但必须用"/"把它关闭。如
、<img />等标签是这种形式的标签。

2）双标签：<x>…</x>

双标签写法包含起始标签和结束标签，其控制的内容写在中间。如<html>…</html>、<head>…</head>、<body>…</body>等都是这种形式的标签。

2. 属性

在标签中可定义若干属性，它们指定了该标签的参数值。例如，<img src="dingdang.png" width="60" height="35" />中，img 是标签名，src、width、height 是属性名，"="后面是属性值。

属性书写在标签中，可以有多个，各属性间用空格隔开。

3. 编码规范

（1）XHTML 标签必须关闭。
（2）标签名和属性名必须用小写。
（3）属性值必须加引号，各属性值的引号不能省略。如果属性值内部需要引号，可以改为单引号进行分界（注：也可以外面用单引号，内部用双引号）。例如：

<img src="dingdang.png" width="60" onclick="setImg('t.gif')" />

4．标签可以嵌套，但必须正确嵌套

例如，...是正确的嵌套；...是错误的嵌套。

说明：出于兼容性考虑，如果没有遵循以上规范，在有些浏览器中也能得到正常的显示效果，但在未来的浏览器中可能不会正常显示。建议要养成良好的书写习惯。

5．注释

在 XHTML 文档中可以添加注释文本，浏览器在显示网页时，不会显示注释的文本。注释文本的定义格式如下。

<!--注释文本-->

即注释内容应该书写在"<!--"和"-->"之间，其中注释内容可以写多行。

4.2.5 头部标签 head

head 标签用于定义文档的头部，它是所有头部元素的容器。head 中可包含 title、link、style、meta、script 等常用标签。

1．标题标签 title

标题标签 title 是双标签，用于说明最常用的 head 信息。它不显示在 HTML 网页正文里，而是显示在浏览器窗口的标题栏里，如图 4-1 所示。

图 4-1　title 标题效果

示例代码如下。

<head><title>叮当网上书店</title></head>

2．链接标签 link

链接标签 link 是单标签，一般用于网页链接外部样式表文件。其属性值含义如下。

(1) href：指定需要加载的资源（CSS 文件）的地址 URL。
(2) media：媒体类型。
(3) rel：指定链接类型。
(4) rev：指定被链接文档与当前文档之间的关系。
(5) title：指定元素名称。

(6) type：包含内容的类型，一般使用 type="text/css"。

示例代码如下：

```
<head><link rel="stylesheet" href="index.css" type="text/css"/></head>
```

3. 样式标签 style

样式标签 style 是双标签，用于设置网页的内部样式表。

示例代码如下：

```
<head>
  <style>
    body {background-color:white; color:black;}
    p {font: 12px arial bold;}
  </style>
</head>
```

4. 网页信息标签 meta

meta 标签是单标签，可提供有关页面的元信息（meta-information），比如针对搜索引擎和更新频度的描述和关键词。

(1) 用来标记搜索引擎在搜索页面时所取出的关键词，例如：

```
<meta name="keywords" content="叮当网,图书,电子商务" />
```

(2) 用来标记文档的作者，例如：

```
<meta name="author" content="张三" />
```

(3) 用来标记页面的解码方式，例如：

```
<meta http-equiv="Content-Type" content="text/html; charset=utf-8" />
```

其中，http-equiv="Content-Type" content="text/html"告诉浏览器准备接收一个 HTML 文档。UTF-8 是国际通用标准编码（包括世界所有的语言），而 GB 2312—1980 是简体中文编码（只包括简体中文）。为防止网页浏览出现乱码的问题，行业内网页设计时一般都采用 UTF-8 格式。Dreamweaver 在默认情况下，新建的网页都是以 UTF-8 进行编码的，如果采用低版本的 Dreamweaver，一定要先在"首选参数"对话框的"新建文档"选项中修改编码格式为 UTF-8。因为在 Web 2.0 标准时代，页面的编码都采用国际统一标准编码格式——UTF-8。

(4) 用来自动刷新网页，是可选项，例如：

```
<meta http-equiv="refresh" content="3;URL=http://www.sina.com.cn" />
```

以上代码表示 3 秒后自动刷新为新浪网站。

5. 脚本标签 script

脚本标签是双标签,用于定义客户端脚本,如 JavaScript。该标签有以下两个属性。

(1) src:指定需要加载的脚本文件(如 JavaScript 文件)的地址 URL。

(2) type:指定媒体类型(如 type="text/javascript")。

示例代码如下。

```
< head >
    < script type="text/javascript" src="dreamdu.js"></script>
</ head >
```

4.3 任务实施

4.3.1 "叮当网上书店"项目建站

1. 设立文件夹

(1) 在 D 盘新建文件夹,以网站名命名(注意,名称只能是英文字母),例如本例命名为 dingdang。

(2) 在 dingdang 站点文件夹内再新建 4 个子文件夹,分别命名为 images(用于存放网页上的所有图片)、flash(用于存放 SWF 格式的动画文件)、css(用于存放 CSS 样式文件)、js(用于存放 JavaScript 文件)。创建站点文件夹结构如图 4-2 所示。

2. 使用 Dreamweaver 建立站点

(1) 打开 Dreamweaver,选择"站点"|"新建站点"选项,如图 4-3 所示。

图 4-2 创建站点文件夹结构　　　　　　图 4-3 新建站点

（2）进入"站点设置对象 dingdang"对话框，在左边选择"站点"标签，在右边输入站点名称 dingdang，在"本地站点文件夹"选项中选择站点路径，如图 4-4 所示。

（3）单击"保存"按钮，这时站点已经建好了，在右边会出现如图 4-5 所示的目录。

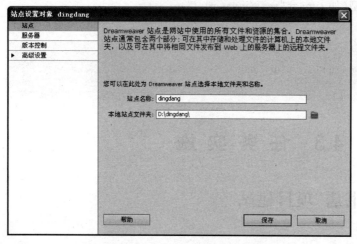

图 4-4 "站点设置对象 dingdang"对话框　　　　图 4-5 站点目录结构

4.3.2 "叮当网上书店"新建首页

（1）在图 4-6 所示空白处右击，选择"新建文件"命令，如图 4-7 所示，输入首页名 index.html（首页一般命名为 index.html），如图 4-7 所示，按 Enter 键确定。

图 4-6 新建文件　　　　图 4-7 创建首页 index.html

（2）双击文件名称 index.html，在左边文档区域就呈现出首页（index.html）的代码视图，如图 4-8 所示，编辑视图分为代码视图、拆分视图、设计视图、实时视图 4 种。

相关链接

代码视图的作用是只显示网页代码，设计视图的作用是只显示页面效果，拆分视图的作用是同时显示网页代码和页面效果,实时视图的作用是显示页面在浏览器中看到的效果。

提示:网站是所有相关资源的统称。网页是指网站里的页面。主页是指网站的首页,一般命名为 index.html 或 default.html。

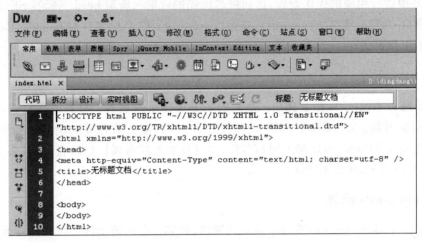

图 4-8 代码视图

4.4 任务拓展

4.4.1 SEO——让你的网站排名靠前

SEO(search engine optimization,搜索引擎优化)是一种利用搜索引擎的搜索规则来提高网站在有关搜索引擎内排名的方式。如图 4-9 所示,页面中"百度快照"即为通过 SEO 手段优先排在网页的前几名。那么如何实现 SEO 呢?其中一种方法是借助于网站的 head 区的设置进行。

图 4-9 百度搜索结果页面

4.4.2 用三个标签实现 SEO

由于搜索引擎首先抓取的是网站头部,接着才是网站的正文部分,所以可以直接在 head 标签中进行相应的优化设置,达到排名优先的效果。所谓 head 三标签 SEO,指的是网页标题(title)、关键字(keywords)、描述(description)3 个标签针对 Google、Baidu 两大主流搜索引擎的优化。

1. title 标签

对于网页来说,title 标签犹如一个人的名字那样至关重要。对页面进行优化时首先就是从 title 开始。在 SEO 中,title 的重要性非常高,把它放在 description 与 keywords 之前。在 title 的后面,可以加上网站名称,也可以加上其所属栏目的名称,以英文逗号分隔,或以空格分隔,或用单竖线(|)分隔。

2. keywords 标签

在网页中,keywords 标签用来列出关键词,犹如一个人的个性。虽然调查显示,很多搜索引擎已经不太重视 keywords 标签,有的直接忽略,但是就笔者经验来说,也未必完全这样。

很多网页设计者喜欢在 keywords 上做手脚,关键词堆了一大堆以期提高搜索命中率。Google 大概是"睁一只眼,闭一只眼",不过也可能是它真的已不重视 keywords;而 Baidu 并不这样,它会直接予以"惩罚"。因此,在网站首页、栏目等处,keywords 可有可无;在内容页中可以适当写几个,控制在 8 个以内,用英文逗号隔开;另外就是切忌重复用词。

3. description 标签

description 是对一个网页的简要描述,犹如一个人的简历。description 应当言简意赅,控制在 150 个字符左右。因为如果过多,抓取列表页会将其忽略。

对于 description,谷歌和百度都较为重视。有一个小窍门,就是在 description 中融合想在 keywords 中放置的关键词,但也不宜过度堆砌。另外,描述不能和网页实际内容明显不符。

图 4-10 所示为叮当网优化设置。大家也可以自己写一些有利于推广的内容。

```
<!DOCTYPE html PUBLIC "-//W3C//DTD XHTML 1.0 Transitional//EN"
 "http://www.w3.org/TR/xhtml1/DTD/xhtml1-transitional.dtd">
<html xmlns="http://www.w3.org/1999/xhtml">
<head>
<meta http-equiv="Content-Type" content="text/html; charset=utf-8" />
<title>叮当网上书店,图书,网上购物,正品低价,货到付款</title>
<meta name="description" content="国内领先的网上书店,超过100万种商品在线热销! 各种专业书
籍,正品行货,低至1折。" />
<meta name="keywords" content="叮当网,叮当,网上购物,专业图书,网上商城,网上买书,在线购物" />
</head>
<body>
</body>
</html>
```

图 4-10 叮当网优化设置

4.5 职 业 素 养

  建站是项目开发的第一步,万事开头难,如何才能迈好这第一步呢?这对于 Web 前端开发工程师来说,尤为关键。因为 Web 前端是一门交叉学科,它要求从业者有一定的艺术设计能力,又要具有强大的代码编写能力。这样的岗位性质,直接导致了 Web 前端开发岗位的人才需求量在目前"互联网+"时代背景下日趋提升。

  因此,在本任务实施过程中,以项目组为单位,由项目组长配合 Q&A 人员对组内成员进行统一规范性培训、管理、监督、协助,最终达到共同提升的效果。例如,要求每个项目组参照行业内软件工程开发的要求制定出组内一整套开发规范和规则制度,然后每个成员在项目建站、目录及文件命名、素材归类等方面严格按照标准来做,由 Q&A 人员负责检查和督促改正,争取组内每位成员养成掌握行业开发规范的良好习惯。

  网络产品的最大特点就是它不受时间、空间的限制,能够实现用户在互联网上随时随地的访问。另外,为了提高网络产品的知名度,网络推广是增强网络产品生命力的强大保障。因此,一款网络产品能不能在网络搜索引擎关键词搜索时排名靠前,是直接由 head 三标签 SEO 决定的,SEO 对客户来说也是完全透明的,那就需要 Web 前端开发工程师开发设计时跟客户交流、沟通到位。

  通过本任务的设计与实施,主要培养学生以下方面的职业素养。

  (1) 掌握行业内软件开发的一整套编码规范及规则。

  (2) 具有一定 5S 管理能力,能够对 IT 工作场所(即项目文件夹)进行整理、整顿,能够保持现实工作环境整洁。

  (3) 诚信对待、服务客户,为客户着想,树立产品质量工程观。

4.6 任 务 小 结

  通过本任务的学习和实践,程旭元已经了解和掌握了用 XHTML 语言进行网页结构代码编写的基本方法;并完成了叮当网的建站和首页的设置与命名,对 SEO 中网页头部的优化规则有了一定的了解。

4.7 能 力 评 估

  1. 什么是 XHTML 语言?简述 XHTML 语言结构。

  2. 简述 XHTML 编码规范。

  3. 简述建站的步骤。

  4. 简述网站、网页、主页的区别与命名规则。

  5. 简述对 SEO 优化的理解。

任务 5 "叮当网上书店"页面框架结构

通过任务 4 的实施,程旭元了解了 XHTML 语言,完成了"叮当网上书店"项目站点的建设和首页的建立。接下来程旭元要按照设计稿自上至下分步实现首页和购物车页的页面框架结构,通过 XHTML 语言结构的学习和技能的实践,确保"叮当网上书店"项目按期完成。

 学习目标

(1) 理解掌握 div 标签的概念和使用 DIV 布局的方法。
(2) 理解掌握 span 标签的概念和使用方法。

5.1 任务描述

"叮当网上书店"的首页和购物车页都是一列固定宽度居中的版式,效果如图 5-1 和图 5-2 所示。

图 5-1 首页效果图

图 5-2 购物车页效果图

从效果图可以看出,两个页面内容不尽相同,但都是上、中、下结构——头部、主体和底部。根据网站风格统一的原则,其他页面 Logo、导航菜单模块、快速分类检索模块、广告展示模块等布局保持与首页相同,也就是头部和底部的框架结构在网站中是不变的。

本任务主要通过网页框架结构 div 标签代码的学习和制作,实现"叮当网上书店"首页和购物车页的页面框架结构。

5.2 相 关 知 识

完成了项目建站和新建网页任务后,本任务引入 div 标签和 span 标签,在代码视图中(图 5-3 所示的箭头处)输入 XHTML 代码,完成"叮当网上书店"首页和购物车页面框架结构。

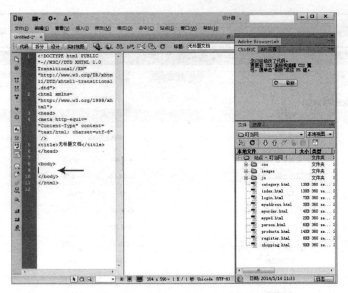

图 5-3 Dreamweaver 代码和设计的拆分视图

5.2.1　div 标签

在 Web 2.0 时代，网页设计师们都采用流行的 div 标签来进行网页的布局设计，并配以 CSS 样式来实现网页的最终效果。DIV 是用来为 HTML 文档内大块（block-level）的内容提供结构和背景的元素，简单地说是一个区块容器，即<div>与</div>之间相当于一个容器，可以容纳段落、标题、表格、图片，乃至章节、摘要和备注等各种 XHTML 元素。区块容器有两大特点：①区块元素必须独占一行，不允许本行的后面再有其他内容；②区块容器默认情况下的宽度与它的父级标签的宽度相同。因此，可以把<div>与</div>中的内容视为一个独立的对象，用于 CSS 的控制。在 div 标签中加上 class 或 id 属性可以应用额外的样式。

不必为每一个 div 标签都加上 class 或 id 标签，虽然这样做也有一定的好处。可以在同一个 div 标签中同时应用 class 和 id 属性，但是更常见的情况是只应用其中一种。这两者的主要差异是，class 用于元素组（类似的元素，或者可以理解为某一类元素），而 id 用于标识单独的唯一的元素。

div 标签的可选属性如表 5-1 所示。

表 5-1　div 标签的可选属性

属　性	描　述	可　用　值
align	规定 div 元素中的内容的对齐方式，不推荐使用。应使用样式取而代之	left right center justify

5.2.2 span 标签

span 标签与 div 标签一样，作为容器标签而被广泛应用在 XHTML 语言中。span 标签用来组合文档中的行内元素。行内元素也有两大特点，刚好与区块容器的特点相反：①行内元素不需要独占一行，本行后面还允许有其他的内容；②行内元素的宽度在默认情况下与它内部的内容的宽度相同。在＜span＞和＜/span＞中间同样可以容纳各种 XHTML 元素。

由以上两者的特点不难发现 Span 与 DIV 的区别：DIV 是一个块级（block-level）容器，它包围的元素会自动换行。而 Span 仅是一个行内容器（inline elements），在它的前后不会换行。Span 没有固定的格式表现。当对它应用样式时，它才会产生视觉上的变化。此外，span 标签可以作为子元素包含于 div 标签之中，但反之不成立，即 span 标签中不可包含 div 标签。

5.3 任务实施

"叮当网上书店"首页和购物车页面 XHTML 框架结构根据任务 2 的版面设计稿和最终效果图来看，有相同之处，都是一列固定宽度居中的版式，分为头部、主体和底部 3 个部分，但是主体部分分别有不同的表现，如图 5-4 和图 5-5 所示。

图 5-4 叮当网首页基本结构

图 5-5 "叮当网上书店"购物车页基本结构

5.3.1 "叮当网上书店"首页 XHTML 框架结构

现在要做的就是首先将首页页面分块,用 DIV 作为容器存放每一块的内容。根据任务 2 的版面设计稿和任务 3 的效果图以及图 5-4,整体分为头部、主体、底部 3 块。

考虑到以后的 CSS 排版要求,直接用 CSS 的 id 或 class 来表示各个块,如首页整体定义为 container,id 为#container,在定义为#container 的 DIV 容器中需要嵌套 3 块内容,所以将头部定义为 header,id 则为#header,将这个 DIV 容器(头部模块)作为#container 容器中的最上方一个容器进行第一层嵌套,以此类推。嵌套关系如图 5-6 所示。

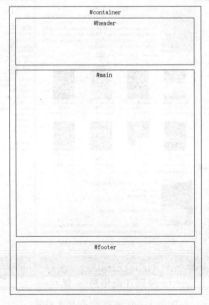

图 5-6 首页页面内容框架(第一层)

根据图 5-6，首页是 4 个 DIV 容器的嵌套结构。

XHTML 代码如下。

```
<!DOCTYPE html PUBLIC "-//W3C//DTD XHTML 1.0 Transitional//EN" "http://www.w3.org/TR/xhtml1/DTD/xhtml1-transitional.dtd">
<html xmlns="http://www.w3.org/1999/xhtml">
<head>
<meta http-equiv="Content-Type" content="text/html; charset=utf-8" />
<title>叮当网上书店</title>
<meta name="keywords" content="叮当网,图书,电子商务" />
<meta name="author" content="作者" />
<link href="css/style.css" rel="stylesheet" type="text/css" />
</head>

<body>
    <!--container 一列开始-->
    <div id="container">
        <!--header 头部开始-->
        <div id="header">
            ...
        </div>
        <!--header 头部结束-->

        <!--main 主体开始-->
        <div id="main">
            ...
        </div>
        <!--main 主体结束-->

        <!--footer 底部开始-->
        <div id="footer">
            ...
        </div>
        <!--footer 底部结束-->
    </div>
    <!--container 一列结束-->
</body>
</html>
```

根据图 1-4 所示的首页功能模块，在首页的头部、主体部分和底部中需要继续嵌套其他功能模块，来放置页面内容，如导航和分类模块放在头部，广告位展示放在底部，其他放在主体。综上所述，要对整个页面进行第二层嵌套，也就是定义为 #container 的 DIV 容器中已经嵌套了 #header 的 DIV 容器，在 #header 的 DIV 容器中再嵌套定义为 .navlink 的 DIV 容器（Logo 及导航菜单模块），以此类推。嵌套关系如图 5-8 所示。

根据图 5-7，首页是再将 7 个 DIV 容器进行嵌套的结构。

XHTML 代码如下。

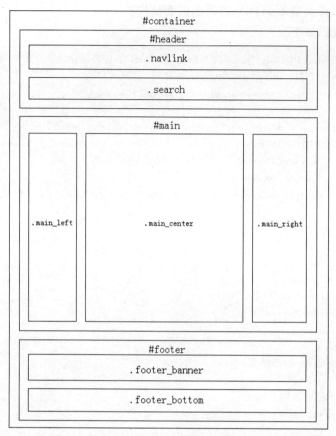

图 5-7 首页页面内容框架(第二层)

```
<!DOCTYPE html PUBLIC "-//W3C//DTD XHTML 1.0 Transitional//EN" "http://www.w3.org/TR/xhtml1/DTD/xhtml1-transitional.dtd">
<html xmlns="http://www.w3.org/1999/xhtml">
<head>
<meta http-equiv="Content-Type" content="text/html; charset=utf-8" />
<title>叮当网上书店</title>
<meta name="keywords" content="叮当网,图书,电子商务" />
<meta name="author" content="作者" />
<link href="css/style.css" rel="stylesheet" type="text/css" />
</head>

<body>
    <!--container 一列开始-->
    <div id="container">
        <!--header 头部开始-->
        <div id="header">
            <div class="navlink">
                …
            </div>
```

```
            <div class="search">
                ...
            </div>
        </div>
        <!--header 头部结束-->

        <!--main 主体开始-->
        <div id="main">
            <div class="main_left">
                ...
            </div>
            <div class="main_right">
                ...
            </div>
            <div class="main_center">
                ...
            </div>
        </div>
        <!--main 主体结束-->

        <!--footer 底部开始-->
        <div id="footer">
            <div class="footer_banner">
                ...
            </div>
            <div class="footer_bottom">
                ...
            </div>
        </div>
        <!--footer 底部结束-->
    </div>
    <!--container 一列结束-->
</body>
</html>
```

5.3.2 "叮当网上书店"购物车页 XHTML 框架结构

购物车页也是上中下结构——头部、主体和底部。根据网站风格统一的原则，页面 Logo、导航菜单模块、快速分类检索模块、广告展示模块等保持布局与首页相同，也就是头部和底部的框架结构在网站中是不变的。

购物车页面的主体部分如图 5-8 所示，自上至下分为 4 块，分别是标题导航、表头、表格和页码、圆角表格底部。

框架结构如图 5-9 所示。

购物车页面定义为 #main 的 DIV 容器中预留了 4 个 DIV 结构容器，自上至下分别用于存放标题导航、表头、表格和页码、圆角表格底部的内容。

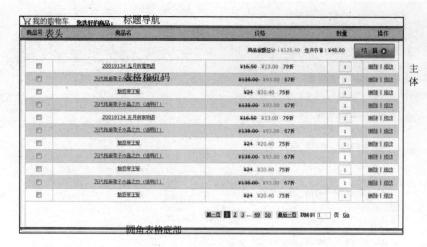

图 5-8　购物车页面主体部分结构

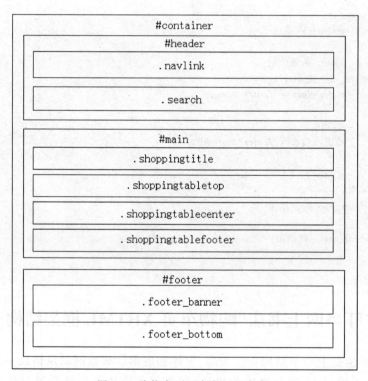

图 5-9　购物车页面内容 DIV 框架

XHTML 代码如下。

```
<!DOCTYPE html PUBLIC "-//W3C//DTD XHTML 1.0 Transitional//EN" "http://www.w3.org/TR/xhtml1/DTD/xhtml1-transitional.dtd">
< html xmlns="http://www.w3.org/1999/xhtml">
< head >
```

```html
<meta http-equiv="Content-Type" content="text/html; charset=utf-8" />
<title>叮当网上书店</title>
<meta name="keywords" content="叮当网,图书,电子商务" />
<meta name="author" content="作者" />
<link href="css/style.css" rel="stylesheet" type="text/css" />
</head>

<body>
    <!--container 一列开始-->
    <div id="container">
        <!--header 头部开始-->
        <div id="header">
           <div class="navlink">
              ...
           </div>
           <div class="search">
              ...
           </div>
        </div>
        <!--header 头部结束-->

        <!--main 主体开始-->
        <div id="main">
           <div class="shoppingtitle">
              ...
           </div>
           <div align="shoppingtabletop">
              ...
           </div>
           <div align="shoppingtablecenter">
              ...
           </div>
           <div align="shoppingtablefooter">
              ...
           </div>
        </div>
        <!--main 主体结束-->

        <!--footer 底部开始-->
        <div id="footer">
            <div class="footer_banner">
               ...
            </div>
            <div class="footer_bottom">
               ...
            </div>
        </div>
```

```
        <!--footer 底部结束-->
      </div>
    <!--container 一列结束-->
</body>
</html>
```

5.4 任务拓展

5.4.1 "叮当网上书店"登录页 XHTML 框架结构

"叮当网上书店"登录页的框架结构如图 5-10～图 5-14 所示。

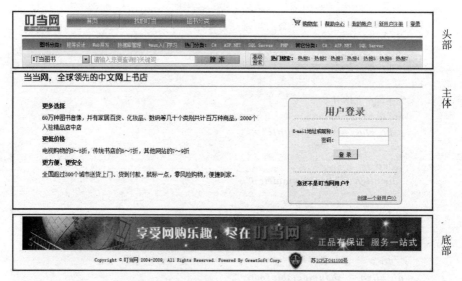

图 5-10 "叮当网上书店"登录页基本结构

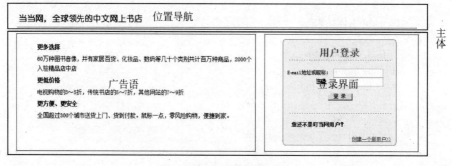

图 5-11 登录页主体结构

任务 5 "叮当网上书店"页面框架结构

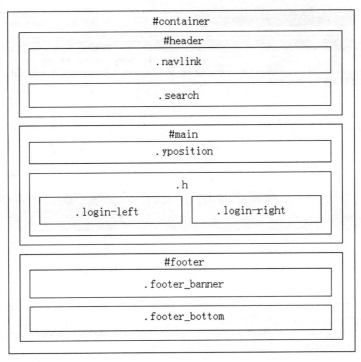

图 5-12 登录页内容 DIV 框架

图 5-13 登录界面结构

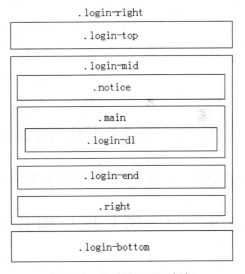

图 5-14 登录界面 DIV 框架

5.4.2 "叮当网上书店"注册页 XHTML 框架结构

"叮当网上书店"注册页的框架结构如图 5-15 和图 5-16 所示。

63

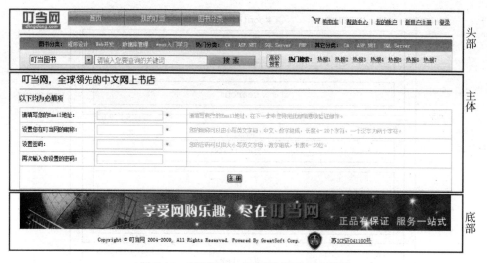

图 5-15 "叮当网上书店"注册页基本结构

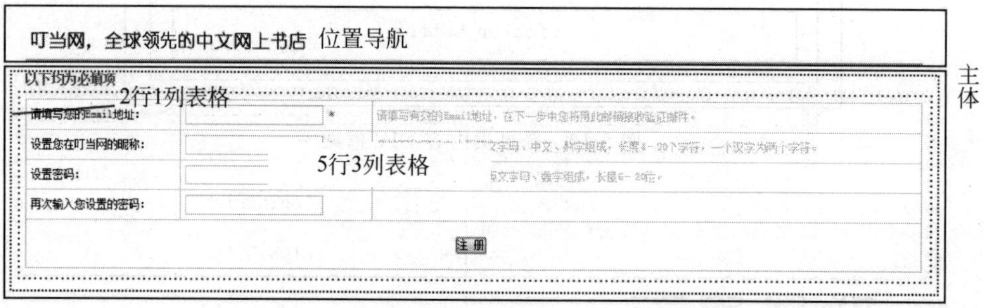

图 5-16 注册页面主体结构

5.4.3 "叮当网上书店"图书分类页 XHTML 框架结构

"叮当网上书店"图书分类页的框架结构如图 5-17 所示。

5.4.4 "叮当网上书店"图书详情页 XHTML 框架结构

"叮当网上书店"图书详情页的框架结构如图 5-18 所示。

从图 5-18 可以看出,"叮当网上书店"的图书详情页的头部 header 区、脚部 footer 区与首页的 header 区、脚部 footer 区的效果相同,main 区左侧与首页和图书分类页相同。main 区的右侧,希望广大读者能够根据之前的其他页面结构和页面内容 DIV 框架进行举一反三,认真独立完成。

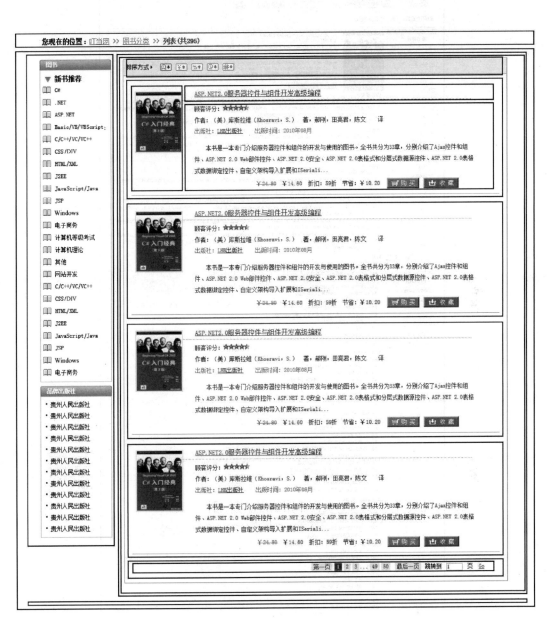

图 5-17 图书分类页框架结构

Web前端开发项目化教程（第2版）

图 5-18 "叮当网上书店"图书详情页

5.5 职业素养

本任务的工作是将任务2的前台的每一个版面设计稿实现为网页框架效果。首先，在学好XHTML语言的基础上，还要编写并实现设计稿的框架结构，作为一名Web前端开发项目组的一员，提高自身的学习能力是一项本质工作。其次，在采用div标签实现网页框架布局时，要尽可能为每个div标签应用class或id属性的其中一种，系统思维聚合力，方便日后自己或团队成员文件的回溯、查询，以及后续使用CSS为网页排版，或项目组成员根据id获取其元素。

从本任务开始，项目已经正式进入代码编写的阶段，项目组内每位成员的开发效率直接决定整个项目组的总体进度。因此，在授课过程中，要求组内每位同学尽可能把手指甲剪短，还要打字尽量练习盲打，还要熟练多种输入法的快捷切换和组合快捷键的使用，这些要求都是提升Web前端开发工程师代码编写效率的有效手段。

通过本任务的设计与实施，主要培养学生以下方面的职业素养。

（1）进一步掌握编码规范、规则，具有责任意识。

（2）对工作任务的实施有前瞻性，具有项目组内团队合作、共同提高的意识。

（3）具有细节决定成败的品质意识，对工作精益求精。

5.6 任务小结

通过本任务的学习和实践，程旭元应该已经基本了解div标签和span标签的相关知识，掌握了div标签和span标签的使用方法，掌握了区块容器和行内元素的特点。掌握区块容器和行内元素的特点，可以为后续的网页设计工作打下坚实的基础。对于初学者来说，还需要经过后期的大量的练习才能达到灵活运用的程度。其中一些行业的实际使用规范与书面理论有些冲突，需要自己学习、掌握，尽量贴近实际工作环境。

5.7 能力评估

1. DIV容器可以容纳哪些网页元素？
2. 区块容器的特点是什么？
3. 行内元素的特点是什么？
4. Span与DIV有哪些异同点？

任务 6 "叮当网上书店"首页总体结构

在任务 5 中,程旭元已经完成了"叮当网上书店"页面框架结构的设计。但这仅仅是完成了一个大框架,接下来程旭元将根据最终效果完成每一个页面模块内容的搭建。要完成以上的工作,必须先学习 XHTML 语言中的一些常用标签,如 img、ul、li、a、hn、p、form、input 等,然后按照"最合适"的原则来选择不同的标签进行结构布局。

学习目标

(1) 掌握常用标签及属性。
(2) 熟练掌握使用 ul、li 列表完成菜单及列表效果的制作。
(3) 熟练掌握根据效果图选择合适标签的能力。

6.1 任 务 描 述

根据任务 5 的总体结构布局效果,"叮当网上书店"首页由上、中、下 3 部分组成。其中,header 部分可以分上、下两个模块;main 部分可以分左、中、右 3 个模块;footer 部分可以分上、下两个模块。每个模块又可以分成若干个子模块。因此,本任务的主要工作就是对每个子模块选择最合适的标签进行页面布局。首页的结构效果如图 6-1 所示。

6.2 相 关 知 识

6.2.1 插入图片——img 标签

作用:向网页中插入一幅图像。
语法:
　　< img src="url" alt="alttext" />

任务6 "叮当网上书店"首页总体结构

图6-1 首页的结构效果图

img 标签常用属性如表 6-1 所示。

表 6-1　img 标签常用属性

属　　性	值	描　　述
alt	text	规定图像的替代文本
src	url	规定显示图像的 URL
height	pixels 或百分比	定义图像的高度
width	pixels 或百分比	设置图像的宽度

6.2.2　列表——ul、ol 和 li 标签

列表标签是网页设计中使用最频繁的标签之一。它主要用于菜单和两个或者两个以上列表效果的布局。什么时候选择列表标签？什么时候不选择列表标签？这个需要在掌握以下基本知识后，通过项目的实践和锻炼不断进行总结和掌握。

1. 无序列表

无序列表是由 ul 和 li 元素定义的，一般用于菜单的制作。无序列表的默认符号是圆点，代码结构和效果如图 6-2 和图 6-3 所示。

```
<ul>
    <li>首页</li>
    <li>我的叮当</li>
    <li>图书分类</li>
</ul>
```

- 首页
- 我的叮当
- 图书分类

图 6-2　无序列表代码结构　　　　图 6-3　无序列表默认效果

（1）ul 标签用来创建一个标有圆点的列表。

（2）通过定义 ul 不同的 type 属性可以改变列表的项目符号。目前，type 属性的属性值有 disc(•)、circle(○)、square(■)。

（3）li 标签在 ul 标签内部使用，用来创建一个列表项。

2. 有序列表

有序列表是由 ol 和 li 元素定义的，有序列表的默认符号是"1.，2.，3.，…"，代码结构和效果如图 6-4 和图 6-5 所示。

```
<ol>
    <li>首页</li>
    <li>我的叮当</li>
    <li>图书分类</li>
</ol>
```

1. 首页
2. 我的叮当
3. 图书分类

图 6-4　有序列表代码结构　　　　图 6-5　有序列表默认效果

6.2.3 超链接——a 标签

作用：定义超链接。网页中的超链接可以分为文本超链接、图像超链接、E-mail 超链接和空链接等。

语法：

<a href="url" target=" ">...</a>

a 标签常用属性如表 6-2 所示。

表 6-2　a 标签常用属性

属　性	值	描　述
href	url	链接的目标 链接到某个网址，如 href="http://www.sina.com" 空链接，如 href="#" 指向 E-mail 地址的超链接，如 href="mailto:mail.sina.com"
target	_blank	打开一个新的(浏览器)窗口
	_parent	在父窗口中打开
	_self	在当前窗口打开
	_top	在上一级窗口打开

6.2.4 表单类标签

1. 表单——form 标签

作用：表单是实现动态网页的一种主要的外在形式。
语法：

```
<form name="form_name" method="post" action="url" enctype="value"
      target="target_win">
    ...
</form>
```

form 标签常用属性如表 6-3 所示。

表 6-3　form 标签常用属性

属　性	描　述
name	表单的名称
method	定义表单结果从浏览器传送到服务器的方法，共有两种方法：get 和 post。get 方式是将表单控件的 name/value 信息经过编码之后，通过 URL 发送(可以在地址栏中看到)。post 方式是将表单的内容通过 http 发送，在地址栏中看不到表单的提交信息。一般来说，如果只是为取得和显示数据，用 get；一旦涉及数据的保存和更新，建议用 post

续表

属性	描述
action	用来定义表单处理程序（ASP、CGI等程序）的位置（相对地址或绝对地址）
enctype	设置表单资料的编码方式。 text/plain：以纯文本形式传送信息； application/x-www-form-urlencoded：默认的编码形式； multipart/form-data：使用 mine 编码
target	设置返回信息的显示方式。 _blank：将返回信息显示在新打开的浏览器窗口中； _self：将返回信息显示在当前浏览器窗口中； _parent：将返回信息显示在父级浏览器窗口中； _top：将返回信息显示在顶级浏览器窗口中

2. 常用的表单元素控件

在表单中，必须使用各种表单元素来搜集用户的信息，完成人机之间的数据交互。常见的表单控件如表6-4所示。

表6-4 常见的表单控件

表单控件	描述
input type="text"	单行文本框，用于输入单行文本
input type="password"	密码框，输入的字符用 * 表示
input type="submit"	提交按钮，用于将表单（form）中的信息提交给表单 action 所指向的文件
input type="checkbox"	复选框
input type="radio"	单选按钮
input type="file"	文件上传框
input type="hidden"	隐藏域
select	下拉列表框
textarea	多行文本框

1) 单行文本框

文本框是一种让访问者自己输入内容的表单对象，通常被用来填写单个字或者简短的回答，如姓名、地址等。

语法：

<input type="text" name="..." size="..." maxlength="..." value="..." />

其中，type="text"定义单行文本框；name 属性定义文本框的名称，要保证数据的准确采集，必须定义一个独一无二的名称；size 属性定义文本框的宽度，单位是单个字符宽度；maxlength 属性定义最多输入的字符数；value 属性定义文本框的初始值。

2) 密码框

密码框是一种特殊的文本域，用于输入密码。当访问者输入文字时，文字会被 * 或其他符号代替,而输入的文字会被隐藏。

语法:

```
<input type="password" name="..." size="..." maxlength="..." />
```

其中,type="password"定义密码框;name 属性定义密码框的名称,要保证数据的准确采集,必须定义一个独一无二的名称;size 属性定义密码框的宽度,单位是单个字符宽度;maxlength 属性定义最多输入的字符数。

3)提交按钮

提交按钮用来将输入的信息提交到服务器。

语法:

```
<input type="submit" name="..." value="..." />
```

其中,type="submit"定义提交按钮;name 属性定义提交按钮的名称;value 属性定义按钮的显示文字。

4)复选框

复选框允许在待选项中选中一项或一项以上的选项。每个复选框都是一个独立的元素,都必须有一个唯一的名称。

语法:

```
<input type="checkbox" name="..." value="..." />
```

其中,type="checkbox"定义复选框;name 属性定义复选框的名称,要保证数据的准确采集,必须定义一个独一无二的名称;value 属性定义复选框的值。

5)单选按钮

当需要访问者在待选项中选择唯一的选项时,就需要用到单选按钮了。

语法:

```
<input type="radio" name="..." value="..." />
```

其中,type="radio"定义单选按钮;name 属性定义单选按钮的名称,要保证数据的准确采集,单选按钮都是以组为单位使用的,在同一组中的单选项都必须用同一个名称;value 属性定义单选按钮的值,在同一组中,它们的值必须是不同的。

6)文件上传框

有时候,需要用户上传自己的文件,文件上传框看上去和其他文本框差不多,只是它还包含了一个浏览按钮。访问者可以通过输入需要上传的文件的含路径名称或者单击"浏览"按钮选择需要上传的文件。

注意:在使用文件上传框以前,要先确定服务器是否允许匿名上传文件。在 form 标签中必须设置 enctype="multipart/form-data"来确保文件被正确编码;另外,表单的传送方式必须设置成 post。

语法：

```
<input type="file" name="..." size="15" maxlength="100" />
```

其中，type="file"定义文件上传框；name 属性定义文件上传框的名称，要保证数据的准确采集，必须定义一个独一无二的名称；size 属性定义文件上传框的宽度，单位是单个字符宽度；maxlength 属性定义最多输入的字符数。

7) 隐藏域

隐藏域是用来收集或发送不可见信息的，对于网页的访问者来说，隐藏域是看不见的。当表单被提交时，隐藏域就会将用户设置时定义的信息名称和值发送到服务器。

语法：

```
<input type="hidden" name="..." value="...">
```

其中，type="hidden"定义隐藏域；name 属性定义隐藏域的名称，要保证数据的准确采集，必须定义一个独一无二的名称；value 属性定义隐藏域的值。

8) 下拉列表框

下拉列表框允许用户在一个有限的空间设置多种选项。

语法：

```
<select name="..." size="..." multiple>
    <option value="..." selected>...</option>
    ...
</select>
```

其中，name 属性定义下拉列表框的名称；size 属性定义下拉列表框的行数；multiple 属性表示可以多选，如果不设置本属性，则只能单选；option 标签定义一个选项；value 属性定义选项的值；selected 属性表示默认已经选择本选项。

9) 多行文本框

多行文本框也是一种让访问者自己输入内容的表单对象，可以让访问者填写较长的内容。

语法：

```
<textarea name="..." cols="..." rows="..."></textarea>
```

其中，name 属性定义多行文本框的名称，要保证数据的准确采集，必须定义一个独一无二的名称；cols 属性定义多行文本框的宽度，单位是单个字符宽度；rows 属性定义多行文本框的高度，单位是单个字符高度。

6.2.5　h*n* 和 p 标签

1. h*n* 标题标签

作用：定义标题，主要用于新闻文章、图书名等标题行上。h1 定义最大的标题，h6 定义最小的标题。

语法：

<h*n*>…</h*n*>

2. p 段落标签

作用：定义段落，主要用于新闻文章、图书简介等正文上，即除标题行以外的文本段落上。

语法：

<p>…</p>

6.3 任务实施

6.3.1 首页 header 区域 XHTML 模块结构

header 区效果如图 6-6 所示。

图 6-6 header 区效果

由图 6-6 可以看出，整个 header 区的设计步骤分 3 个阶段，分别是 Logo 图片、用户快速导航模块、导航菜单模块，代码如下。

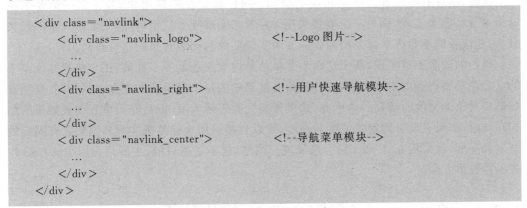

```
<div class="navlink">
    <div class="navlink_logo">            <!--Logo 图片-->
        …
    </div>
    <div class="navlink_right">           <!--用户快速导航模块-->
        …
    </div>
    <div class="navlink_center">          <!--导航菜单模块-->
        …
    </div>
</div>
```

左边 Logo 图片区插入了一幅图片，可以用 img 标签来实现。另外，为方便交互，再给图片做一个超链接，效果如图 6-7 所示。

XHTML 代码如下。

图 6-7 Logo 图片效果图

```
<div class="navlink_logo">
    <a href="index.html"><img src="images/logo.png" width="87" height="40"
        alt="叮当网上书店" class="logoborder" /></a>
</div>
```

用户快速导航模块和导航菜单模块如图6-8所示，一般使用ul、li、a标签来实现。如本例导航菜单模块直接采用了a标签实现，用户快速导航模块采用了ul、li、a结构。

图6-8 用户快速导航模块和导航菜单模块效果

XHTML代码如下。

```
<div class="navlink_right">
    <a href="#">购物车</a>|
    <a href="#">帮助中心</a>|
    <a href="#">我的账户</a>|
    <a href="#">新用户注册</a>|
    <a href="#">登录</a>
</div>
<div class="navlink_center">
    <ul>
        <li><a href="#" class="aleft">首页</a></li>
        <li><a href="#" class="acenter">我的叮当</a></li>
        <li><a href="#" class="aright">图书分类</a></li>
    </ul>
</div>
```

这时，估计有些读者会产生相应的疑问：同样都是超链接菜单，为什么一个要采用ul、li和a标签来实现，而另一个直接采用a标签来实现呢？这里，程旭元要跟大家一起来分析，让读者能够熟练掌握采用列表标签来实现菜单和列表效果的结构布局。

细心的读者不难发现，其实这两个菜单的最终效果还是不一样的，用户快速导航菜单的3个菜单项都有固定的宽度和高度，而导航菜单的每个菜单项的宽度不尽相同，是随着超链接对象的宽度而变化的。因此，这里程旭元要告诉大家，以后在菜单和列表效果的结构布局时，如果它没有固定的宽度和高度，可以直接采用a标签来实现；如果它有固定的宽度和高度，就采用ul、li和a结合来实现。当然，这不是绝对的，主要是为后续的CSS样式编写提供方便。

6.3.2 首页search区域XHTML模块结构

search区效果如图6-9所示。

如图6-9所示，search区可以分成上、下两个块，分别为searcher_top和searcher_bottom，代码如下。

图 6-9 search 区效果

```
<div class="search">
    <div class="searcher_top">
        ...
    </div>
    <div class="searcher_bottom">
        ...
    </div>
</div>
```

searcher_top 部分的效果如图 6-10 所示。

图 6-10 searcher_top 部分的效果

从任务 3 中对图片素材的设计和制作来看,searcher_top 部分左、右有两幅圆角图片,中间是一幅背景图片。这种效果在网页制作中经常用到,后续任务中会重点介绍,这里不再赘述。因此,可以把整个 searcher_top 部分再分解成 3 个块结构,分别为 yuanjiao_left、yuanjiao_right、yuanjiao_center,代码如下。

```
<div class="searcher_top">
    <div class="yuanjiao_left">...</div>
    <div class="yuanjiao_right">...</div>
    <div class="yuanjiao_center">...</div>
</div>
```

接下来在这 3 个块中插入相应的内容。注意,对于左、右两边的圆角图片,通常不采用在 XHTML 结构中用 img 标签来插入,而是在后面学习的 CSS 中采用设置背景图片来实现。这里读者又要产生疑问,为什么这样做呢?有时用 img 标签插入图片,有时又不用 img 标签插入图片。这里程旭元又要告诉大家一个网站设计的原则,那就是为了提高网站的传输效率,加快网页浏览的速率,网站制作人员要尽量考虑网站设计制作过程中,将网站的总体容量尽可能缩减。因为插入图片后,由于图片的容量比较大会直接导致网站的容量变大。科学研究表明,当一个网页在 90 秒内无法正常显示时,用户就会失去耐心不会再进行浏览。因为网站的容量大小与网站浏览的速率是呈正比的。所以按照这个原则,此处只要将代码如下编写就可以了。

```
<div class="yuanjiao_left"></div>
<div class="yuanjiao_right"></div>
```

至于中间部分，由图 6-10 可以看出，图书分类、热门分类、其他分类 3 种效果类似，可以用 a 标签来实现。

XHTML 代码如下。

```
<div class="yuanjiao_center">
    图书分类：
    <a href="#">程序设计</a><span>|</span>
    <a href="#">Web 开发</a><span>|</span>
    <a href="#">数据库管理</a><span>|</span>
    <a href="#">Linux 入门管理</a><span>|</span>
    热门搜索：
    <a href="#">C#</a><span>|</span>
    <a href="#">ASP.NET</a><span>|</span>
    <a href="#">SQL Server</a><span>|</span>
    <a href="#">PHP</a><span>|</span>
    其他分类：
    <a href="#">C#</a><span>|</span>
    <a href="#">ASP.NET</a><span>|</span>
    <a href="#">SQL Server</a>
</div>
```

searcher_bottom 部分的效果如图 6-11 所示。

图 6-11　searcher_bottom 部分的效果

从图 6-11 可以看出，这部分重点采用了表单的效果，因此，将这部分划分为 3 个块：左边的 bottomform 区、中间的 bottomimglink 高级搜索图片区和右边的 bottomlinkwords 文字区。

XHTML 代码如下。

```
<div class="seacher_bottom">
    <div class="bottomform">
        ...
    </div>
    <div class="bottomimglink">
        ...
    </div>
    <div class="bottomlinkwords">
        ...
    </div>
</div>
```

bottomform 区可以使用 select 标签和 input 标签来实现。"搜索"按钮的背景是图片，因此一般采用 a 标签在 CSS 中设置背景图片来实现。

XHTML 代码如下。

```xhtml
<div class="bottomform">
    <form name="seacherform" method="post" action="">
        <select name="booktype" class="selectstyle">
            <option value="1">叮当图书</option>
            <option value="2">叮当分类</option>
        </select>
        <input type="text" name="keywords" class="txtinputsytle"
            value="请输入要查询的关键词" />
        <a href="#" class="btninputstyle">搜 索</a>
        <!--文字下面有背景图片,在结构中只须写出文字内容,背景效果在CSS中实现。-->
    </form>
</div>
```

bottomimglink 是超链接的效果,按照尽可能不插入图片的原则,可以使用 CSS 背景图片来实现效果,所以在这里只须用 a 标签来实现。

XHTML 代码如下。

```xhtml
<div class="bottomimglink">
    <a href="#"></a>
</div>
```

bottomlinkwords 部分采用 a 标签来实现,XHTML 代码如下。

```xhtml
<div class="bottomlinkwords">
    热门搜索:
    <a href="#">热搜1</a>
    <a href="#">热搜2</a>
    <a href="#">热搜3</a>
    <a href="#">热搜4</a>
    <a href="#">热搜5</a>
    <a href="#">热搜6</a>
    <a href="#">热搜7</a>
</div>
```

6.3.3 首页中间 left 区域 XHTML 模块结构

中间 left 效果如图 6-12 所示。

如图 6-12 所示,左边部分主要是竖排导航菜单,从结构上可以分为上、下两块,分别为图书 left_top 块和品牌出版社 left_bottom 块,XHTML 代码如下。

```xhtml
<div class="main_left">
    <div class="left_top">
        ...
    </div>
```

```
    <div class="left_bottom">
        …
    </div>
</div>
```

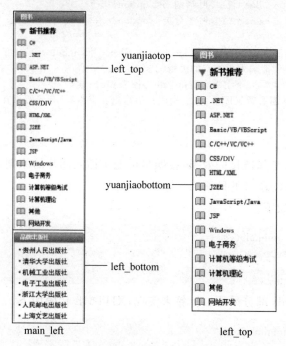

图 6-12 中间 left 效果

再来分析 left_top 和 left_bottom 的结构。这两个结构非常类似,文字背景都一样,不同点是列表项前面的图片不同,因此,只要完成一个,另一个只要复制修改就可以实现了。

下面以 left_top 为例进行讲解。left_top 可以划分为两个块,上部分 yuanjiaotop 的结构与 search 区 searcher_top 类似,下部分 yuanjiaobottom 采用 ul、li、a 标签实现。

XHTML 代码如下。

```
<div class="left_top">
    <div class="yuanjiaotop">           <!--与 search 区 searcher_top 类似-->
        <div class="mainyuanjiao_left"></div>
        <div class="mainyuanjiao_right"></div>
        <div class="mainyuanjiao_center">图书</div>
    </div>
    <div class="yuanjiaobottom">
        <ul>
            <li><a href="#">新书推荐</a></li>
            <li><a href="#">C#</a></li>
            <li><a href="#">.NET</a></li>
```

```
            <li><a href="#">ASP.NET</a></li>
            <li><a href="#">Basic/VB/VBScript</a></li>
            <li><a href="#">C/C++/VC/VC++</a></li>
            <li><a href="#">CSS/DIV</a></li>
            <li><a href="#">HTML/XML</a></li>
            <li><a href="#">J2EE</a></li>
            <li><a href="#">JavaScript/Java</a></li>
            <li><a href="#">JSP</a></li>
            <li><a href="#">Windows</a></li>
            <li><a href="#">电子商务</a></li>
            <li><a href="#">计算机等级考试</a></li>
            <li><a href="#">计算机理论</a></li>
            <li><a href="#">其他</a></li>
            <li><a href="#">网站开发</a></li>
        </ul>
    </div>
</div>
```

同样,品牌出版社 left_bottom 块的 XHTML 代码如下。

```
<div class="left_bottom">
    <div class="yuanjiaotop">         <!--同 search 区 searcher_top 类似-->
        <div class="mainyuanjiao_left"></div>
        <div class="mainyuanjiao_right"></div>
        <div class="mainyuanjiao_center">品牌出版社</div>
    </div>
    <div class="yuanjiaobottom">
        <ul>
            <li><a href="#">贵州人民出版社</a></li>
            <li><a href="#">清华大学出版社</a></li>
            <li><a href="#">机械工业出版社</a></li>
            <li><a href="#">电子工业出版社</a></li>
            <li><a href="#">浙江大学出版社</a></li>
            <li><a href="#">人民邮电出版社</a></li>
            <li><a href="#">上海文艺出版社</a></li>
        </ul>
    </div>
</div>
```

6.3.4 首页中间 right 区域 XHTML 模块结构

中间 right 区域结构如图 6-13～图 6-15 所示。

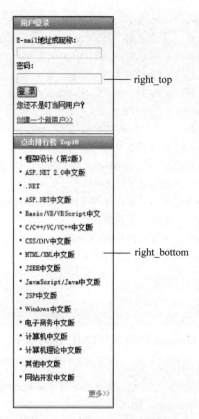

图 6-13 中间 right 区域效果

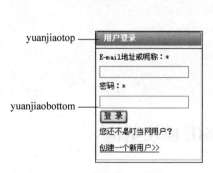

图 6-14 right_top 效果

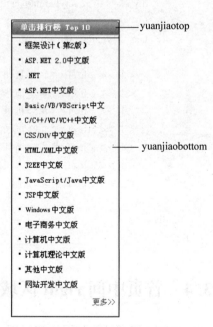

图 6-15 right_bottom 效果

如图6-13所示，中间right部分可以分成上、下两个块，分别为right_top和right_bottom，XHTML代码如下。

```
<div class="main_right">
    <div class="right_top">...</div>
    <div class="right_bottom">...</div>
</div>
```

如图6-14所示，right_top部分又可以分为两个块，一个是用户登录yuanjiaotop，一个是表单yuanjiaobottom，表单根据效果图可以用label和input标签来实现。

XHTML代码如下。

```
<div class="right_top">
    <div class="yuanjiaotop">
        <div class="mainyuanjiao_left"></div>
        <div class="mainyuanjiao_right"></div>
        <div class="mainyuanjiao_center">用户登录</div>
    </div>
    <div class="yuanjiaobottom">
        <form method="post" action="">
            <label>E-mail地址或者昵称：</label><br />
            <input type="text" name="username" /><br />
            <label>密码：</label><br />
            <input type="password" name="pwd" /><br />
            <input type="submit" value="登录" /><br />
            <label>您还不是叮当网用户?</label><br />
            <a href="#">创建一个新用户 &gt;&gt;</a>
        </form>
    </div>
</div>
```

如图6-15所示，right_bottom块与left_bottom块类似，XHTML代码如下。

```
<div class="right_bottom">
    <div class="yuanjiaotop">
        <div class="mainyuanjiao_left"></div>
        <div class="mainyuanjiao_right"></div>
        <div class="mainyuanjiao_center">点击排行榜 Top 10</div>
    </div>
    <div class="yuanjiaobottom">
        <ul>
            <li><a href="#">框架设计(第2版)</a></li>
            <li><a href="#">ASP.NET 2.0中文版</a></li>
            <li><a href="#">.NET</a></li>
            <li><a href="#">ASP.NET中文版</a></li>
            <li><a href="#">Basic/VB/VBScript中文</a></li>
            <li><a href="#">C/C++/VC/VC++中文版</a></li>
            <li><a href="#">CSS/DIV中文版</a></li>
            <li><a href="#">HTML/XML中文版</a></li>
            <li><a href="#">J2EE中文版</a></li>
            <li><a href="#">JavaScript/Java中文版</a></li>
            <li><a href="#">JSP中文版</a></li>
            <li><a href="#">Windows中文版</a></li>
```

```
            <li><a href="#">电子商务中文版</a></li>
            <li><a href="#">计算机中文版</a></li>
            <li><a href="#">计算机理论中文版</a></li>
            <li><a href="#">其他中文版</a></li>
            <li><a href="#">网站开发中文版</a></li>
        </ul>
    </div>
</div>
```

6.3.5 首页中间 center 区域 XHTML 模块结构

中间 center 区域结构图如图 6-16 所示。

图 6-16 中间 center 区域结构图

从图 6-16 可以看出,center 区域可以分为 3 个块,分别为 center_top、center_middle 和 center_footer。代码如下。

```
<div class="main_center">
    <div class="center_top">...</div>
    <div class="center_middle">...</div>
    <div class="center_footer">...</div>
</div>
```

(1) 首先来看 center_top 结构的搭建。通过图 6-17 可以看出,center_top 部分又可以划分为两个块,一个是主编推荐区 centertopclass,采用 ul 和 li 列表标签或者采用 div 标签也可以实现。

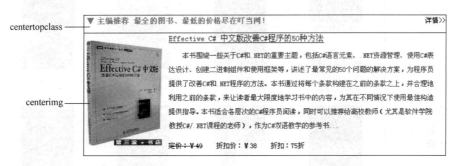

图 6-17 center_top 效果图

XHTML 代码如下。

```
<div class="centertopclass">
    <ul><!--采用 ul li 列表实现-->
        <li class="centertopullione">主编推荐 最全的图书、最低的价格尽在叮当网!
        </li>
        <li class="centertopullitwo"><a href="#">详情&gt;&gt;</a></li>
    </ul>
</div>
```

对于图文混排区 centerimg 块需要注意的是,标题文字通常使用 h*n* 标签来完成,但如果有超链接,则使用 a 标签来实现效果更好;段落使用 p 标签实现;span 标签用来实现个别需要特定表示的效果。具体代码如下。

```
<div class="centerimg">
    <a href="#"><img src="images/BookCovers/978711515888_new.jpg" height="180" width="132" alt="" /></a>
    <a href="#" class="booktitle"><h5>Effective C# 中文版改善 C# 程序的 50 种方法</h5></a>
    <p class="bookcontents">本书围绕一些关于 C# 和.NET 的重要主题,包括 C# 语言元素、.NET 资源管理、使用 C# 表达设计、创建二进制组件和使用框架等,讲述了最常见的 50 个问题的解决方案,为程序员提供了改善 C# 和.NET 程序的方法。本书通过将每个条款构建在之前条款之上,并合理地利用之前的条款,来让读者最大限度地学习书中的内容,为其在不同情况下使用最佳构造提供指导。本书适合各层次的 C# 程序员阅读,同时可以推荐给高校教师(尤其是软件学院教授 C#/.NET 课程的老师),作为 C# 双语教学的参考书...</p>
```

```
<p><span class="spanone">定价：￥49元</span>
<span class="spantwo">折扣价：￥38元</span>
<span class="spanthree">折扣：75折</span></p>
</div>
```

（2）接下来分析 center_middle。从图 6-18 可以看出，center_middle 可以分为上、下两块，上面部分与 centertopclass 相同，在这里就不做说明了。下半部分最大的特点就是它的排列如一个电子相册，这种效果在一些购物网站经常用到，一般使用 ul、li 列表来实现。另外，因为整个效果都是类似的，所以只需要完成其中一个，其余的复制修改即可。

图 6-18　center_middle 效果图

XHTML 代码如下。

```
<div class="centerulli">
    <ul>
        <li>
            <a href="#"><img src="images/BookCovers/1.jpg" alt="" /></a>
            <h5><a href="#" class="centerullititle">Effective ASP.NET 中文版</a></h5>
            <p class="centerulliprice"><span class="delprice">￥49.0</span>
            <span>￥28.0</span></p>
        </li>
        <li>
            <a href="#"><img src="images/BookCovers/2.jpg" alt="" /></a>
            <h5><a href="#" class="centerullititle">C#中文版</a></h5>
            <p class="centerulliprice"><span class="delprice">￥39.0</span>
            <span>￥27.0</span></p>
        </li>
        <li>
            <a href="#"><img src="images/BookCovers/3.jpg" alt="" /></a>
            <h5><a href="#" class="centerullititle">Effective ASP.NET 中文版</a></h5>
            <p class="centerulliprice"><span class="delprice">￥49.0</span>
            <span>￥28.0</span></p>
```

```
            </li>
            <li>
                <a href="#"><img src="images/BookCovers/4.jpg" alt="" /></a>
                <h5><a href="#" class="centerullititle">C#中文版</a></h5>
                <p class="centerulliprice"><span class="delprice">￥39.0</span>
                <span>￥27.0</span></p>
            </li>
            <li>
                <a href="#"><img src="images/BookCovers/5.jpg" alt="" /></a>
                <h5><a href="#" class="centerullititle">Effective ASP.NET 中文版</a></h5>
                <p class="centerulliprice"><span class="delprice">￥49.0</span>
                <span>￥28.0</span></p>
            </li>
            <li>
                <a href="#"><img src="images/BookCovers/6.jpg" alt="" /></a>
                <h5><a href="#" class="centerullititle">C#中文版</a></h5>
                <p class="centerulliprice"><span class="delprice">￥39.0</span>
                <span>￥27.0</span></p>
            </li>
            <li>
                <a href="#"><img src="images/BookCovers/7.jpg" alt="" /></a>
                <h5><a href="#" class="centerullititle">Effective ASP.NET 中文版</a></h5>
                <p class="centerulliprice"><span class="delprice">￥49.0</span>
                <span>￥28.0</span></p>
            </li>
            <li>
                <a href="#"><img src="images/BookCovers/8.jpg" alt="" /></a>
                <h5><a href="#" class="centerullititle">C#中文版</a></h5>
                <p class="centerulliprice"><span class="delprice">￥39.0</span>
                <span>￥27.0</span></p>
            </li>
        </ul>
    </div>
```

（3）从图 6-19 可以看出，center_footer 部分的搭建方法和 center_top 类似。XHTML 代码如下。

```
<div class="center_footer">
    <div class="centertopclass">
        <ul>
            <li class="centertopullione">本周媒体热点 最热图书,全场打折,天天特价!</li>
            <li class="centertopullitwo"><a href="#">更多&gt;&gt;</a></li>
        </ul>
    </div>
    <div class="centerimg">
        <a href="#"><img src="images/BookCovers/9787115158284_new.jpg" height="349" width="200" alt="" /></a>
        <h5><a href="#">Effective C#中文版改善C#程序的50种方法</a></h5>
```

```
<p>作者：(美)米切尔</p>
<p>出版社：人民邮电出版社</p>
<p>出版时间：2007-05-01</p>
<p><span class="spanone">定价：￥49元</span>
    <span class="spantwo">折扣价：￥38元</span>
    <span class="spanthree">折扣：75折</span></p>
<h5>媒体评论：</h5>
<p>ASP.NET 2.0在1.0版的基础上做了很多改进,用它可以更容易地创建数据驱动的网站。本书通过简明的语言和详细的步骤,以循序渐进的方式帮助读者迅速掌握使用ASP.NET 2.0开发网站所需的基本知识。</p>
<p>全书共分5个部分,共24章。第一部分介绍了 ASP.NET 2.0及其编程模型,Visual Web...</p>
</div>
</div>
```

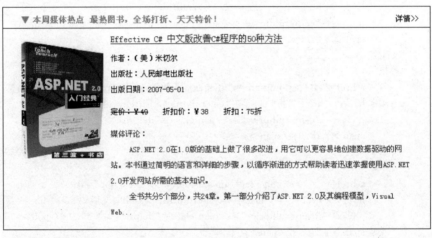

图 6-19　center_footer 效果图

6.3.6　首页 footer 区域 XHTML 模块结构

footer 区域的结构如图 6-20 所示。

从图 6-20 可以看出,footer 部分可以分为两个块,一个是上面的图片 footer_banner,一个是下面的 footer_bottom。©符号的代码为"©",可以在 Dreamweaver 设计视图中打开"文本"工具栏,单击最后一个符号标签,在打开的下拉菜单中选择"©版权"符号,如图 6-21 和图 6-22 所示。

图 6-20　footer 区域的结构图

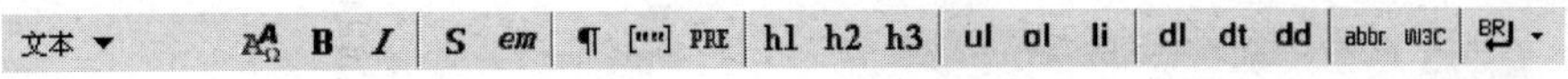

图 6-21 "文本"工具栏

图 6-22 选择版权符号

footer 部分 XHTML 代码如下。

```
<div class="footer">
    <div class="footer_banner"><img src="images/index_end.png" width="982"
        height="80" alt="" /></div>
    <div class="footer_bottom">
        Copyright <span><span>&copy;</span></span>
        叮当网 2004-2009，All Rights Reserved. Powered By GreatSoft Corp.  
        <img src="images/validate.gif" align="absmiddle" alt="" />  苏
        <a href="#" target="_blank">ICP 证 041100 号</a>
    </div>
</div>
```

6.4 任务拓展

对于"叮当网上书店"其他页面，即图书分类页、图书详细页、图书登录页，请大家根据效果图选择合适的标签，认真独立完成效果。

6.4.1 图书分类页 XHTML 总体结构

图书分类页 XHTML 总体结构如图 6-23 所示。

从图 6-23 可以看出，整个版面和主页有些类似，也是上中下结构。与主页的不同处如图 6-23 所示。可以在主页的基础上修改代码，不同处的 XHTML 代码如下。

图 6-23 图书分类页 XHTML 总体结构

```
< div class="list_right">
    < div class="list_r_top">
        < div class="list_r_toptext">排序方式
            < img src="./images/class/icon_sanjiao_black.gif" /></div>
        <!--排序-->
        < span class="list_r_toporder">
            < a href="#" >< img src='./images/class/icon_xiaoshou_r.gif' /></a>
            < a href="#" >< img src='./images/class/icon_jiaqian.gif' /></a>
            < a href="#" >< img src='./images/class/icon_zhekou.gif' /></a>
            < a href="#" >< img src='./images/class/icon_shijian2.gif' /></a>
            < a href="#" >< img src='./images/class/icon_chuban2.gif' /></a>
        </span>
    </div>
```

```html
<!--列表 B-->
<div class="list_r_list">
    <div class="list_book_l">
        <span class="pic"><a href="#" target="_blank">
            <img src="images/BookCovers/9171366.jpg" border="0"/></a>
        </span></div>
    <div class="list_book_r">
        <h2><a href="#">ASP.NET 2.0 服务器控件与组件开发高级编程</a></h2>
        <p>顾客评分:
        <img src='./images/class/dot_xing.gif' />
        <img src='./images/class/dot_xing.gif' />
        <img src='./images/class/dot_xing.gif' />
        <img src='./images/class/dot_xing.gif' />
        <img src='./images/class/dot_xing2.gif' /></p>
        <p>作者:<span>(美)库斯拉维(Khosravi,S.)著,郝刚,田亮君,陈文</span>译</p>
        <p class="l">出版社:<a href="#">LHB 出版社</a></p>
        <p class="l">出版时间:2010 年 8 月</p>
        <p class="t">本书是一本专门介绍服务器控件和组件的开发与使用的图书.全书共分为 33 章,分别介绍了 Ajax 控件和组件、ASP.NET 2.0 Web 部件控件、ASP.NET 2.0 安全、ASP.NET 2.0 表格式和分层式数据源控件、ASP.NET 2.0 表格式数据绑定控件、自定义架构导入扩展和 ISeriali...</p>
        <p class="s"><span class="del"><s>¥24.80</s></span>
        <span class="red">¥14.60</span>折扣:59 折 节省:¥10.20</p>
        <span class="goushou"><a href="#">
        <img src='./images/class/but_buy.gif' title='购买' /></a></span>
        <span class="goushou"><a href="#">
        <img src="./images/class/but_put.gif" title="收藏" /></a></span>
    </div>
</div>
<div class="list_r_list">
    <div class="list_book_l">
        <span class="pic">
            <a href="#" target="_blank">
                <img src="images/BookCovers/9171366.jpg" border="0"/></a>
        </span>
    </div>
    <div class="list_book_r">
        <h2><a href="#">ASP.NET 2.0 服务器控件与组件开发高级编程</a></h2>
        <p>顾客评分:
        <img src='./images/class/dot_xing.gif' />
        <img src='./images/class/dot_xing.gif' />
        <img src='./images/class/dot_xing.gif' />
        <img src='./images/class/dot_xing.gif' />
        <img src='./images/class/dot_xing2.gif' /></p>
        <p>作者:<span>(美)库斯拉维(Khosravi,S.)著,郝刚,田亮君,陈文</span>译</p>
        <p class="l">出版社:<a href="#">LHB 出版社</a></p>
```

```html
            <p class="l">出版时间:2010年8月</p>
            <p class="t">本书是一本专门介绍服务器控件和组件的开发与使用的图书.全书共分
                为33章,分别介绍了Ajax控件和组件、ASP.NET 2.0 Web部件控件、
                ASP.NET 2.0安全、ASP.NET 2.0表格式和分层式数据源控件、ASP
                .NET 2.0表格式数据绑定控件、自定义架构导入扩展和ISeriali...</p>
            <p class="s"><span class="del"><s>¥24.80</s></span>
            <span class="red">¥14.60</span>　折扣:59折　节省:¥10.20</p>
            <span class="goushou"><a href="#">
                <img src='./images/class/but_buy.gif' title='购买'/></a></span>
            <span class="goushou"><a href="#">
                <img src="./images/class/but_put.gif" title="收藏"/>
                </a></span>
        </div>
    </div>
    <div class="list_r_list">
        <div class="list_book_l">
            <span class="pic"><a href="#" target="_blank">
                <img src="images/BookCovers/9171366.jpg" border="0"/></a>
            </span></div>
        <div class="list_book_r">
            <h2><a href="#">ASP.NET 2.0服务器控件与组件开发高级编程</a></h2>
            <p>顾客评分:
                <img src='./images/class/dot_xing.gif'/>
                <img src='./images/class/dot_xing.gif'/>
                <img src='./images/class/dot_xing.gif'/>
                <img src='./images/class/dot_xing.gif'/>
                <img src='./images/class/dot_xing2.gif'/></p>
            <p>作者:<span>(美)库斯拉维(Khosravi,S.)著,郝刚,田亮君,陈文</span>
                译</p>
            <p class="l">出版社:<a href="#">LHB出版社</a></p>
            <p class="l">出版时间:2010年8月</p>
            <p class="t">本书是一本专门介绍服务器控件和组件的开发与使用的图书.全书共分
                为33章,分别介绍了Ajax控件和组件、ASP.NET 2.0 Web部件控件、
                ASP.NET 2.0安全、ASP.NET 2.0表格式和分层式数据源控件、ASP
                .NET 2.0表格式数据绑定控件、自定义架构导入扩展和ISeriali...</p>
            <p class="s"><span class="del"><s>¥24.80</s></span>
            <span class="red">¥14.60</span>
                折扣:59折　节省:¥10.20</p>
            <span class="goushou">
                <a href="#"><img src='./images/class/but_buy.gif' title='购买'/></a>
            </span>
            <span class="goushou">
                <a href="#"><img src="./images/class/but_put.gif" title="收藏"/>
                </a></span>
        </div>
    </div>
    <div class="list_r_list">
        <div class="list_book_l">
            <span class="pic">
                <a href="#" target="_blank">
```

```
            <img src="images/BookCovers/9171366.jpg" border="0"/></a></span>
        </div>
        <div class="list_book_r">
            <h2><a href="#">ASP.NET 2.0 服务器控件与组件开发高级编程</a></h2>
            <p>顾客评分:<img src='./images/class/dot_xing.gif' />
                <img src='./images/class/dot_xing.gif' />
                <img src='./images/class/dot_xing.gif' />
                <img src='./images/class/dot_xing.gif' />
                <img src='./images/class/dot_xing2.gif' /></p>
            <p>作者:<span>(美)库斯拉维(Khosravi,S.) 著,郝刚,田亮君,陈文    </span>
                译</p>
            <p class="l">出版社:<a href="#">LHB出版社</a></p>
            <p class="l">出版时间:2010年8月</p>
            <p class="t">本书是一本专门介绍服务器控件和组件的开发与使用的图书.全书共分
                为33章,分别介绍了Ajax控件和组件、ASP.NET 2.0 Web部件控件、
                ASP.NET 2.0 安全、ASP.NET 2.0 表格式和分层式数据源控件、ASP
                .NET 2.0 表格式数据绑定控件、自定义架构导入扩展和ISeriali...</p>
            <p class="s"><span class="del"><s>¥24.80</s></span>
            <span class="red">¥14.60</span> 折扣:59折  节省:¥10.20</p>
            <span class="goushou"><a href="#">
                <img src='./images/class/but_buy.gif' title='购买' /></a></span>
            <span class="goushou">
                <a href="#"><img src="./images/class/but_put.gif" title="收藏" /></a>
            </span>
        </div>
    </div>
    <div class="pages">
        <div class="mode_turn_page">
            <span class="prev2">
                <a href="#" class="num">第一页</a></span>
            <span class="num_now">1</span>
            <span><a href="#" class="num">2</a></span>
            <span><a href="#" class="num">3</a></span><span>...
            </span><span><a href="#" class="num">49</a></span><span>
            <a href="#" class="num">50</a></span>
            <span class="next"><a href="#" class="num">最后一页</a></span>
            <span class="t_text">跳转到</span>
            <input type="text" class="tiaozhuan" value="1" />
            <span class="t_text">页</span><span class="enter">
                <a href="#">Go</a></span></div>
        </div>
    </div>
```

6.4.2　图书详情页 XHTML 总体结构

图书详情页效果如图 6-24 所示。

从图 6-24 可以看出,中间和右边部分与主页不同,可以通过 img、hn 等标签实现。

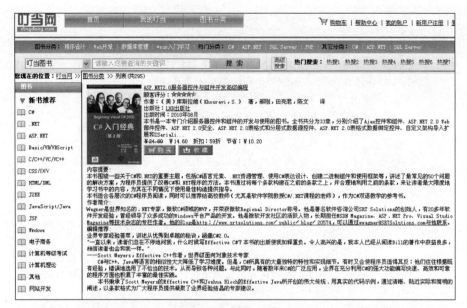

图 6-24　图书详情页效果

XHTML 代码如下。

```
< div class="yposition">
    <b>您现在的位置：</b><a href="index.html">叮当网</a>&gt;&gt;
    <a href="class.html">图书分类</a>&gt;&gt;
    <span>列表(共295)</span>
</div>
<!--图书列表右边 B-->
<div class="book">
    <div class="book_left">
        <div class="gtit">
            <span class="gleft"></span><span class="grig"></span>
            <h2 class="col_w129">图书</h2>
        </div>
        <div class="glist">
            <ul>
                <li class="lititle"><a href="class.html">新书推荐</a></li>
                <li><a href="class.html">C#</a></li>
                <li><a href="class.html">.NET</a></li>
                <li><a href="class.html">ASP.NET</a></li>
                <li><a href="class.html">Basic/VB/VBScript</a></li>
                <li><a href="class.html">C/C++/VC/VC++</a></li>
                <li><a href="class.html">CSS/DIV</a></li>
                <li><a href="class.html">HTML/XML</a></li>
                <li><a href="class.html">J2EE</a></li>
                <li><a href="class.html">JavaScript/Java</a></li>
                <li><a href="class.html">JSP</a></li>
```

```html
            <li><a href="class.html">Windows</a></li>
            <li><a href="class.html">电子商务</a></li>
            <li><a href="class.html">计算机等级考试</a></li>
            <li><a href="class.html">计算机理论</a></li>
            <li><a href="class.html">其他</a></li>
            <li><a href="class.html">网站开发</a></li>
        </ul>
    </div>
    <span class="blank8"></span>
    <div class="gtit"><span class="gleft"></span>
        <span class="grig"></span>
        <h2 class="col_w129">品牌出版社</h2>
    </div>
    <div class="glist1">
        <ul>
            <li><a href="class.html">贵州人民出版社</a></li>
            <li><a href="class.html">贵州人民出版社</a></li>
            <li><a href="class.html">贵州人民出版社</a></li>
            <li><a href="class.html">贵州人民出版社</a></li>
            <li><a href="class.html">贵州人民出版社</a></li>
            <li><a href="class.html">贵州人民出版社</a></li>
            <li><a href="class.html">贵州人民出版社</a></li>
            <li><a href="class.html">贵州人民出版社</a></li>
            <li><a href="class.html">贵州人民出版社</a></li>
            <li><a href="class.html">贵州人民出版社</a></li>
        </ul>
    </div>
</div>
<div class="class_wrap">
    <div class="list_right">
        <!--列表 B-->
        <div class="list_r_list">
            <div class="list_book_l">
                <span class="pic"><a href="#" target="_blank">
                    <img src="images/BookCovers/9171366.jpg" border="0"/></a>
                </span>
            </div>
            <div class="list_book_r">
                <h2><a href="#">ASP.NET 2.0 服务器控件与组件开发高级编程</a></h2>
                <p>顾客评分:
                    <img src='./images/class/dot_xing.gif'/>
                    <img src='./images/class/dot_xing.gif'/>
                    <img src='./images/class/dot_xing.gif'/>
                    <img src='./images/class/dot_xing.gif'/>
                    <img src='./images/class/dot_xing2.gif'/></p>
                <p>作者:
```

　　　　　　＜span＞(美)库斯拉维(Khosravi,S.) 著,郝刚,田亮君,陈文＜/span＞译
　　　　＜/p＞
　　　　＜p class="l"＞出版社：＜a href="#"＞LHB 出版社＜/a＞＜/p＞
　　　　＜p class="l"＞出版时间：2010 年 08 月＜/p＞
　　　　＜p class="t"＞本书是一本专门介绍服务器控件和组件的开发与使用的图书。
　　　　　　　　　　　全书共分为 33 章,分别介绍了 Ajax 控件和组件、ASP.NET
　　　　　　　　　　　2.0 Web 部件控件、ASP.NET 2.0 安全、ASP.NET 2.0 表格式
　　　　　　　　　　　和分层式数据源控件、ASP.NET 2.0 表格式数据绑定控件、自
　　　　　　　　　　　定义架构导入扩展和 ISeriali...＜/p＞
　　　　＜p class="s"＞＜span class="del"＞＜s＞￥24.80＜/s＞＜/span＞
　　　　＜span class="red"＞￥14.60＜/span＞折扣：59 折 节省：￥10.20＜/p＞
　　　　＜span class="goushou"＞
　　　　　　＜a href="#"＞＜img src='./images/class/but_buy.gif' title='购买' /＞
　　　　　　＜/a＞＜/span＞
　　　　＜span class="goushou"＞
　　　　　　＜a href="#"＞＜img src="./images/class/but_put.gif"
　　　　　　　　title="收藏" /＞＜/a＞＜/span＞
　　＜/div＞
＜/div＞
＜div class="list_box"＞
　　＜h3＞内容提要:＜/h3＞
　　＜p＞本书围绕一些关于 C♯ 和.NET 的重要主题,包括 C♯ 语言元素、.NET 资源管
　　　　理、使用 C♯ 表达设计、创建二进制组件和使用框架等,讲述了最常见的 50 个
　　　　问题的解决方案,为程序员提供了改善 C♯ 和.NET 程序的方法。本书通过将每
　　　　个条款构建在之前的条款之上,并合理地利用之前的条款,来让读者最大限度地
　　　　学习书中的内容,为其在不同情况下使用最佳构造提供指导。＜br＞
　　　　本书适合各层次的 C♯ 程序员阅读,同时可以推荐给高校教师(尤其是软件学
　　　　院教授 C♯ /.NET 课程的老师),作为 C♯ 双语教学的参考书。＜/p＞
＜/div＞
＜div class="list_box"＞
　　＜h3＞作者简介:＜/h3＞
　　＜p＞Wagner 是世界知名的.NET 专家,微软 C♯ 领域的 MVP,并荣获微软 Regional
　　　　Director 称号。他是著名软件咨询公司 SRT Solutions 的创始人,有 20 多年软
　　　　件开发经验,曾经领导了众多成功的 Windows 平台产品的开发。他是微软开
　　　　发社区的活跃人物,长期担任 MSDN Magazine、ASP.NET Pro、Visual Studio
　　　　＜a href="mailto:Magazine 等技术杂志的专栏作者。他的 Blog 是 http://
　　　　www.srtsolutions.com/public/blog/20574, 可 以 通 过 wwagner@
　　　　SR7Solutions.com 与他联系"＞ Magazine 等技术杂志的专栏作者。他的 Blog
　　　　是 http://www.srtsolutions.com/public/blog/20574,可以通过 wwagner@
　　　　SR7Solutions.com 与他联系＜/a＞。＜/p＞
＜/div＞
＜div class="list_box"＞
　　＜h3＞编辑推荐:＜/h3＞
　　＜p＞业界专家经验荟萃,讲述从优秀到卓越的秘诀,涵盖 C♯ 2.0。＜br＞"一直以
　　　　来,读者们总在不停地问我,什么时候写 Effective C♯ ?本书的出版使我如释重
　　　　负。令人高兴的是,我本人已经从阅读程旭元的著作中获益良多,相信读者也
　　　　会和我一样。"＜br＞

——Scott Meyers，Effective C++作者，世界级面向对象技术专家
C#与C++、Java等语言的相似性大大降低了学习难度。但是，C#所具有的大量独特的特性和实现细节，有时又会使程序员适得其反：他们往往根据既有经验，错误地选用了不恰当的技术，从而导致各种问题。与此同时，随着数年来C#的广泛应用，业界在充分利用C#的强大功能编写快速、高效和可靠的程序方面也积累了丰富的最佳实践。
本书秉承了Scott Meyers的Effective C++和Joshua Bloch的Effective Java所开创的伟大传统.用真实的代码示例，通过清晰、贴近实际和简明的阐述，以条款格式为广大程序员提供凝聚了业界经验结晶的专家建议。
本书中，著名.NET专家程旭元 Wagner就如何高效地使用C#语言和.NET库。围绕C#语言元素、.NET资源管理、使用C#表达设计、创建二进制组件和使用框架等重要主题，讲述了如何在不同情况下使用最佳的语言构造和惯用法，同时避免常见的性能和可靠性问题。其中许多建议读者都可以举一反三，立即应用到自己的日常编程工作中去。</p>
</div>
<div class="list_box">
   <h3>目录：</h3>
   <p>第1章 C#语言元素
条款1：使用属性代替可访问的数据成员
条款2：运行时常量（readonly）优于编译时常量（const）
条款3：操作符is或as优于强制转型
条款4：使用Conditional特性代替#if条件编译
条款5：总是提供ToString()方法
条款6：明辨值类型和引用类型的使用场合
条款7：将值类型尽可能实现为具有常量性和原子性的类型
条款8：确保0为值类型的有效状态
条款9：理解几个相等判断之间的关系
条款10：理解GetHashCode()方法的缺陷
条款11：优先采用foreach循环语句
第2章 .NET资源管理
条款12：变量初始化器优于赋值语句
条款13：使用静态构造器初始化静态类成员
条款14：利用构造器链
条款15：利用using和try/finally语句来清理资源
条款16：尽量减少内存垃圾
条款17：尽量减少装箱与拆箱
条款18：实现标准Dispose模式
第3章 使用C#表达设计
条款19：定义并实现接口优于继承类型
条款20：明辨接口实现和虚方法重写
条款21：使用委托表达回调
条款22：使用事件定义外发接口
条款23：避免返回内部类对象的引用
条款24：声明式编程优于命令式编程
条款25：尽可能将类型实现为可序列化的类型
条款26：使用IComparable和IComparer接口实现排序关系
条款27：避免ICloneable接口
条款28：避免强制转换操作符
条款29：只有当新版基类导致问题时才考虑使用new修饰符

```
            第 4 章 创建二进制组件<br>
            条款 30：尽可能实现 CLS 兼容的程序集<br>
            条款 31：尽可能实现短小简洁的方法<br>
            条款 32：尽可能实现小尺寸、高内聚的程序集<br>
            条款 33：限制类型的可见性<br>
            条款 34：创建大粒度的 Web API<br>
            第 5 章 使用框架<br>
            条款 35：重写优于事件处理器<br>
            条款 36：合理使用.NET 运行时诊断<br>
            条款 37：使用标准配置机制<br>
            条款 38：定制和支持数据绑定<br>
            条款 39：使用.NET 验证<br>
            条款 40：根据需要选用恰当的集合<br>
            条款 41：DataSet 优于自定义结构<br>
            条款 42：利用特性简化反射<br>
            条款 43：避免过度使用反射<br>
            条款 44：为应用程序创建特定的异常类<br>第 6 章 杂项讨论<br>
            条款 45：优先选择强异常安全保证<br>
            条款 46：最小化互操作<br>
            条款 47：优先选择安全代码<br>
            条款 48：掌握相关工具与资源<br>
            条款 49：为 C# 2.0 做准备<br>
            条款 50：了解 ECMA 标准<br>索引</p>
        </div>
      </div>
 </div>
```

6.4.3 登录页 XHTML 总体结构

登录页效果如图 6-25 所示。

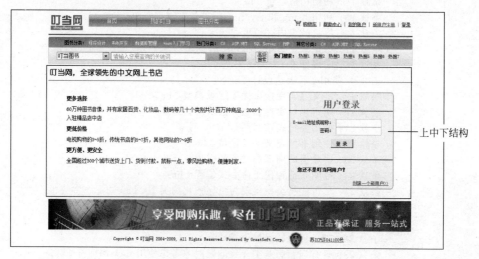

图 6-25 登录页效果

从图 6-25 可以看出，登录页中间部分可以分为左、右两块。左边可以通过 ul、li 或者 p、hn 实现；右边考虑到整个外边有一个圆角边框，所以要将右边分成上中下结构，这样才能实现圆角效果。XHTML 代码如下。

```
< div class="yposition">
    < img src="images/login-left1.gif" hspace="10" vspace="10">
</div>
<!--登录-->
< div class="h">
    < div class="login-left">
        <ul>
            < li class="b">更多选择</li>
            <li>60 万种图书音像，并有家居百货、化妆品、数码等几十个类别共计百万种商品，
                2000 个入驻精品店中店</li>
            < li class="b">更低价格</li>
            <li>电视购物的 3～5 折，传统书店的 5～7 折，其他网站的 7～9 折</li>
            < li class="b">更方便、更安全</li>
            <li>全国超过 300 个城市送货上门，货到付款。鼠标一点，零风险购物，便捷到家。
                </li>
        </ul>
    </div>
    < div class="login-right">
        < div class="login-top"></div>              <!--上-->
        < div class="login-mid">                     <!--中-->
            < div class="notice">用户登录</div>
            < div class="main">E-mail 地址或昵称：
                < input name="username" type="text" class="inp1">
                < br >
                < span style="padding-left:66px;">密码：</span>
                < input name="paw" type="password" class="inp1">
                < div class="login-dl">
                    < input name="dl" type="submit" value="登 录" class="login-submit">
                </div>
            </div>
            < div class="login-end">您还不是叮当网用户？</div>    <!--下-->
            < div align="right">
                < a href="register.html">创建一个新用户>></A>  
            </div>
        </div>
        < div class="login-bottom"></div>
    </div>
</div>
```

6.5 职业素养

要把握 XHTML 文档的总体结构，首先需要熟练掌握 HTML 常用标签及其属性，并能够在此基础上合理选择不同的标签编写页面代码，同时要学会总结和积累。另外，在书写代码时要注意规范、细致，对于 DIV 容器的原理要理解透彻，并根据页面效果，合理进

行代码结构优化,减少代码冗余。

通过本任务的设计与实施,主要培养学生以下方面的职业素养。

(1) 做事认真、细致,善于总结、归纳,具有产品优化质量意识。

(2) 能够举一反三,提高团队协作能力,为后期其他页面的编写提供保障。

6.6 任务小结

通过本任务的学习和实现,程旭元已经基本了解和掌握了如何用 XHTML 的不同标签来实现网页效果的布局。可能刚开始你看到一个页面对该使用哪个标签还有些犹豫,但经过后期的大量的练习你肯定能达到熟能生巧的程度。加油吧!

6.7 能力评估

1. 比较 div 标签与 span 标签的不同。
2. 简述 a 标签的几种链接效果。
3. 简述 input 标签的几种属性。
4. img 标签、a 标签、form 标签分别有什么属性是必需的?

任务 7 "叮当网上书店"购物车页整体结构

在任务 6 中,程旭元完成了"叮当网上书店"首页整体结构设计,掌握了一些常用标签的应用,并完成了图书分类页、图书详细页、图书登录页 3 个页面的制作。按照任务 6 的知识和技巧来制作"叮当网上书店"购物车页面时会发现有一些困难和烦恼:这么多的数据字段要进行排列显示,用 DIV 或者 Span 来布局有些烦琐。那么有没有一种针对这种大数据量展示的布局标签呢?本任务中,程旭元将使用 table 标签来进行模块布局。

学习目标

(1) 理解掌握表格标签的使用。
(2) 掌握细线表格的制作方法。

7.1 任务描述

如图 7-1 所示,购物车页主要由头部、主体和底部 3 部分组成。头部和底部与首页相同,本任务主要通过表格标签(table、th、tr、td)完成中间主体部分的制作。

图 7-1 购物车页效果图

7.2 相关知识

table 在 Web 2.0 以前是很多网页设计师的首选布局标签,由于用表格布局存在页面结构比较复杂、页面模块比较呆板、灵活性和复用性不够等缺点,因此,在 Web 2.0 以后,大部分网页设计师开始采用 DIV 进行布局,因为 DIV 布局可以弥补表格布局的缺点,使网页设计更加灵活,且可以复用,因此便于网站的开发和维护。

但是,不是说采用了 DIV 布局后就把表格布局完全摒弃。两者各有所长,比如本任务中的购物车页面就是一个用表格布局比用 DIV 布局更加简单、轻松的经典案例。因为本页面的设计是一个大数据量的展示页面,如果采用 DIV 布局,会让设计者感觉到非常麻烦,后续的 CSS 设计也非常烦琐。因此,针对这样大数据量展示的页面设计,一般采用 DIV 和表格结合进行布局,两者相辅相成。另外,一般网页设计中,针对 UI 的设计,也多采用 table 标签来进行模块的局部布局。读者在以后的学习和工作中要多加练习,深刻理解。

7.2.1 table、tr、th 和 td 标签

1. 表格示意图

如图 7-2 所示,table 表示表格,tr 表示行,th 或 td 表示单元格。

图 7-2 表格示意图

2. table 标签的基本结构

table 标签的基本结构如下。

```
<table><!--定义表格-->
    <tr><!--定义标题行-->
        <th>...</th><!--标题行一般用 th 代替 td,显示效果为自动加粗、居中-->
    </tr>
    <tr>
        <td>...</td><!--定义单元格-->
    </tr>
</table>
```

（1）table 标签：定义一个表格。每一个表格只有一对<table>...</table>，一个页面中可以有多个表格。

（2）tr 标签：定义表格的行。一个表格可以有多行，所以 tr 对于一个表格来说不是唯一的。

（3）th、td 标签：定义表格的一个单元格。每行可以有不同数量的单元格，在<td>和</td>之间是单元格的具体内容。一般标题行用 th 代替 td，显示效果为自动加粗、居中。

注意：上述的元素必须而且只能够配对使用。缺少任何一个元素，都无法定义出一个表格。

3. 表格的属性

在 XHTML 中常用的表格的属性如表 7-1 所示。

表 7-1　XHTML 中常用的表格的属性

属性	描述
width	指定表格或某一个表格单元格的宽度，单位可以是百分比或者像素
height	指定表格或某一个表格单元格的高度，单位可以是百分比或者像素
border	表格边线粗细，border＝0 表示没有边框
cellspacing	单元格间距
cellpadding	单元格边距
colspan	表示当前单元格跨越几列
rowspan	表示当前单元格跨越几行
align	指定表格或某一个单元格中的内容（文本、图片等）的水平对齐方式
valign	指定某一个单元格中的内容（文本、图片等）的垂直对齐方式。垂直对齐方式的属性值包括：top——顶端对齐；middle——居中对齐；bottom——底端对齐；baseline——相对于基线对齐

7.2.2　thead、tbody 和 tfoot 标签

通常可以将表格分成 3 个部分：表头、主体和脚注，分别用 thead、tbody、tfoot 来标注。thead 指明表格的表头部分，用来放标题之类的内容；tbody 指明表格的主体部分，用来放数据体；tfoot 指明表格的脚注部分。在浏览器解析页面代码时，表格是作为一个整体解析的，使用 tbody 可以将表格分段解析显示，而不用等整个表格都下载完成后再显示。

示例代码结构如下。

```
<table>
    <thead>
        <tr>
            <td>表头</td>
```

```
            </tr>
        </thead>
        <tbody>
            <tr>
                <td>表体</td>
            </tr>
        </tbody>
        <tfoot>
            <tr>
                <td>表脚</td>
            </tr>
        </tfoot>
</table>
```

7.3 任务实施

7.3.1 购物车主体部分整体结构

购物车主体部分效果如图 7-3 所示。整个购物车主体部分可分为 4 块，分别为标题 shoppingtitle、表头 shoppingtabletop、中间表格区 shoppingtablecenter 和底部 shoppingtablefooter。代码如下。

```
<div id="main">
    <div class="shoppingtitle">…</div>
    <div class="shoppingtabletop">…</div>
    <div class="shoppingtablecenter">…</div>
    <div class="shoppingtablefooter"></div>
</div>
```

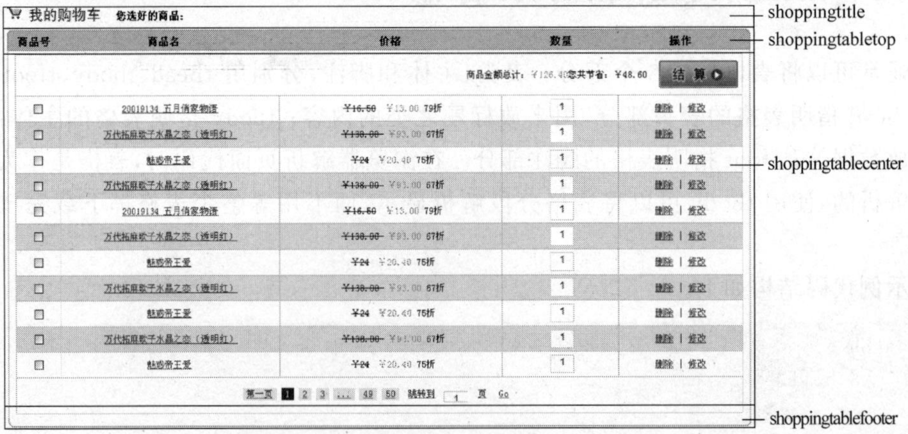

图 7-3 购物车主体部分效果图

7.3.2 标题 shoppingtitle 结构

标题 shoppingtitle 的效果如图 7-4 所示。

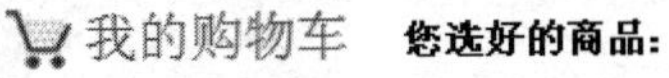

🛒 我的购物车　　您选好的商品：

图 7-4　标题 shoppingtitle 的效果

shoppingtitle 部分由"我的购物车"和"您选好的商品："两段文字构成，采用 span 标签实现。代码如下。

```
<div class="shoppingtitle">
    <span class="myshoppingcar">我的购物车</span>
    <span class="myproducts">您选好的商品：</span>
</div>
```

7.3.3 表头 shoppingtabletop 结构

表头 shoppingtabletop 的效果如图 7-5 所示。

图 7-5　表头 shoppingtabletop 的效果

表头 shoppingtabletop 部分由 1 行 5 列的表格构成，采用 table、thead、tr、th 标签实现。

XHTML 代码如下。

```
<div class="shoppingtabletop">
    <table>
        <thead>
            <tr>
                <th class="firsttd">商品号</th>
                <th class="secondtd">商品名</th>
                <th class="threetd">价格</th>
                <th class="fourtd">数量</th>
                <th class="fivetd">操作</th>
            </tr>
        </thead>
    </table>
</div>
```

7.3.4 中间表格区 shoppingtablecenter 结构

中间表格（细线）区 shoppingtablecenter 的结构如图 7-6 所示。

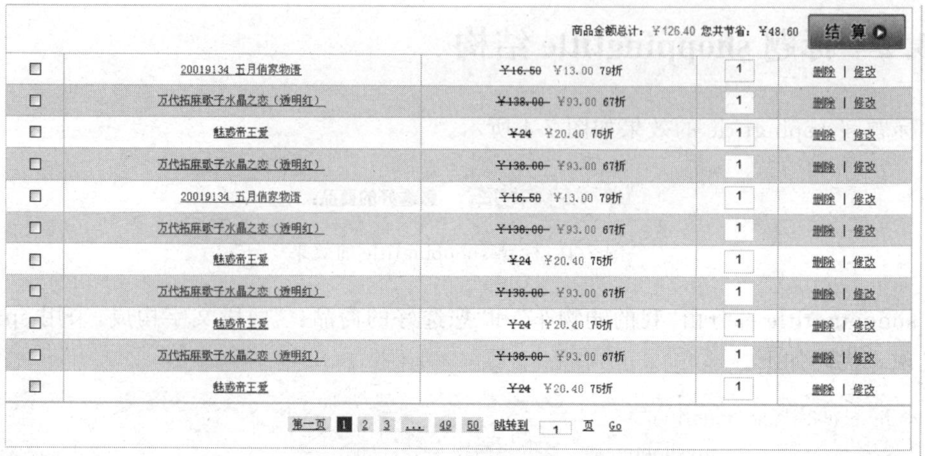

图 7-6 中间表格区 shoppingtablecenter 的结构

整个中间部分有左、右两条蓝色细线，采用 CSS 设置图片背景实现。内部是一个 11 行 5 列的细线表格，表格内部由表单、超链接文字等构成。

XHTML 代码如下。

```
<div class="shoppingtablecenter">
    <table border="0" cellspacing="0" cellpadding="0" class="mycartable">
    <!--在 table 中将表格边框及单元格边距及间距都设置为 0 -->
        <tbody>
            <tr>
                <td colspan="5" class="firsttrtd">商品金额总计：
                    <span class="more">￥126.40</span>您共节省：￥48.60
                    <input name="tj" type="submit" value="" class="balancebtn">
                </td>              <!--采用 colspan 合并列单元格 -->
            </tr>
            <tr>
                <td class="firsttd">
                    <input type="checkbox" name="choice" value=""/>
                </td>
                <td class="secondtd">
                    <a href="product.html">20019134 五月俏家物语</a>
                </td>
                <td class="threetd">
                    <font class="line-middle">￥16.50</font>
                    <font class="more">￥13.00</font> 79 折
                </td>
                <td class="fourtd">
                    <input name="shop1" type="text" class="input1" value="1">
                </td>
                <td class="fivetd">
                    <a href="product.html">删除</a> |
                    <a href="product.html">修改</a>
```

```html
        </td>
    </tr>
    <tr class="oushutrtd">    <!--将行设置class类实现隔行背景效果-->
        <td>
            <input type="checkbox" name="choice" value=""/>
        </td>
        <td class="alignleft">
            <a href="product.html">万代拓麻歌子水晶之恋(透明红)</a>
        </td>
        <td>
            <font class="line-middle">￥138.00</font>
            <font class="more">￥93.00</font> 67折
        </td>
        <td>
            <input name="shop2" type="text" class="input1" value="1">
        </td>
        <td>
            <a href="product.html">删除</a>|
            <a href="product.html">修改</a>
        </td>
    </tr>
    <tr>
        <td>
            <input type="checkbox" name="choice" value=""/>
        </td>
        <td>
            <a href="product.html">魅惑帝王爱</a>
        </td>
        <td>
            <font class="line-middle">￥24</font>
            <font class="more">￥20.40</font> 75折
        </td>
        <td>
            <input name="shop3" type="text" class="input1" value="1">
        </td>
        <td>
            <a href="product.html">删除</a>|
            <a href="product.html">修改</a>
        </td>
    </tr>
    <tr class="oushutrtd">
        <td>
            <input type="checkbox" name="choice" value=""/>
        </td>
        <td>
            <a href="product.html">万代拓麻歌子水晶之恋(透明红)</a>
        </td>
        <td>
```

```html
            <font class="line-middle">¥138.00</font>
            <font class="more">¥93.00</font>67 折
        </td>
        <td>
            <input name="shop2" type="text" class="input1" value="1">
        </td>
        <td>
            <a href="product.html">删除</a>|
            <a href="product.html">修改</a>
        </td>
    </tr>
    <tr>
        <td>
            <input type="checkbox" name="choice" value=""/>
        </td>
        <td>
            <a href="product.html">20019134 五月俏家物语</a>
        </td>
        <td>
            <font class="line-middle">¥16.50</font>
            <font class="more">¥13.00</font>79 折
        </td>
        <td>
            <input name="shop1" type="text" class="input1" value="1">
        </td>
        <td>
            <a href="product.html">删除</a>|
            <a href="product.html">修改</a>
        </td>
    </tr>
    <tr class="oushutrtd">
        <td>
            <input type="checkbox" name="choice" value=""/>
        </td>
        <td>
            <a href="product.html">万代拓麻歌子水晶之恋(透明红)</a>
        </td>
        <td>
            <font class="line-middle">¥138.00</font>
            <font class="more">¥93.00</font>67 折
        </td>
        <td>
            <input name="shop2" type="text" class="input1" value="1">
        </td>
        <td>
            <a href="product.html">删除</a>|
            <a href="product.html">修改</a>
        </td>
```

```html
</tr>
<tr>
    <td>
        <input type="checkbox" name="choice" value=""/>
    </td>
    <td>
        <a href="product.html">魅惑帝王爱</a>
    </td>
    <td>
        <font class="line-middle">￥24</font>
        <font class="more">￥20.40</font>75折
    </td>
    <td>
        <input name="shop3" type="text" class="input1" value="1">
    </td>
    <td>
        <a href="product.html">删除</a>|
        <a href="product.html">修改</a>
    </td>
</tr>
<tr class="oushutrtd">
    <td>
        <input type="checkbox" name="choice" value=""/>
    </td>
    <td>
        <a href="product.html">万代拓麻歌子水晶之恋(透明红)</a>
    </td>
    <td>
        <font class="line-middle">￥138.00</font>
        <font class="more">￥93.00</font>67折
    </td>
    <td>
        <input name="shop2" type="text" class="input1" value="1">
    </td>
    <td>
        <a href="product.html">删除</a>|
        <a href="product.html">修改</a>
    </td>
</tr>
<tr>
    <td>
        <input type="checkbox" name="choice" value=""/>
    </td>
    <td>
        <a href="product.html">魅惑帝王爱</a>
    </td>
    <td>
        <font class="line-middle">￥24</font>
```

```html
            <font class="more">￥20.40</font>75折
        </td>
        <td>
            <input name="shop3" type="text" class="input1" value="1">
        </td>
        <td>
            <a href="product.html">删除</a>|
            <a href="product.html">修改</a>
        </td>
    </tr>
    <tr class="oushutrtd">
        <td>
            <input type="checkbox" name="choice" value=""/>
        </td>
        <td>
            <a href="product.html">万代拓麻歌子水晶之恋(透明红)</a>
        </td>
        <td>
            <font class="line-middle">￥138.00</font>
            <font class="more">￥93.00</font>67折
        </td>
        <td>
            <input name="shop2" type="text" class="input1" value="1">
        </td>
        <td>
            <a href="product.html">删除</a>|
            <a href="product.html">修改</a>
        </td>
    </tr>
    <tr>
        <td>
            <input type="checkbox" name="choice" value=""/>
        </td>
        <td>
            <a href="product.html">魅惑帝王爱</a>
        </td>
        <td>
            <font class="line-middle">￥24</font>
            <font class="more">￥20.40</font>75折
        </td>
        <td>
            <input name="shop3" type="text" class="input1" value="1">
        </td>
        <td>
            <a href="product.html">删除</a>|
            <a href="product.html">修改</a>
        </td>
    </tr>
```

```
            </tbody>
            <tfoot>
                <tr>
                    <td colspan="5">
                        <div class="pages">
                            <a href="#" class="num">第一页</a>
                            <span class="num_now">1</span>
                            <a href="#" class="num">2</a>
                            <a href="#" class="num">3</a>…
                            <a href="#" class="num">49</a>
                            <a href="#" class="num">50</a>
                            <a href="#" class="num">最后一页</a>跳转到  
                            <input type="text" class="tiaozhuan" value="1" />
                             页 <a href="#" class="golink">Go</a>
                        </div>
                    </td>
                </tr>
            </tfoot>
        </table>
    </div>
```

7.3.5 底部 shoppingtablefooter 结构

如图 7-3 所示，底部 shoppingtablefooter 为圆角背景图片，这里只须写出块结构即可，在 CSS 中通过设置背景图片效果实现。

XHTML 代码如下。

```
<div class="shoppingtablefooter"></div>
```

7.4 任务拓展

7.4.1 注册页 XHTML 总体结构

注册页的效果如图 7-7 所示。

从图 7-7 可以看出，注册页与购物车页的不同处在中间部分。按照表格布局的原则，注册页也采用表格来进行布局。整个中间部分采用 form、table、tr、td 标签来实现。

XHTML 代码如下。

```
<div class="yposition"><img src="images/login-left1.gif" hspace="10" vspace="10">
</div>
<!--设置表格-->
<div id="middle">
```

```html
<form id="registerform" action="#" method="post">
    <table width="100%" border="0" cellspacing="0" cellpadding="0"
        align="center">
    <tr>
        <td style=" font-size:14px;color:#ff0000;font-weight:bold;" height="30">
            以下均为必填项</td>
    </tr>
    <tr>
        <td><table width="100%" border="0" cellspacing="0"
            cellpadding="0" id="shop_table">
        <tr>
            <td><font color="#FF0000">*</font>请填写您的 E-mail 地址:</td>
            <td class="registerinputtd"><input name="email" id="email"
                type="text" class="inp">
                <label class="required" for="email"></label></td>
            <td class="c">请填写有效的 E-mail 地址,在下一步中您将用此邮箱接收验
                    证邮件。</td>
        </tr>
        <tr>
            <td><font color="#FF0000">*</font>设置您在叮当网的昵称:</td>
            <td class="registerinputtd"><input name="username" id="username"
                type="text" class="inp">
                <label class="required" for="username"></label></td>
            <td class="c">您的昵称可以由小写英文字母、数字组成,长度4~20个字符。
                    </td>
        </tr>
        <tr>
            <td><font color="#FF0000">*</font>设置密码:</td>
            <td class="registerinputtd">
                <input name="pwd" id="pwd" type="password" class="inp">
                <label class="required" for="pwd"></label></td>
            <td class="c">您的密码可以由大小写英文字母、数字组成,长度6~
                    20位。</td>
        </tr>
        <tr>
            <td>再次输入您设置的密码:</td>
            <td class="registerinputtd">
                <input name="repwd" id="repwd" type="password" class="inp">
                <label class="required" for="repwd"></label></td>
            <td class="c"> </td>
        </tr>
        <tr>
            <td colspan="3" height="40" align="center"><input name="B1" type=
                "submit" value="注 册" class="submit"></td>
        </tr>
        </table></td>
    </tr>
    </table>
```

```
</form>
</div>
```

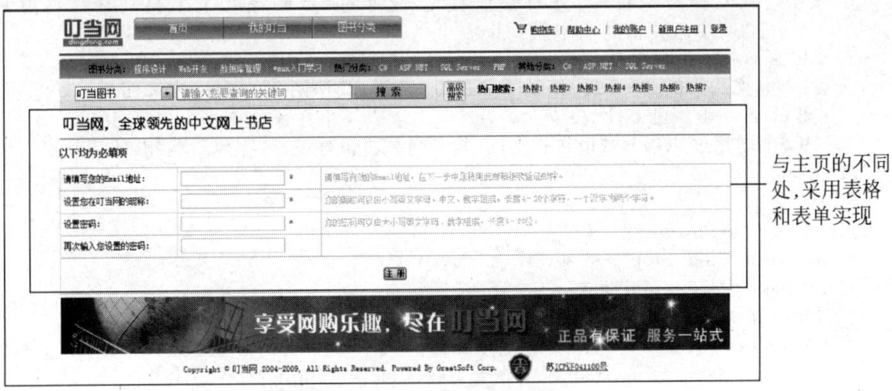

图 7-7 注册页的效果

7.4.2 登录页 XHTML 总体结构

从图 7-8 可以看出，登录页分为左、右两部分。左边采用 ul/li 结构设计；右边外框线分为 login-top、login-mid、login-end 三部分，login-mid 块中的内容可采用表格也可采用 DIV 设置。

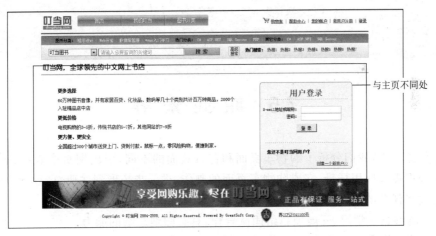

图 7-8 登录页效果

XHTML 代码如下。

```
<div class="yposition"><img src="images/login-left1.gif" hspace="10" vspace="10">
</div>
<!--登录 B-->
<div class="h"
```

```html
< div class="login-left">
  < ul>
    < li class="b">更多选择</li>
    < li>60万种图书音像,并有家居百货、化妆品、数码等几十个类别共计百万种商品,
      2000个入驻精品店中店</li>
    < li class="b">更低价格</li>
    < li>电视购物的3~5折,传统书店的5~7折,其他网站的7~9折</li>
    < li class="b">更方便、更安全</li>
    < li>全国超过300个城市送货上门,货到付款。鼠标一点,零风险购物,便捷到家。</li>
  </ul>
</div>
< div class="login-right">
  < div class="login-top"></div>
  < div class="login-mid">
    < div class="notice">用户登录</div>
    < div class="main">E-mail地址或昵称:
      < input name="username" type="text" class="inp1">
      < br>
      < span style="padding-left:66px;">密码:</span>
      < input name="paw" type="password" class="inp1">
      < div class="login-dl">
        < input name="dl" type="submit" value="登 录" class="login-submit">
      </div>
    </div>
    < div class="login-end">您还不是叮当网用户?</div>
    < div align="right">< A href="register.html">
      创建一个新用户>></A>  
    </div>
  </div>
  < div class="login-bottom"></div>
</div>
</div>
```

7.5 职业素养

在任务6中,我们分析了购物车页面和首页页面的不同,引出网页中表格、表单标签的相关知识点及应用场景,完成购物车页面的制作,进一步拓展到注册页、登录页的制作。通过本任务的设计与实施,主要培养学生以下方面的职业素养。

(1) 能够自主学习、开展项目组团队合作,具有归纳总结的能力。

(2) 把工作变成兴趣,提高自信心,提升学习能力。

7.6 任务小结

通过本任务的学习和实践,程旭元已经掌握了网页中表格的制作方法。在网页制作中,经常会用表格来展示一些数据和UI设计效果,希望大家认真理解表格中每个标签的

作用,达到以点概面的效果。

7.7 能力评估

1. 简述 table、th、tr、td 标签的作用。
2. 简述 thead、tbody、tfoot 标签的作用。
3. 单元格跨行和跨列的属性和值分别如何表示?放在代码的什么位置?

任务 8 "叮当网上书店"页面布局与定位

到现在为止,程旭元已经按照设计稿,使用 XHTML 语言对"叮当网上书店"中所有页面的结构框架进行了设计。我们从一开始就强调 Web 标准充分体现了结构与表现相分离,网页中的表现就是指网页中的样式。因此,从本任务开始,程旭元就要按照设计稿使用 CSS 样式表对所有页面的样式进行控制,实现最终效果。本任务主要针对网页的整体结构进行布局和定位。

学习目标

(1) 熟练掌握 CSS 样式表应用到 XHTML 页面的方法。
(2) 熟练掌握 CSS 选择器的使用。
(3) 熟练掌握 CSS 声明方式。
(4) 理解盒子模型的概念和应用。
(5) 理解文档流的概念。
(6) 理解浮动定位和清除的使用。
(7) 理解相对定位和绝对定位的概念。

8.1 任务描述

任务 6 实施完成后,首页的原始框架结构如图 8-1 所示(由于篇幅有限只截取其中一部分)。

图 8-1 首页的原始框架结构

根据设计稿的要求,首页有 985 像素的宽度,页面居中显示。头部 navlink 区中的图片、链接按钮、链接文字 3 部分需要横向排列。首页中部的左、中、右 3 部分也需要横向排列。下面要使用外部 CSS 样式表进行布局,突破文档流的限制。通过本任务的实施,首页整体布局最终效果如图 8-2 所示。

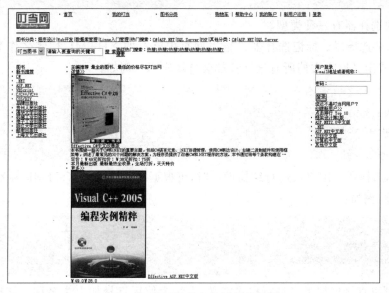

图 8-2　首页整体布局最终效果图

8.2　相 关 知 识

本任务讲解 CSS 样式的结构、CSS 样式应用到 XHMTL 页面中的方法、模块定位与布局。

8.2.1　CSS 样式表

CSS(cascading style sheet,层叠样式表)是一种用于控制网页样式并允许将样式信息与网页内容分离的置标语言。

CSS 的作用是定义网页的外观(如字体、颜色等),它也可以结合 JavaScript 等浏览器端脚本语言做出许多动态的效果。

1. CSS 语法结构

CSS 语法由 3 部分构成:选择器(selector)、属性(property)和值(value)。选择器指样式编码中要针对的对象;属性是 CSS 样式的控制核心,对于每个选择器,CSS 都提供了丰富的样式属性,如浮动方式、大小、颜色等;值指的是属性的值,有两种形式,一种是指定范围的值,另一种为数值。结构如下。

```
selector {
    property1:value1;
    property2:value2;
    …
}
```

常用的选择器有三种类型。

(1) 标记选择器。标记选择器是指以网页中已有的 XHTML 标签名作为名称的选择器,该样式定义后本文档所有该标签都会自动应用。例如:

```
h1 {
    color:#fff;
    font-size:25px;
}
```

(2) 类选择器。用户在进行结构设计时,可根据需要为多个 XHTML 标签使用 class 自定义名称,例如:

```
<div class="new"></div>
<p class="new"></p>
<h3 class="new"></h3>
```

CSS 可以直接根据类名进行样式定义,方法为使用点号加上类名称。该标记定义后需要手动应用。例如:

```
.new {
    background-color:#ccc;
    font-size:14px;
}
```

(3) id 选择器。id 选择器是根据 DOM 文档对象模型原理而产生的一类选择器。每个标签均可以使用 id=""的形式对 id 属性进行指定。例如:

```
<div id="container"></div>
```

id 选择器使用#加上 id 名称的形式定义。该样式定义后本文档中该 id 名称会自动应用。例如:

```
#container {
    font-size:14px;
    width:100%;
}
```

提示:在网页中,id 名称具有唯一性。id 选择器的作用就是对每个页面中唯一出现的元素进行定义,而且只能使用一次。类选择器的好处是,无论是什么 XHTML 标签,页面中所有使用了同一个 class 的标签均可使用此样式,即"定义一次,使用多次",不再需要对每个标签编写样式代码。

从选择器的优先级上看,id 选择器的优先级最高,然后是类选择器,优先级最低的是标签选择器。了解选择器优先级能够帮助用户优化 CSS 样式代码。

2. CSS 声明

1）集体声明

除了可以对单个对象指定样式外,也可以对一组对象进行相同样式指派。这样做的好处是,对页面中需要使用相同样式的地方,只须书写一次样式,从而减少代码量,改善代码结构。例如:

```
#one,.special{
    text-decoration:underline;
}
h1,h2,h3,h4,h5,p{
    color:puple;
}
```

2）全局声明

使用"*"通配符可用模糊指定的方式对对象进行选择,可表示所有对象,包含 id 及 class 的 XHTML 标签,使用方法如下。

```
*{
    margin:0;
    padding:0;
}
```

3）CSS 样式的嵌套

当只对某个对象的子对象进行样式设置时,就需要使用样式的嵌套。样式的嵌套指选择器组合中前一个对象包含后一个对象,对象之间使用空格作为分隔符。

```
p span{
    color:#ccc;
    text-decoration:underline;
}
```

不仅可以实现二级嵌套,也可以多级嵌套。例如:

```
.mycar a img{
    border:none;
}
```

8.2.2 应用 CSS 到网页中

1. 行间样式表

行间样式表是指将 CSS 样式编写在 XHTML 标签之中。例如:

```
<h1 style="font-family:"宋体", Arial;color:#000;">
    Effective C#中文版改善C#程序的50种方法
</h1>
```

行间样式表由 XHTML 元素的 style 属性所支持,只须将 CSS 代码用分号隔开书写在 style=""之中即可。

但笔者极力反对这种做法。行间样式表仅仅是 XHTML 标签对 style 属性的支持,并不符合表现与内容分离的设计原则。

2. 内部样式表

内部样式表与行间样式表的相似之处在于,它们都是将 CSS 写在页面中;不同的是,内部样式表作为页面一个单独的部分,使用 style 标签定位在 head 标签中。例如:

```
<!DOCTYPE html PUBLIC "-//W3C//DTD XHTML 1.0 Transitional//EN"
"http://www.w3.org/TR/xhtml1/DTD/xhtml1-transitional.dtd">
<html xmlns="http://www.w3.org/1999/xhtml">
<head>
    <meta http-equiv="Content-Type" content="text/html; charset=utf-8" />
    <title>叮当网上书店</title>
    <style type="text/css">
        body {
            font-family:"宋体", Arial;
            font-size:12px;
            color:#000000;
        }
        #searcher {
            width:100%;
            height:68px;
            margin:0 0 7px 0;
        }
    </style>
</head>
```

3. 外部样式表

外部样式表是 CSS 应用中最好的一种形式。它将 CSS 代码单独放在一个外部文件中,再由网页进行调用。多个网页可以调用同一个样式表文件,这样能够实现代码最大限度的重用及网站文件的最优化配置,这是笔者推荐的编码方式。例如:

```
<!DOCTYPE html PUBLIC "-//W3C//DTD XHTML 1.0 Transitional//EN"
"http://www.w3.org/TR/xhtml1/DTD/xhtml1-transitional.dtd">
<html xmlns="http://www.w3.org/1999/xhtml">
<head>
    <meta http-equiv="Content-Type" content="text/html; charset=utf-8" />
    <link rel="stylesheet" type="text/css" href="css/top.css" />
    <link rel="stylesheet" type="text/css" href="css/indexmain.css" />
```

```
< link rel="stylesheet" type="text/css" href="css/foot.css" />
<title>叮当网上书店</title>
</head>
```

在页面中应用CSS的主要目的是实现良好的网站的文件及样式管理,这种分离式的结构有助于用户合理划分CSS与XHTML,做到表现与结构的分离。

4. 应用位置优先级

从样式写入的位置来看,其优先级依次如下。

(1) 行内样式表。

(2) 内部样式表。

(3) 外部样式表。

也就是说,使用style属性定义在XHTML标签之中的样式,优先于写在style标签内的样式定义,最后才是对外部样式表的应用。

8.2.3 盒子模型

盒子模型(box model)是CSS的核心,现代Web布局设计简单地说就是一堆盒子的排列与嵌套。掌握了盒子模型与它们的摆放控制,会发现再复杂的页面也不过如此。

1. 盒子模型的概念

在设计网页时,传统的表格布局网页已经被使用DIV和CSS共同布局网页、设定网页样式的形式所代替。改用CSS排版后,由CSS定义的大小不一的盒子和盒子嵌套来布局网页。盒子模型是指把DIV布局中的每一个元素当作一个盒状物,无论布局如何,它们都是几个盒子相互贴近显示,浏览器通过分析这些盒状物的大小和浮动方式来判断下一个盒状物是贴近显示还是在下一行显示,还是其他显示方式。从前面对"叮当网上书店"的介绍中可以看到,该网站的大块布局就是由#container、#banner这样的盒子通过或上下、或左右、或包含的关系构成,如图8-3所示。

2. 盒子模型的细节

为了让布局更细致,更具有可控性,在盒子模型设计中,CSS除了内容宽度外,还提供了内边距(padding)、外边距(margin)、边框(border)3个属性,用于控制盒子对象的显示细节。在CSS中,定义盒子四周样式时,按照顺时针的方式,即上、右、下、左,如图8-4所示。

在内容区外面,依次围绕着padding区、border区和margin区。通过盒子模型,可以为内容设置边界、留白以及边距。盒子模型最典型的应用是这样的:我们有一些内容,可以为这些内容设置一个边框,为了让内容不至于紧挨着边框,可以设置padding;为了让这个盒子不至于和别的盒子靠得太紧,可以设置margin。

图 8-3 叮当网首页整体结构

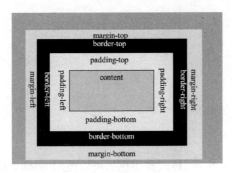

图 8-4　盒子模型细节

3. 内边距 padding 和外边距 margin 的使用格式

（1）为 4 个方向设置同一值，例如：

```
#main{
    padding:10px;
    margin:5px;
}
```

以上代码表示将对象的 4 个方向的内边距都设置为 10px，外边距设置为 5px。

（2）设置上、下为同一个值，左、右也为一个值，例如：

```
#main{
    padding:10px 5px;
    margin:5px 2px;
}
```

以上代码表示将该对象的上、下方向内边距设置为 10px，左、右内边距设置为 5px；上、下外边距设置为 5px，左、右外边距设置为 2px。两个值之间用空格隔开。

（3）设置左、右为同一个值，上、下为不同的值，例如：

```
#main{
    padding:5px 10px 15px;
    margin:5px 2px 1px;
}
```

以上代码表示将该对象的内边距设置为上 5px、右 10px、下 15px，左因为省略与右相等，为 10px；将外边距设置为上 5px、右 2px、下 1px，左因为省略与右相等，为 2px。

（4）如果设置 4 个方向的值都不同，就分别写出 4 个值，中间用空格隔开。

也可以使用下列单独的属性，分别设置 padding 和 margin 的上、右、下、左边距。

① padding-top。

② padding-right。

③ padding-bottom。

④ padding-left。
⑤ margin-top。
⑥ margin-right。
⑦ margin-bottom。
⑧ margin-left。

4. 边框 border

每个边框有 3 种属性：宽度、样式和颜色。可以使用 border 属性一次性定义，例如：

```
.navlink{
    border:1px solid #ccc;
}
```

以上代码表示为 navlink 对象设置四周的边框为 1px 宽、实线、颜色为 #ccc。
也可以分别使用 3 个单独的属性进行设置。

(1) border-color。
(2) border-style。
(3) border-width。

如果希望为对象的某一个边设置边框，而不是为 4 个边都设置边框样式，可以使用下面的单边边框属性。

(1) border-top。
(2) border-right。
(3) border-bottom。
(4) border-left。

同样也可以使用单边的 3 个单独属性进行设置，例如：

```
.top{
    border-top-style:solid;
    border-right-width:2px;
    boder-left-color:red;
}
```

注意：在进行不同浏览器测试时，浏览器对盒子模型有不同的解释，这个不同解释表现在盒子的尺寸上。图 8-5 所示是主流浏览器对盒子模型的解释。可以看出，主流浏览器盒子模型中，盒子的尺寸包含了内容区、padding、border 和 margin 这 4 个部分。

提示：在计算两个对象的间距时，有一个特殊情况，就是上、下两个对象的间距问题。当上、下两个对象都有 margin 属性时，总是以较大值为准，这是 CSS 设计的空白边叠加规则。

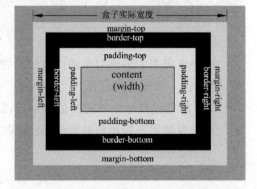

图 8-5 主流浏览器对盒子模型的解释

但是一旦为某个元素设置了 float 属性，它们将不再进行空白边叠加。同时，设为浮动状态时，在 IE 6 浏览器下对象的左、右 margin 会加倍，可以通过设置对象的 display:inline 来解决。

8.2.4 浮动布局

浮动是 CSS 中重要的规则，大部分网页采用浮动来达到分栏效果。

1. 文档流

文档流是浏览器解析网页的一个重要概念，对于一个 XHTML 网页，body 元素中的任意元素，根据其前后顺序，组成了一个个上下关系，这便是文档流。文档流根据这些元素的顺序去显示它们在网页之中的位置。文档流是浏览器默认的显示原则。

每个非浮动块级元素都独占一行，比如 XHTML 中的 div、p，这些块级元素本身占据一行的显示空间，而且其后的元素也需另起一行显示。

内联元素不占一行，多个内联元素可在同一行显示，比如 XHTML 中的 a、span 标签。块级元素可以包含内联元素和其他块级元素。

2. 浮动定位

浮动定位的目的是打破默认的文档流的显示规则，按照用户需要的布局进行显示。用户可以利用 float 属性来进行浮动定位。float 属性有 3 个值，如表 8-1 所示。

表 8-1 float 属性

属性	描述	可用值
float	用于设置对象是否浮动显示，并设置具体的浮动方式	none left right

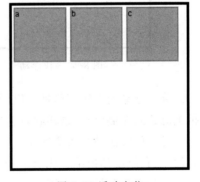

图 8-6 浮动定位

float 值为 none 时表示对象不浮动。比如当对象向左浮动后，对象的右侧将空出区域，以便剩下的文档流能够贴在右侧，如图 8-6 所示。简单地说，当需要网站有较强的分辨率及内容大小适应能力时，就需要采用浮动定位。浮动定位主要是针对非固定类型网页进行设计的。以下 3 种情况就需要考虑使用浮动定位。

（1）居中布局。

（2）横向宽度根据百分比缩放。

（3）需要借助 margin、padding、border 等属性。

提示：在 3 个元素同时向左或者向右浮动时，能否产生横向连排的效果取决于窗口的大小以及元素的占位。如图 8-7 所示，如果外层盒子变小或者本身元素变大，由于空间不够,右侧的元素可能移至下一行显示。还有一种情况,左侧元素过高会导致右侧元素无法移动到第二排最左侧。

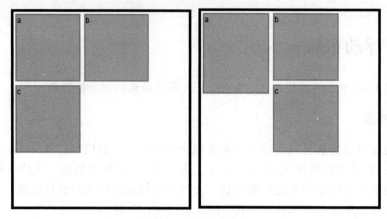

图 8-7　无法浮动情况

3. 浮动的清理

清理是浮动中的另一个有用的工具。例如,当 a、b 两个框向左浮动时,导致了 a、b、c 3 块浮动式排列,如图 8-8 所示。如果不希望 c 继续浮动,便可以使用 clear 属性拒绝对象向某个方向浮动,效果如图 8-9 所示。

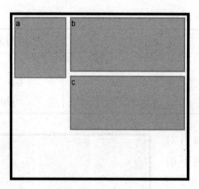 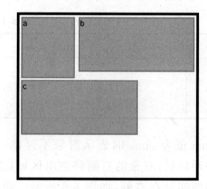

图 8-8　3 块浮动　　　　　　　　　图 8-9　浮动的清理

清理浮动的方法有两种。以图 8-9 为例,一种方法是为 c 框设置 clear:left 属性,以拒绝对象向左侧浮动,这样它就不再继续浮动,而转移到第二行显示。

另一种方法是当需要另起一行时,可以制作一个空 div 标签,使用 clear:both 属性将它的左、右浮动都拒绝。这个空 div 之后的任意元素都不会受到上面对象浮动所产生的影响,起到清理浮动的作用。因此,在制作网站时,若对模块采用浮动布局,由于浮动后当前的模块会脱离文档流,后续的模块会延续文档流进行显示,因此导致页面结构产生显示差异。为确保模块浮动后,后续的模块能够按照原先文档流的顺序显示,一般都采用在浮动模块的父盒子结束前,加入一个＜div class="clear"＞＜/div＞来解决这个问题。

class="clear"的 CSS 样式代码如下。

.clear{clear:both;margin:0;padding:0;}

8.2.5 定位布局

定位布局的语法如下。

position:static|absolute|fixed|relative

从定位的语法可以看出,定位的方法有很多种,分别是静态定位(static)、绝对定位(absolute)、固定定位(fixed)、相对定位(relative)。下面主要讲解最常用也是最实用的两种定位方法:绝对定位(absolute)和相对定位(relative)。

1. 绝对定位

要实现绝对定位,可指定 position 属性的值为 absolute。绝对定位使对象脱离文档流,再为 left、right、top、bottom 等属性设置相应的值,使其相对于其最接近的一个有定位设置的父级对象进行绝对定位;如果对象的父级没有设置定位属性,即还是遵循 HTML 定位规则,可依据 body 对象左上角作为参考进行定位。绝对定位对象可层叠,层叠顺序可通过 z-index 属性控制。z-index 的值为无单位的整数,大的在最上面,可以是负值。

2. 相对定位

要实现相对定位,可指定 position 属性的值为 relative。使用相对定位时,对象不可层叠,依据 left、right、top、bottom 等属性在正常文档流中偏移自身位置。同样可以用 z-index 分层设计。相对定位一个最大特点是,自己通过定位设置偏移后还会占用着原来的位置,不会让给它周围的诸如文档流之类的对象。相对定位也比较独立,它只以自己本身所在位置偏移。

8.3 任务实施

"叮当网上书店"的每个页面的布局与定位设计分 5 个步骤:将样式表应用到网页;页面的整体布局和样式设计;头部布局与定位设计;中部布局与定位设计;底部布局与定位设计。

8.3.1 首页布局与定位

1. 新建 CSS 样式表文件,应用到首页中

(1) 使用 Dreamweaver 打开站点,选择"文件"|"新建"命令,在弹出的对话框中选择

"空白页"标签,选择 CSS 选项,单击"创建"按钮,如图 8-10 所示。

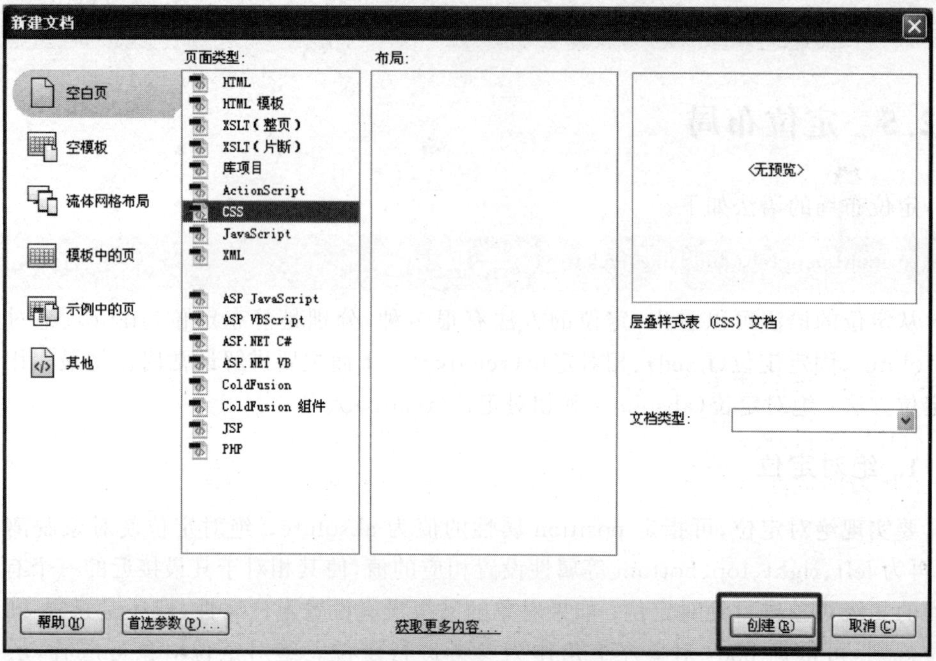

图 8-10 新建外部 CSS 样式表

(2) 按 Ctrl+S 组合键,将文件保存在站点的 css 文件夹中,并命名为 global.css。

(3) 参照步骤(1)~(2),再新建 3 个 CSS 文件,分别命名为 header.css、footer.css 和 indexmain.css。

(4) 打开 index.html,在 head 标签中输入应用外部样式表的代码。XHTML 代码如下。

```
< link href="css/global.css" rel="stylesheet" type="text/css" />
< link href="css/header.css" rel="stylesheet" type="text/css" />
< link href="css/footer.css" rel="stylesheet" type="text/css" />
< link href="css/indexmain.css" rel="stylesheet" type="text/css" />
```

2. 首页整体布局和样式

打开 global.css,设置整体布局和样式。CSS 代码如下。

```
* {
    margin:0;
    padding:0;
}
/*全网页固定宽度及居中*/
#container {
    width:985px;
    margin:0 auto;
```

```
}
#header {
    width:100%;
}
#main {
    width:100%;
}
#footer {
    width:100%;
    margin-top:20px;
}
```

3. 首页头部布局与定位

（1）打开 header.css，在这里首先需要设定头部的总体宽度，并设置 navlink 区域和 search 区域的宽度、高度和盒子模型的细节。CSS 代码如下。

```
.navlink {
    width:100%;
    margin:0 0 5px 0;              /*定义 navlink 区域的下方外边距*/
    padding:10px 0;                /*定义 navlink 区域的上、下内边距*/
    height:40px;
    /*重新定义 Logo 下面的绿色横线和离下面的边距*/
    border-bottom:3px solid #06A87F;
}
.search {
    width:100%;
    height:68px;
    margin:0 0 7px 0;              /*定义 search 区域的下方外边距*/
}
```

（2）设置 navlink 区域 navlink_logo、navlink_right、navlink_center 的左中右横向布局，这里使用浮动完成。CSS 代码如下。

```
.navlink_logo{
    float:left;                    /*Logo 图片区域向左浮动*/
    width:130px;
}
.navlink_right{
    float:right;                   /*快速链接区域向右浮动*/
    width:442px;
}
.navlink_center{
    float:left;                    /*导航区域向左浮动*/
    width:410px;
}
```

（3）search 区域需要另起一行，需要使用浮动的清理。CSS 代码如下。

```
.clear{
    clear:both;
}
```

（4）设置 seacher_top 部分的布局与定位。CSS 代码如下。

```
.seacher_top {
    height:27px;
}
```

提示：

（1）这里使用 float 将 XHTML 对象进行浮动定位。navlink_center 中的列表 li 也可以通过设置 float:left 样式，将 3 个竖向列表项以横向显示，宽度和高度分别为 131px 和 31px。

（2）searcher_bottom 区域中 bottomform、bottomimglink、bottomlinkwords 的横向排列也可以使用 float 完成。

完成后，头部布局和定位的效果如图 8-11 所示。

图 8-11　头部布局和定位的效果

4. 首页中部布局与定位

中部 main 部分包含 3 部分，分别为 main_left、main_right、main_center，这 3 部分需要横向分布。中部的所有样式都写在 indexmain.css 文件中。CSS 代码如下。

```
.main_left {
    float: left;
    width: 150px;
}
.main_right {
    float:right;
    width:170px;
}
.main_center {
    float:left;
    width:665px;
}
```

完成后的效果如图 8-12 所示。

5. 首页底部布局与定位

首页底部的所有样式都写在 footer.css 文件中。CSS 代码如下。

图 8-12 中部布局与定位

```
.footer_bottom {
    height:50px;
}
.footer_bottom img {
    margin:0 10px;
}
```

8.3.2 图书分类页布局与定位

1. 图书分类页整体布局

因为图书分类页的整体布局、头部和底部的布局与定位与首页相同,因此可以直接使用 global.css、header.css 和 footer.css 3 个样式表文件。打开 class.html,在 head 标签中输入应用外部样式表的代码。CSS 代码如下。

```
<link href="css/global.css" rel="stylesheet" type="text/css" />
<link href="css/header.css" rel="stylesheet" type="text/css" />
<link href="css/footer.css" rel="stylesheet" type="text/css" />
```

2. 图书分类页主体部分布局与定位

新建 classmain.css 样式表文件,将其应用到 class.html 中。打开 classmain.css 文件,进行图书分类页主体部分布局与定位。它主要分成两块,一块是所在位置部分,另一块是分类主体部分。

（1）所在位置区域布局样式。CSS 代码如下。

```css
.yposition{
    width:980px;
    height:29px;
    padding:12px 0 0 5px;
    margin:0 auto;
    clear:both;
}
```

（2）分类主体部分主要包括左侧列表区域和右侧分类信息区域,这两个区域左、右横向放置,因此还是应该使用浮动来完成。CSS 代码如下。

```css
.book{
    width:985px;
    margin:0 auto;
    background:#fff;
    padding:0 0 5px 0;
}
.book_left{
    width:150px;
    padding:5px 0px 0px 0px;
    float:left;
}
.class_wrap {
    width:810px;
    float:right;
    padding-top:5px;
}
```

完成后的效果如图 8-13 所示。

8.3.3　购物车页布局与定位

购物车页具有和首页头部、底部一样的布局和定位效果,因此在该页面中要应用这两个样式表文件。购物车页的主体部分主要是由表格完成布局的,需要新建样式表文件 shopmain.css,单独编写相关样式代码。

购物车主体部分没有左右浮动,而且是由表格完成的,布局比较固定,因此只须对所在位置区域的布局和定位进行设置。CSS 代码如下。

```css
.yposition{
    width:980px;
    padding:12px 0 0 5px;
    margin:0 auto;
    clear:both;
}
```

图 8-13　图书分类页主体部分布局与定位

完成后的效果如图 8-14 所示。

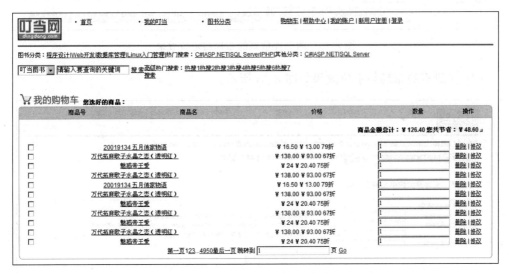

图 8-14　购物车页布局与定位

8.4　任务拓展

本任务重点介绍了 CSS 样式的基本语法结构、盒子模型的概念以及利用 CSS 样式进行布局和定位的相关知识和技能。通过本任务的实施，完成了首页、图书分类页和购物车页的布局和定位,读者能够基本掌握 CSS 样式文件的写法以及布局和定位的方法。下面要独立完成以下相关效果,以熟练掌握本任务的相关知识和技能。

(1) 图书详情页的布局与定位效果如图 8-15 所示。

图 8-15　图书详情页的布局与定位效果

(2) 注册页的布局与定位效果如图 8-16 所示。

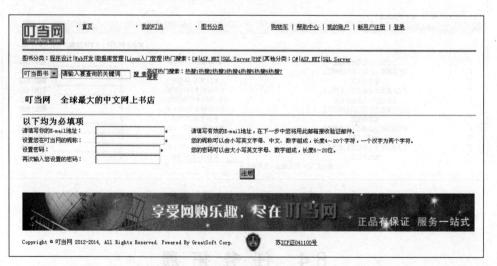

图 8-16　注册页的布局与定位效果

(3) 登录页的布局与定位效果如图 8-17 所示。

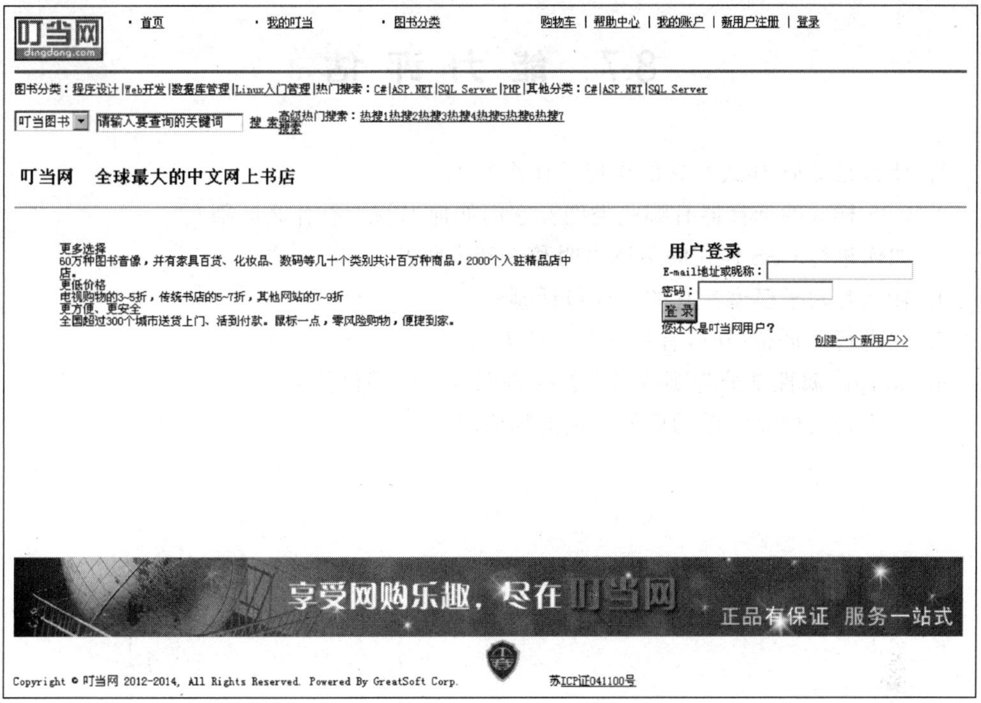

图 8-17 登录页的布局与定位效果

8.5 职业素养

本任务介绍了 CSS 语法、样式表、盒子模型、浮动布局等知识，读者要根据实际情况灵活运用所学知识，尝试同一模型采用不同的解决方案，并学会归纳总结。对于浏览器兼容性问题，读者应阅读一些课外资料，以提高对知识掌握的拓展性和灵活性。

通过本任务的设计与实施，主要培养学生以下方面的职业素养。
（1）精益求精的工匠精神。
（2）拓展课外知识，开阔眼界，提高自主学习的能力。

8.6 任务小结

通过本任务的学习和实践，程旭元掌握了 CSS 样式表的应用方式和语法结构，并理解了盒子模型的概念，能熟练地使用浮动布局方式进行网页的整体布局。在完成布局后需要对网页进行兼容性测试，测试在不同浏览器下页面效果是否正常。对于初学者来说，还需要经过后期大量的练习才能达到熟练的程度。

8.7 能 力 评 估

1. 什么是 CSS 样式？它的作用是什么？
2. CSS 样式的选择器有哪些类型？它们如何书写？有什么区别？
3. 如何进行 CSS 样式的集体声明和嵌套声明？
4. 什么是盒子模型？它的属性包括哪些？
5. 在进行网页布局时，有哪三类定位方式？
6. margin 属性细分为哪些属性？应按照什么顺序设置？
7. 什么是文档流？浮动后的文档流如何显示？

任务 9 "叮当网上书店"首页 navlink 区样式

通过任务 8 的实施,程旭元已经按照原先的设计稿完成了"叮当网上书店"所有页面的整体布局和定位。接下来程旭元要按照设计稿自上至下分步实现首页的最终样式,通过 CSS 样式知识的学习和技能的实践,确保"叮当网上书店"项目的按期完成。

学习目标

(1) 理解掌握使用列表元素样式实现各种列表效果。
(2) 理解掌握背景图片、背景颜色的样式效果实现方法。
(3) 理解掌握文本及段落的样式效果实现方法。
(4) 理解掌握超链接及伪类的样式效果实现方法。

9.1 任务描述

首页 navlink 区主要有 3 个模块,分别是 Logo、导航菜单和用户快速导航。原始效果如图 9-1 所示。

图 9-1　navlink 区原始效果

本任务主要通过边框(border)、浮动(float)、列表元素(ul 和 li)、背景(background)、超链接(a)、文本及段落(h*n* 和 p)等样式的学习和设计制作,实现"叮当网上书店"首页 navlink 区样式最终效果,如图 9-2 和图 9-3 所示。

图 9-2　navlink 区最终效果(鼠标光标未移到导航菜单上)

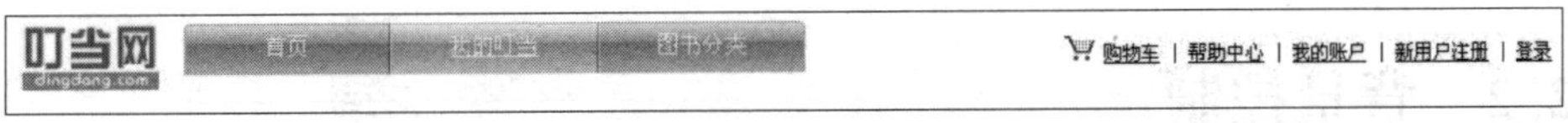

图 9-3　navlink 区最终效果(鼠标光标移到"我的叮当"导航菜单项上)

9.2 相 关 知 识

边框(border)、浮动(float)是任务 8 中盒子模型的知识点,本任务不再详细介绍。通过以上两个样式的控制(已知 navlink 区底部边框颜色为♯06a87f),navlink 区完成的效果如图 9-4 所示。

图 9-4 边框与浮动样式控制后效果

9.2.1 使用列表元素

在 XHTML 中,列表元素有 ul(无序列表)和 ol(有序列表)之分。列表元素中的列表项是由 li 控制的。对于本任务中导航菜单中的列表,首先要确定列表的默认符号和序号。在 CSS 样式表中,列表元素的常用属性如表 9-1 所示。

表 9-1 列表元素的常用属性

属 性	描 述	可 用 值
list-style	设置列表的属性	list-style-type list-style-position list-style-image
list-style-image	设置图片作为列表项目符号	none url
list-style-position	设置项目符号的放置位置	inside outside
list-style-type	设置项目符号的默认样式	none disc circle square decimal lower-roman upper-roman lower-alpha upper-alpha

9.2.2 背景控制

通过网站图片素材的设计,结合本任务的导航菜单的最终效果,可以分析得出,导航菜单的 3 个背景图片都是不一样的,分别是左边圆角背景图、中间矩形背景图和右边圆角背景图，而背景图片的尺寸大小是一致的，都是 131px×31px。因此，先需要将 3 个导航菜单项 li 的宽（width）、高（height）设置为 131px 和 31px。在 CSS 中，背景常用的属性如表 9-2 所示。

表 9-2 背景常用的属性

属　性	描　述	可　用　值
background-attachment	设置背景图的滚动方式，可以为固定或者随内容滚动	scroll fixed
background-color	设置背景颜色	color-rgb color-hex color-name transparent
background-image	设置背景图片	url none
background-position	设置背景图片的位置	top left top center top right center left center center center right bottom left bottom center bottom right x-% y-% x-pos y-pos
background-repeat	设置背景图片的平铺方式	repeat repeat-x repeat-y no-repeat

注：背景图片可用值的 URL 必须为图片的相对路径。

提示：在网站开发中，项目中所有的路径都采用相对路径。

9.2.3 文本与段落样式

文字是网页中的重要元素，在每个网站中，文字占 90% 左右的页面内容。对于导航、列表元素而言，文字需要设计得符合导航及列表的需求，醒目、清晰、易于操作。对于大篇幅的文章段落而言，段落中的文字也需要进行合理排版与组合，以便用户阅读。

CSS 支持的字体样式主要包括字体、字号、颜色等基本属性以及对其他字体的微调控制方式。在 CSS 中，文本常用的属性如表 9-3 所示。

表 9-3 文本常用的属性

属性	描述	可用值
color	设置文字的颜色	color
font-family	设置文字名称,可以使用多个名称,或者使用逗号分隔,浏览器按照先后顺序依次使用可用字体	font-name
font-size	设置文字的尺寸	px %
font-style	设置文字样式	nomal italic oblique
font-weight	设置文字加粗样式	normal bold
text-transform	设置英文文本的大小写方式	none capitalize uppercase lowercase
text-decoration	设置文本的下画线	none underline line-through overline

在 Web 2.0 中,网站文本字体默认是中文宋体,英文是基于 Serif 分类的 Times New Roman,大小默认是 12px。也由于某些原因,并非 CSS 对文本字体的所有属性都能产生作用。

网站中的最终内容一般都将以文本段落的形式呈现给用户,无论是平面排版还是网络排版,段落排版都具有某些相同属性与特征。CSS 在段落的控制方面有相当丰富的样式属性。在 CSS 中,段落常用的属性如表 9-4 所示。

表 9-4 段落常用的属性

属性	描述	可用值
line-height	设置对象中文本的行高	normal length
letter-spacing	设置对象中文字的间距	nomal length
word-spacing	设置对象中单词之间的间距	normal length
text-indent	设置对象中首行文字的缩进值	normal length

续表

属 性	描 述	可 用 值
vertical-align	设置对象中内容的垂直对齐方式	auto top text-top middle bottom text-bottom
text-align	设置对象中文本的对齐方式	left right center justify
layout-flow	设置对象中文本的排版方式：横向或纵向排版	horizontal vertical-ideographic
white-space	设置对象中文本的换行方式。使用 break-all 时允许词间进行换行	normal break-all keep-all
word-break	设置对象中空格字符的处理方式。使用 nowarp 方式时，将强制文本不换行，除非遇到
 标签	normal pre nowarp
word-warp	使用 break-word 时，如果内容超过其容器的边界则发生换行	normal break-word
overflow	当对象中的内容超出对象显示范围时，对对象本身进行控制	visible auto hidden scroll

这里并没有完全列举 CSS 段落控制的所有属性，CSS 对段落的样式控制相当丰富，但由于中英文排版上的差异，在这些属性中，部分样式或其取值可能没有显示效果，这时可以检查该样式是否对中文或者英文同时起作用。

在实际应用中，一般采用设置文本容器的高度（height）和行高（line-height）相同的值来达到文本在容器中垂直居中对齐，而不采用 vertical-align:middle。

9.2.4 超链接样式控制

整个网站的内容都是由超链接链接起来的。无论从首页到每个频道，还是进入其他网站，都是由无数超链接来实现页面跳转。CSS 对超链接的样式控制是通过 4 个伪类来实现的，每个伪类用于控制超链接的一种状态的样式。在 CSS 中，超链接的 4 个伪类如表 9-5 所示。

表 9-5 超链接的 4 个伪类

伪 类	用 途
a:link	设置超链接对象未被访问的样式
a:visited	设置超链接对象被访问后的样式
a:active	设置超链接鼠标左键按下时的样式
a:hover	设置超链接在鼠标光标移上时的样式

在实际应用中,有时为了编码上的简单,经常直接使用 a 而不是 a:link 来编写样式编码,尽管有时候它们的最终效果完全相同。如果超链接访问前和访问后效果一致,一般只设置 a 的样式,而不设置 a:link、a:visited 伪类的样式。对 a:active 的使用很少,毕竟单击与释放之间的动作非常快。

9.3 任务实施

整个 navlink 区的设计分 3 个部分:Logo 图片模块、导航菜单模块、用户快速导航模块。整个 navlink 区的 XHTML 结构代码如下。

```
<div class="navlink">
    <div class="navlink_logo">
        <a href="index.html"><img src="images/logo.png" width="87" height="40"
            alt="叮当网上书店" class="logoborder" /></a>
    </div>
    <div class="navlink_right">
        <a href="#">购物车</a>|
        <a href="#">帮助中心</a>|
        <a href="#">我的账户</a>|
        <a href="#">新用户注册</a>|
        <a href="#">登录</a>
    </div>
    <div class="navlink_center">
        <ul>
            <li><a href="#" class="aleft">首页</a></li>
            <li><a href="#" class="acenter">我的叮当</a></li>
            <li><a href="#" class="aright">图书分类</a></li>
        </ul>
    </div>
    <div class="clear"></div>
</div>
```

本任务完成后,整个 navlink 区的 CSS 样式代码如下。

```
.navlink{
    margin:0 0 5px 0;
    padding:10px 0;
```

```
        height:auto;
}
.navlink_logo{
        float:left;
        width:130px;
}
.navlink_right{
        float:right;
        width:442px;
}
.navlink_center{
        float:left;
        width:410px;
}
.clear{
        clear:both;
        margin:0;
        padding:0;
}
.navlink_center ul{
        margin:0;
        padding:0;
}
.navlink_center ul li{
        float:left;
        width:131px;
        height:31px;
}
```

整个 navlink 区的效果如图 9-5 所示。

图 9-5　整个 navlink 区的效果

9.3.1　首页 navlink 区 Logo 图片样式

对"叮当网上书店"首页最终效果进行分析后可以发现,Logo 图片模块要解决两个问题,一是 Logo 图片的超链接边框要去掉;二是要使 Logo 图片左侧有 15px 的间距。解决这两个问题,要用到盒子模型的 border、padding 属性。

CSS 代码如下。

```
/*新增 Logo 图片的.logoborder 样式*/
.logoborder{
        border:none;
```

```
}
/*修改.navlink_logo样式*/
.navlink_logo{
    float:left;
    padding-left:15px;
    width:115px;          /*确保整个navlink_logo的宽度保持130px*/
}
```

完成后，navlink 区效果如图 9-6 所示。

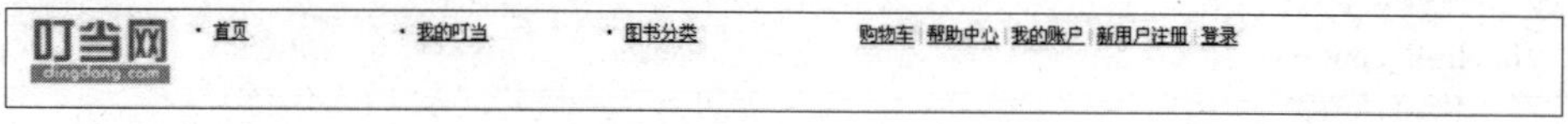

图 9-6　navlink 区 Logo 图片完成后效果

9.3.2　首页 navlink 区导航菜单样式

对"叮当网上书店"首页最终效果进行分析后可以发现，导航菜单模块要解决 4 个问题：列表元素的默认符号去除、背景图的控制、超链接伪类控制和文本字体效果。下面依次来实施。

1. 列表元素的默认符号去除

CSS 代码如下。

```
/*通过修改.navlink_center ul 样式来实现*/
.navlink_center ul{
    margin:0;
    padding:0;
    list-style-type:none;
}
```

2. 背景图的控制

在实际应用中，背景图的控制一般要使用 3 个属性，分别是图片路径（background-img）、图片位置（background-position）和图片重复（background-repeat）。本导航菜单的案例中，由于 3 个导航菜单所采用的背景图片不一致，所以在 XHTML 结构代码中加入 3 个样式接口，分别是 class="aleft"、class="acenter"和 class="aright"。

CSS 实现代码如下。

```
/*新增.aleft 样式，实现左侧背景图效果*/
.aleft{
    background-image:url(../images/headnav_left.png);
    background-position:left top;
    background-repeat:no-repeat;
```

```css
}
/* 新增.acenter样式,实现中间背景图效果 */
.acenter{
    background-image:url(../images/headnav_center.png);
    background-position:left top;
    background-repeat:no-repeat;
}
/* 新增.aright样式,实现右侧背景图效果 */
.aright{
    background-image:url(../images/headnav_right.png);
    background-position:left top;
    background-repeat:no-repeat;
}
```

通过以上背景图控制后,可得到目前 navlink 区导航菜单模块的效果,如图 9-7 所示。

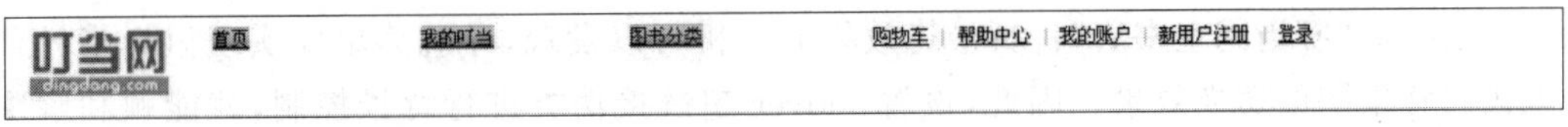

图 9-7 背景图控制后 navlink 区导航菜单效果

对以上效果图和"叮当网上书店"首页最终效果图进行对比可以发现,这个效果是不符合要求的。其原因是 a 标签容器是一个行内元素,它自身的宽度(width)和高度(height)与容器内容的宽高相同。因此,首先要设置 a 标签容器的宽、高样式。

CSS 代码如下。

```css
/* 新增.navlink_center a样式,解决行内元素a标签容器的尺寸问题 */
.navlink_center a{
    height:31px;
    width:131px;
}
```

从以上 CSS 代码发现,导航菜单区的效果没有任何改变,似乎问题又出现了,对行内元素设置宽高样式不起任何作用。针对以上问题,CSS 专门有一个解决方案,就是将行内元素转换成块级元素,从而实现容器的尺寸固定。在 CSS 中,页面对象显示方式的属性如表 9-6 所示。

表 9-6 页面对象显示方式的属性

属 性	可 用 值	描 述
display	block	将对象显示为盒状,后一个对象换行显示
	none	不显示对象
	inline	行间内联样式,将对象排列成一行,后一对象继续连接此对象显示
	inline-block	对象显示为块状,但能呈现内联样式
	list-item	将对象作为列表项显示

修改后的 CSS 代码如下。

```css
/*修改.navlink_center a样式,实现容器固定尺寸*/
.navlink_center a{
    display:block;
    height:31px;
    width:131px;
}
```

修改后,效果如图9-8所示。

图9-8 导航菜单背景控制后的效果

3. 超链接伪类控制

通过对"叮当网上书店"首页最终效果的分析可以发现,导航菜单要实现鼠标指针移上去时背景图的切换效果。因此,设置:hover超链接伪类进行背景控制,就能顺利解决这个问题。

CSS代码如下。

```css
/*新增.aleft:hover样式,实现左侧背景图鼠标光标移上去时的切换效果*/
.aleft:hover{
    background-image:url(../images/headnav_hoverleft.jpg);
    background-position:left top;
    background-repeat:no-repeat;
}
/*新增样式.acenter:hover,实现中间背景图鼠标光标移上去时的切换效果*/
.acenter:hover{
    background-image:url(../images/headnav_hovercenter.jpg);
    background-position:left top;
    background-repeat:no-repeat;
}
/*新增样式.aright:hover,实现右侧背景图鼠标光标移上去时的切换效果*/
.aright:hover{
    background-image:url(../images/headnav_hoverright.jpg);
    background-position:left top;
    background-repeat:no-repeat;
}
```

4. 文本字体效果

按照"叮当网上书店"首页最终效果要求,导航菜单对文本字体的控制主要有大小、颜色、水平和垂直对齐方式等属性;当鼠标光标移到导航菜单上时,文本字体还有下画线属性。

CSS代码如下。

```css
/*修改.navlink_center a样式,实现文本字体显示样式效果*/
.navlink_center a{
    display:block;
    height:31px;
    width:131px;
    line-height:31px;       /*实现垂直居中对齐*/
    text-align:center;
    color:#fff;
    font-size:14px;
    text-decoration:none;   /*鼠标光标未移到导航菜单上时,文本无下画线*/
}
/*增加.navlink_center a:hover样式,实现鼠标光标移到导航菜单上时,文本有下画线*/
.navlink_center a:hover{
    text-decoration:underline;
}
```

通过以上4个步骤,首页navlink区导航菜单的最终效果如图9-9所示。

图9-9 首页navlink区导航菜单的最终效果

9.3.3 首页navlink区用户快速导航样式

对"叮当网上书店"最终效果进行分析后可以发现,这个模块要解决3个问题:一是背景图控制;二是模块上方的间距和导航链接之间的间距;三是整个文本水平右对齐。CSS代码如下。

```css
/*修改.navlink_right样式,解决背景图控制、模块上方的间距和文本水平右对齐问题*/
.navlink_right{
    float:right;
    width:442px;
    height:40px;            /*高度值由Logo图片的高度决定*/
    line-height:40px;       /*实现文本超链接居中显示*/
    background-image:url(../images/top-gwc.gif);
    background-position:120px 10px;
    background-repeat:no-repeat;
    text-align:right;       /*文本水平右对齐*/
}
/*新增.navlink_right a样式,解决导航链接之间的间距问题*/
.navlink_right a{
    margin-left:5px;
    margin-right:5px;
}
```

完成本模块的CSS样式设计后,"叮当网上书店"首页navlink区的最终效果已经实现,如图9-10所示。

147

图 9-10 首页 navlink 区的最终效果

9.4 任务拓展

本任务的所有实现过程都是基于微软浏览器的。此外,网络还有其他如 Firefox、Chrome、Safari、Opera、搜狗、360 安全浏览器等,由于用户使用的浏览器不一致,要确保网站开发后,能够尽量避免因浏览器对 CSS 解析结果的不一致而造成的网站显示结果差异,就必须要求网站开发设计人员在开发过程中,尽可能地在多种浏览器下对网站进行测试和 CSS 样式调试。

"叮当网上书店"的其他页面的头部 navlink 区与首页的 navlink 区是相同的,因此读者能够在首页 navlink 区样式实现后,再选取 1~2 个页面的 navlink 区进行实现,以使知识和技能得到巩固。其他页面则可以采用公用样式表来实现效果。对于首页 search 区、center 区两个有相同效果的样式,应举一反三,认真独立完成效果。

提示:对于各种浏览器的 CSS 支持和解析问题,可以到网上参考 CSS hack 部分的知识,也可以采用一些软件或者插件来检查或核查,如 Firefox 浏览器下面的 Firebug 插件。在实际开发中,一般采用最基本、最通用的样式来实现网页的效果。

9.5 职业素养

从 navlink 区 CSS 样式的设置过程可以看出,我们不能小看微小的积累与进步。样式最终效果的呈现是通过每一条样式语句积累而来。"勤学如春起之苗,不见其增,日有所长;辍学如磨刀之石,不见其损,日有所亏。"每天进步一点点,日积月累,将会量变引起质变,为厚积薄发创造条件。

通过本任务的设计与实施,主要培养学生以下方面的职业素养。
(1)重视专业和知识积累。
(2)对软件产品设计追求精益求精。

9.6 任务小结

通过本任务的学习和实践,程旭元已经基本了解和掌握了网站列表元素、背景、文本及段落、超链接等部分的样式控制。对于初学者来说,还需要经过后期大量的练习才能达到熟练的程度。其中一些行业的实际使用规范与书面理论有些冲突,需要读者自身学习掌握，尽量贴近实际工作环境进行技能锻炼。

9.7 能力评估

1. 去除列表默认图标的样式是什么？
2. 设置背景图片需要使用哪些样式？
3. 背景图片和背景颜色的区别是什么？
4. 超链接分别有哪些伪类？每个伪类代表什么状态？
5. 文字及段落有哪些样式？文字居中采用什么样式？

任务 10 "叮当网上书店"首页 search 区样式

通过对任务 9 的实施,程旭元理解并掌握了对 CSS 样式中的列表元素、背景图片和颜色、文本与段落、超链接及伪类的样式和相关效果制作方法。下面,程旭元将带领大家一起继续实现首页 search 区的样式效果,学习圆角背景和表单样式的部分知识及内容。

学习目标
(1) 掌握圆角背景设计和实现方法。
(2) 掌握表单 UI 布局设计技巧。
(3) 理解表单常用表单元素的样式效果实现方法。

10.1 任 务 描 述

首页 search 区的主要功能是使用户能够快速进行分类检索和快速进行模糊或者精确的站内检索。本区域主要分为上下两个部分,分别是热点、重点关键词分类区和表单快速检索区。原始效果如图 10-1 所示。

图 10-1　search 区原始效果

其中,上面部分效果是任务 9 实施后的效果。任务 10 主要就是将 search 区的效果实现为设计稿的最终效果。在任务 10 的实现过程中,以前学过的知识肯定还会用到,在本章节中,将不再进行详细讲解,比如任务 8 的布局与定位、任务 9 的背景图片和颜色、列表、超链接及伪类和文本及段落等,读者肯定还会在以后任务中一直使用到。本任务主要通过学习圆角背景的设计思路及表单各元素的样式效果,实现本任务的最终效果,如图 10-2 所示。

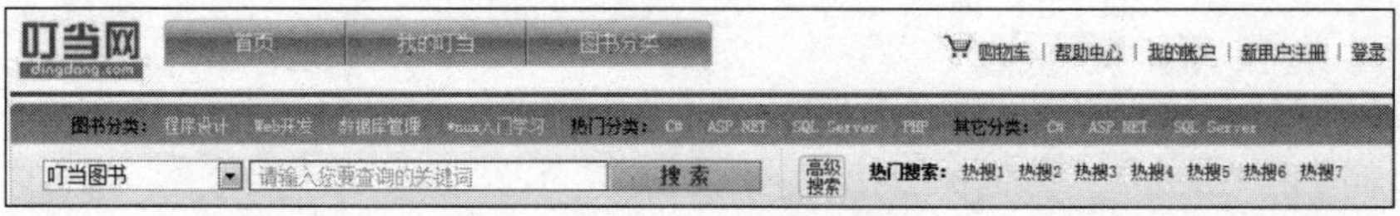

图 10-2　search 区最终效果

10.2 相关知识

本任务中要实现模块定位与布局、超链接、背景图片和颜色、文本及段落等样式效果，一方面是对前面任务知识点的复习与巩固，另一方面是对前面所学样式效果的熟练使用及掌握。

10.2.1 圆角背景控制

网站设计中最常用的一种设计方案就是圆角图案。一个文字块、一个区域经常会使用圆角来进行设计，以提升它们的视觉效果。

圆角矩形样式的设计原理源于九宫格技术。在一个 3×3 的表格中，左上、右上、右下、左下分别放入 4 个圆角图案，内容放置在中间的方格中，其上、下、左、右 4 个方向的方格可分别放入用于拉伸的图案，最终形成一种可任意变化大小的圆角方框。

九宫格技术是软件外观设计中常用的技术，包括常用的 Windows 软件。特别是 Windows 窗口基本上都使用了九宫格进行样式设计，如图 10-3 所示。

在本任务中，主要实现 search 区上部分的圆角背景效果，主要是左上方和右上方圆角背景效果。因此，只要在九宫格技术的基础上，进行简单的改进设计，把九宫改成三宫，左、右分别用固定圆角图片实现圆角背景效果，中间采用背景图，在 X 轴上平铺，实现整个圆角背景效果的任意长度，就能实现本任务中的效果。重新设计过的效果如图 10-4 所示。

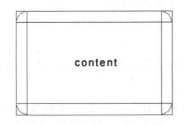
图 10-3 九宫格技术原理图

图 10-4 改进后的九宫格技术图示

提示：圆角背景的设计一般都可以分为背景图片和纯 CSS 样式两种实现方式。本任务中主要采用背景图片来实现。要使用纯 CSS 样式实现圆角背景效果，可以查看网络或者其他教材相关内容；或在网络搜索引擎中，输入关键词"纯 CSS 圆角背景"进行搜索。

10.2.2 表单 UI 设计效果

表单是功能型网站中经常使用的元素，也是网站交互中最重要的因素。在网页中，小到搜索框与搜索按钮，大到用户注册表单、用户控制面板，都需要使用表单及其表单元素进行设计。

重要的表单元素有 button（按钮）、input（单行文本框）、textarea（多行文本框）、listbox（列表框）、select（下拉列表）、radio（单选按钮）以及 checkbox（复选按钮）等。也可以用小图片来代替按钮，只要将图片做成按钮样式，再为它添加超链接即可。

一方面，表单元件用来收集用户信息，帮助用户进行功能性控制，表单的交互设计与视觉设计都是网站设计中的重中之重。从表单视觉设计上看，经常需要摆脱 XHTML 默认提供的粗糙视觉样式，重新设计更多美观的表单元素。

另一方面，在表单布局上，也需要通过设计不断进行优化，帮助用户创造一个良好的便于使用的表单。当然，CSS 也提供了相应的样式支持，以帮助用户改善表单的视觉效果。

1．表单布局设计

表单的布局指表单在页面显示中的排版形式，我们有必要将精心设计的各个元件按照功能及页面样式要求，分别放置在特定的位置上。整齐友好的表单正是设计的目标。

对于一些大型门户网站，良好的注册表单是其吸引用户、带给用户好感的关键所在。从表单整体上来说，越少的输入框及选项、越简洁的操作步骤，越能够增加用户的好感，使用户不会因为复杂的表单而停下注册的脚步。在这一点上，目前国外许多新兴网站都在尝试使用简洁的表单样式，最终只保留用户名、密码、E-mail、密码提示等少量而基本的选项，以便尽量留住用户。对于"叮当网上书店"电子商务平台，用户量的高低，直接决定了网站运行、赢利等关键因素。因此，本项目中，对于表单的设计，也遵循了以下的原则。

1）一致性原则

应坚持以用户体验为中心的设计原则，使界面直观、简洁，操作方便快捷，用户对界面上对应的功能一目了然，不需要太多培训就可以方便浏览网站。

（1）字体。保持字体及颜色一致，避免一套主题出现多种字体；不可修改的字段，统一用灰色文字显示。

（2）对齐。保持页面内元素对齐方式一致，如无特殊情况应避免同一页面出现多种对齐方式。

（3）表单录入。在包含必填与选填选项的页面中，应在必填项旁边给出醒目标识（*）。各类型数据输入应限制文本类型，并做格式校验，如电话号码只允许输入数字、邮箱地址需要包含"@"等，在用户输入有误时给出明确提示。

（4）光标形状。可单击的按钮、链接需要切换光标形状至手状。

（5）保持功能及内容描述一致。避免同一功能描述使用多个词汇，如编辑和修改、新增和增加、删除和清除混用等。建议在项目开发阶段建立一个产品词典，包括产品中常用术语及描述，设计或开发人员严格按照产品词典中的术语词汇来展示文字信息。

2）准确性原则

使用一致的标记、标准缩写和颜色，显示信息的含义应该非常明确，用户不必再参考其他信息源。显示有意义的出错信息，而不是单纯的程序错误代码。避免使用文本输入框来放置不可编辑的文字内容,不要将文本输入框当作标签使用。使用缩进和文本来辅助理解。使用用户语言词汇,而不是单纯的专业计算机术语。高效地使用显示器的显示空间,但要避免空间过于拥挤。保持语言的一致性,如"确定"对应"取消","是"对应"否"。

3) 布局合理化原则

在进行 UI 设计时需要充分考虑布局的合理化问题,遵循自上向下、自左向右浏览、操作习惯,避免常用业务超链接排列过于分散而造成用户鼠标移动距离过长的弊端。多做"减法"运算,将不常用的功能区块隐藏,以保持界面的简洁,使用户专注于主要业务操作流程。

(1) 菜单。保持菜单简洁性及分类的准确性,避免菜单深度超过 3 层。

(2) 按钮。确认操作按钮放置于左边,取消或关闭按钮放置于右边。

(3) 功能。未完成的功能必须隐藏处理,不要置于页面内容中,以免引起误会。

(4) 排版。所有文字内容排版避免贴边显示(页面边缘),尽量保持 10~20 像素的间距并垂直居中对齐;各控件元素间也保持至少 10 像素以上的间距,并确保控件元素不紧贴于页面边沿。

(5) 表格数据列表。字符型数据保持左对齐,数值型数据右对齐(方便阅读对比),并根据字段要求,统一显示小数位位数。

(6) 滚动条。页面布局设计时应避免出现横向滚动条。

(7) 页面导航。在页面显眼位置应该出现导航栏,让用户知道当前所在页面的位置,并明确导航结构。

(8) 信息提示窗口。信息提示窗口应位于当前页面的居中位置,并适当弱化背景层以减少信息干扰,让用户把注意力集中在当前的信息提示窗口。一般做法是在信息提示窗口的背面加一个半透明颜色填充的遮罩层。

4) 系统响应时间原则

系统响应时间应该适中,响应时间过长,用户就会感到不安;而响应时间过快也会影响到用户的操作节奏,并可能导致错误。因此,在响应时间上坚持如下原则:2~5 秒显示处理信息提示,避免用户误认为没有响应而重复操作;5 秒以上显示处理窗口,或显示进度条;一个长时间的处理完成时应给予完成提示信息。

2. 改变输入框及文本框样式

网页中的表单由表单中的文本及表单中的表单元素组成,输入框及文本域是 Web 表单最常使用的元件。每个浏览器对表单元素都有其默认的外观样式,比如 IE 浏览器,它的基本样式是非常简陋的。在早期的网页设计中,CSS 尚未普及,人们一直沿用 IE 默认的表单基本样式。自从 CSS 开始应用以来,网页设计者就一直尝试改变表单的外观。最基本的改观便是使文本框凹下变为实线条样式,并添加更为丰富的边框颜色及背景色效果。

对于 XHTML 中的每个显示元素,CSS 基本上都提供了对 border 属性的支持。border 属性从样式上来看主要有 3 个部分,即 border-color、border-style 和 border-width。

文本域相对于输入框来说，其实是外观相同的两个元素，唯一区别是文本域所占的空间要大于文本框并带有滚动条。同样，用户可以应用与文本框相同的边框及背景来改变文本域的视觉效果。

3. 改变按钮样式

按钮是表单不可或缺的元素，对于按钮，同样可以通过与文本框相同的边框、背景色及图片等方式进行外观样式设计。比如本任务中的"搜索"按钮即是一个图片按钮，首先选用一张 JPG 或者 GIF 图片，然后对其设置背景图片样式来实现。设计出更加醒目的表单按钮，可以提高用户的操作方便性和准确性。

4. 使用 label 标签提升表单可用性

对于单选按钮和复选框，通常需要用户用鼠标精确地点到小框或者小圆圈上才能够完成交互响应。长期使用也许会觉得这是一件非常麻烦的事，似乎觉得计算机非常不智能，非得强制用户精确地移动鼠标。

表单可用性问题便浮现出来，一个不方便用户操作的表单是不可取的。无论如何设计，都要以用户使用体验为第一目标。除了前面提到的设计简洁的表单，再就是操作上的轻松自如。XHTML 提供了一个改善表单交互问题的标签 label，早期很少有人使用这个标签，但它却能够对表单的设计产生极大的帮助。label 标签使用 for 属性与表单元素进行配合，从而让表单元件的操作非常简便。可见，label 标签是提升表单可用性的简单易行的好办法，建议尽可能地用这个标签，它将会使表单的操作更加顺畅、方便。

注意：label 标签的 for 属性与表单元件中的 id 属性值相同，其中 for 属性用于指定该标签所关联的表单元素，单击该标签的同时，该元素也会得到响应。

10.3　任务实施

整个 search 区的设计步骤分两个阶段，分别是上面部分的圆角背景设计和下面部分的表单及表单元素的设计。整个 search 区的 XHTML 结构代码如下。

```
<div class="search">
    <div class="seacher_top">
        <div class="yuanjiao_left"></div>
        <div class="yuanjiao_right"></div>
        <div class="yuanjiao_center">图书分类：<a href="#">程序设计</a>
        <span>|</span><a href="#">Web开发</a><span>|</span>
            <a href="#">数据库管理</a><span>|</span>
            <a href="#">*nux入门管理</a><span>|</span>热门搜索：
            <a href="#">C#</a><span>|</span>
            <a href="#">ASP.NET</a><span>|</span>
            <a href="#">SQL Server</a><span>|</span>
```

```html
                <a href="#">PHP</a><span>|</span>其他分类：
                <a href="#">C#</a><span>|</span>
                <a href="#">ASP.NET</a><span>|</span>
                <a href="#">SQL Server</a></div>
            <div class="clear"></div>
        </div>
        <div class="seacher_bottom">
            <div class="bottomform">
                <form name="seacherform" method="post" action="">
                    <select name="booktype" class="selectstyle">
                        <option value="1">叮当图书</option>
                        <option value="2">叮当分类</option>
                    </select>
                    <input type="text" name="keywords" class="txtinputsytle" value="请输入要查询的关键词" />
                    <a href="#" class="btninputstyle">搜 索</a>
                    <div class="clear"></div>
                </form>
            </div>
            <div class="bottomimglink">
                <a href="#">高级<br />搜索</a>
            </div>
            <div class="bottomlinkwords">
                <span>热门搜索：
                </span><a href="#">热搜1</a>
                <a href="#">热搜2</a>
                <a href="#">热搜3</a><a href="#">热搜4</a>
                <a href="#">热搜5</a><a href="#">热搜6</a>
                <a href="#">热搜7</a>
            </div>
            <div class="clear"></div>
        </div>
</div>
```

本任务完成后，整个 search 区的 CSS 样式代码如下。

```css
.search{
    margin:0 0 5px 0;
    padding:0;
}
.seacher_top{
    margin:0;
    padding:0;
}
.yuanjiao_left{
    float:left;
}
.yuanjiao_right{
    float:right;
}
```

```css
.yuanjiao_center{
    float:left;
}
.bottomform{
    float:left;
}
.bottomimglink{
    float:left;
}
.bottomlinkwords{
    float:left;
}
```

此时,整个 search 区的初步效果如图 10-5 所示。

图 10-5　整个 search 区的初步效果

10.3.1　首页 search 区圆角背景样式

通过对"叮当网上书店"首页最终效果和任务 3 中设计的圆角背景图片分析可以发现,左侧圆角背景图片和右侧圆角背景图片的宽高分别是 4px 和 27px,中间背景图片的宽高分别是 1px 和 27px。由此可以得出,整个.search_top 区域以及.yuanjiao_left、.yuanjiao_right 和.yuanjiao_center 的高度都是 27px。按照九宫格技术设计原理,利用任务 9 中背景图片的设置样式,就可以实现本模块的圆角背景效果。

CSS 代码如下。

```css
/*修改以下样式*/
.seacher_top{
    margin:0;
    padding:0;
    height:27px;                                    /*将高度设置为 27px*/
}
.yuanjiao_left{
    float:left;
    height:27px;                                    /*将高度设置为 27px*/
    width:4px;                                      /*将宽度设置为 4px*/
    background-image:url(../images/head_yj_left.jpg);   /*设置背景图片*/
    background-repeat:no-repeat;                    /*设置背景图片是否重复*/
    background-position:left top;                   /*设置背景图片的位置*/
}
```

```css
.yuanjiao_right{
    float:right;
    height:27px;       /* 将高度设置为 27px */
    width:4px;         /* 根据右侧背景图的宽度设置为 4px */
    background-image:url(../images/head_yj_right.jpg);
    background-repeat:no-repeat;
    background-position:left top;
}
.yuanjiao_center{
    float:left;
    height:27px;       /* 将高度设置为 27px */
    width:974px;       /* .container 的宽度 982px，分别减去左、右各 4px，得出宽度为 974 像素，
                          此宽度必须设置。若不设置，中间背景图会出现截断空白，这是因为
                          DIV 浮动后，DIV 宽度跟内容齐宽引起的 */
    background-image:url(../images/head_yj_center.jpg);
    background-repeat:repeat-x;   /* 设置背景图片在 X 轴上平铺 */
    background-position:left top;
}
```

通过以上的样式设置后，search 区圆角背景图片效果基本实现，如图 10-6 所示。

图 10-6　search 区圆角背景图片完成后的效果

接下来的任务就是利用文本及段落和超链接及伪类样式，对圆角背景模块中的内容进行样式定义，实现最终效果。首先使整体内容水平离左侧 20px，垂直方向居中；然后定义超链接字体颜色为白色，鼠标光标移上去时加下画线，并设置左侧 5px 和右侧 10px 的间距。

CSS 代码如下。

```css
/* 修改 yuanjiao_center，实现离左侧 20px，垂直方向居中 */
.yuanjiao_center{
    float:left;
    height:27px;
    line-height:27px;    /* 通过设置 line-height 和 height 的值来实现文本垂直方向居中 */
    padding-left:20px;   /* 通过设置 padding-left 的值来实现离左侧的间距 */
    width:954px;         /* 根据盒子模型，要使整个盒子的宽度不变，必须将盒子的 width 相应地减
                            去 20px，因此修改 width 的值为 954 像素 */
    background-image:url(../images/head_yj_center.jpg);
    background-repeat:repeat-x;
    background-position:left top;
}
/* 添加 .yuanjiao_center a 和 .yuanjiao_center a:hover 的超链接样式及伪类样式 */
.yuanjiao_center a{
    padding:0 10px 0 5px;
    margin:0;
```

```
        color:#FFFFFF;
        text-decoration:none;
}
.yuanjiao_center a:hover{
        text-decoration:underline;
}
/*添加.yuanjiao_center span 样式,实现超链接之间垂直分隔线的效果*/
.yuanjiao_center span{
        color:#efefef;
        margin-right:5px;
}
```

设置文本段落及超链接的相关样式后,search 区的效果如图 10-7 所示。

图 10-7　search 区设置文本段落及超链接样式后的效果

10.3.2　首页 search 区表单设计样式

根据"叮当网上书店"首页最终效果的要求,对 search 区还要设置下面部分的背景色和边框、表单区域样式、高级搜索效果和右侧热门搜索效果。

1. 整个 search 区下面部分的背景图片和边框(边框色为#dddddd)

CSS 代码如下。

```
/*添加.seacher bottom 样式*/
.searchbottom{
        border:1px #dddddd solid;
        background-color:#ffffff;
        background-image:url(../images/searchbottombg.png);
        background-position:left top;
        background-repeat:repeat-x;
        margin:0;
        padding:0;
        height:40px;      /*背景图片的高度为 40px,因此,高度就是 40px*/
        line-height:40px; /*设置垂直居中*/
}
```

添加以上样式后,效果如图 10-8 所示。

图 10-8　设置.seacher bottom 样式后的效果

2. 表单区域样式

表单区域有两层嵌套，一层是定义样式.bottomform 的 DIV 层，另一层则是嵌套在 DIV 层中的 Form 层。按照"叮当网上书店"最终效果图的设计，该区域的宽度为 510px，右侧与高级搜索区域之间的边框色为#e1e4e6，表单各元素垂直方向居中，水平方向距离左侧 30px。

CSS 代码如下。

```css
/*修改.bottomform 样式*/
.bottomform{
    float:left;
    height:48px;                              //设置高度与父 div 层同高
    width:510px;                              //设置宽度为 510px
    margin:0;                                 //设置外边距为 0px
    padding:0;                                //设置内填充间距为 0 像素
    border-right:1px #e1e4e6 solid;           //设置右侧与高级搜索区域之间的边框效果
}
/*添加.bottomform form 样式，对表单元素进行设置*/
.bottomform form{
    margin:0;    /*如图 10-8 所示，背景图片与边框之间有空白，这个空白就是因为 form 标签在
                   IE 6 下和其他浏览器下的表现不同引起的。要解决这个问题，就要先将 form
                   标签的 margin 和 padding 设置为 0，去除默认的内外边距，实现在各种浏览器
                   下的显示统一*/
    padding:14px 0 0 30px;
    /*通过设置 padding 的上填充间距，达到表单各元素在垂直方向的居中，因为表单元素并非文
      本，因此不能设置 line-height 与 height 为相同值*/
    width:100%;
    overflow:hidden;
    /*该样式的主要作用是让超出表单区域的内容自动隐藏，从而使表单不会因为其中内容的宽、高
      太大而使表单盒子的形状发生形变。在以后的实施中，如果要使父盒子不被子盒子或者内容
      撑开而发生形变，即可使用该样式。本样式的缺点是一旦子盒子或者内容太大超出了父盒子
      的区域，那么超出部分会被自动隐藏*/
}
```

表单设置完成后，接下来要做的就是设置边框样式、背景图片及颜色样式、文本及段落样式等，完成"叮当网上书店"最终设计稿对表单的设计要求（单行文本框中文本颜色为#b6b7b9，"搜索"文本颜色为#853200）。

CSS 代码如下。

```css
/*添加以下样式，分别设置下拉菜单框、单行文本框和超链接按钮的样式*/
.selectstyle{
    float:left;
    width:100px;              /*设置下拉菜单框的宽度为 100px*/
    height:21px;
    line-height:21px;         /*设置下拉菜单框文本内容垂直居中*/
    margin-right:10px;        /*设置下拉菜单框右侧离单行文本框的间距为 10px*/
}
```

```css
.txtinputsytle{
    float:left;
    border:1px #333 solid;           /*设置单行文本框的边框效果*/
    background-color:#fff;           /*设置单行文本框的背景颜色为白色*/
    height:17px;
                    /*设置单行文本框的高度为17px,该值的设置依据为右侧按钮背景图片的高度*/
    line-height:17px;                /*设置单行文本框文本内容垂直居中*/
    padding-left:5px;                /*设置单行文本框文本内容离左侧内间距为5px*/
    width:245px;                     /*设置单行文本框的宽度为245px*/
    color:#b6b7b9;                   /*设置单行文本框文本内容的字体颜色*/
}
.btninputstyle{
    float:left;
    display:block;                   /*设置超链接以块级元素显示*/
    height:21px;      /*设置按钮的高度为21px,该值设置依据为按钮背景图片的高度*/
    line-height:21px;                /*设置按钮文本"搜索"垂直方向居中*/
    width:109px;      /*设置按钮的宽度为109px,该值设置依据为按钮背景图片的宽度*/
    border:none;                     /*设置按钮无边框*/
    margin:0 0 0 -1px;    /*设置按钮离左侧单行文本框的间距为-1px,这样做是因为设计
                             效果图中用按钮遮盖单行文本框右侧的1px边框*/
    padding:0;
    color:#853200;                   /*设置按钮的文本字体颜色*/
    font-size:14px;                  /*设置按钮的文本字体大小为14px*/
    text-decoration:none;            /*去除超链接按钮文本默认的下画线效果*/
    font-weight:bold;                /*设置按钮的文本字体加粗*/
    background-image:url(../images/bg_searchbutton_default.gif);
                                     /*设置超链接按钮在正常状态下的背景图片*/
    background-position:left top;    /*设置背景图片的位置*/
    background-repeat:no-repeat;     /*设置背景图片固定,即不在任何方向重复*/
    text-align:center;               /*设置按钮的文本水平居中效果*/
}
.btninputstyle:hover{
    cursor:hand;                     /*设置鼠标光标在移上超链接按钮时变成手状*/
    background-image:url(../images/bg_searchbutton_mo.gif);
                                     /*设置超链接按钮在鼠标光标移上去时的背景图片*/
    background-position:left top;
    background-repeat:no-repeat;
}
```

对表单和表单各元素的样式进行设置后,search区下部分.bottomform模块的效果如图10-9所示,基本实现了最终效果。

图10-9 .bottomform模块的最终效果

3. 高级搜索效果

根据"叮当网上书店"设计稿的要求,高级搜索区的背景图片宽、高为 33px×29px,"高级搜索"文字分两行显示,中间采用
标签换行;高级搜索按钮左、右两侧的间距为 10px。由于高级搜索按钮区的 DIV 层内放置的是超链接,所以不能采用设置 line-height 与 height 同值来实现按钮的垂直居中,而要采用 padding-top 来实现。

CSS 代码如下。

```css
/*修改 bottomimglink 样式,实现左、右间距和按钮的垂直居中*/
.bottomimglink{
    float:left;
    margin:0 10px;                      /*实现按钮的左、右间距*/
    padding: 0;
}
/*添加样式,实现高级搜索按钮的超链接效果*/
.bottomimglink a{
    display:block;                       /*将行内元素转换为块级元素显示*/
    width:33px;                          /*按照设计素材尺寸,设置宽度为 33px*/
    height:29px;                         /*按照设计素材尺寸,设置高度为 29px*/
    line-height:14px;                    /*设置文本的行高为 14px。由于文本通过<br />换行,
                                            故不能设置与 height 同值来实现文本的垂直居中*/
    padding-top:4px;                     /*设置文本在垂直方向的居中,该值可以适当微调*/
    text-align:center;                   /*设置文本在水平方向居中*/
    text-decoration:none;                /*去除超链接文本的下画线*/
    color:#333333;                       /*设置超链接文本的颜色*/
    background-image:url(../images/bg_adsearch_default.gif);
                                         /*设置超链接的背景图片*/
    background-position:left top;        /*设置超链接背景图片的位置*/
    background-repeat:no-repeat;         /*设置超链接背景图片不重复*/
}
.bottomimglink a:hover{
    background-image:url(../images/bg_adsearch_mo.gif);
                                         /*设置超链接鼠标光标移上去时的背景图片*/
    background-position:left top;        /*设置超链接鼠标光标移上去时的背景图片的位置*/
    background-repeat:no-repeat;         /*设置超链接鼠标光标移上去时的背景图片不重复*/
}
```

设置高级搜索区域样式后,效果如图 10-10 所示。

图 10-10　高级搜索区的效果

4. 右侧热门搜索效果

本区域的 XHTML 结构比较简单,其中只有文本和超链接。只要通过这两种样式的设计,就能很简单地实现相应的效果。

CSS 代码如下。

```
/*添加以下样式,实现超链接相关效果*/
.searchnavlink span{
    font-weight:bold;                    /*文本加粗*/
}
.searchnavlink a{
    color:#333;                          /*设置超链接文本颜色*/
    text-decoration:none;                /*去掉超链接下画线*/
    margin:0 2px;                        /*设置超链接与左、右两侧的间距为2px*/
}
.searchnavlink a:hover{
    text-decoration:underline;           /*设置鼠标光标移上去时超链接的文本下画线*/
}
```

通过以上 4 个步骤的实施,首页 search 区的最终效果基本实现,如图 10-2 所示。

10.4 任务拓展

本任务重点介绍了圆角背景效果和表单相关样式设置的知识和技能,读者可掌握背景图片及颜色、文本及段落和超链接及伪类等样式的应用。请读者独立完成以下相关效果,以熟练掌握本任务的相关知识和技能。

10.4.1 首页 main_left、main_right 两侧样式

首页 main_left 和 main_right 区"图书""品牌出版社""用户登录"和"点击排行榜 Top 10"4 个模块的圆角背景效果如图 10-11 所示。

图 10-11 两侧样式的圆角背景效果

10.4.2 首页 main_right 用户登录区样式

首页 main_right 区用户登录模块的表单效果如图 10-12 所示。

10.4.3 用户注册页样式

注册页用户注册模块的表单效果如图 10-13 所示。

图 10-12 用户登录区效果

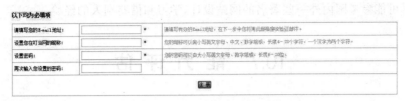

图 10-13　用户注册模块的表单样式效果

10.4.4　用户登录页样式

登录页用户登录模块的页面样式效果如图 10-14 所示。

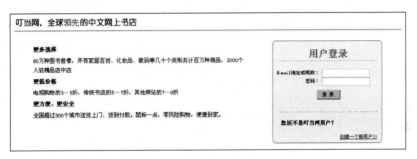

图 10-14　用户登录页样式效果

10.5　职业素养

本任务主要完成首页 search 区圆角背景、表单及元件等重要组成部分的样式控制。CSS 层叠样式表中对属性进行设置的知识点极其细碎、烦琐,在任务实施过程中要学会学习、善于观察、思考,提高审美能力,增强艺术修养。

通过本任务的设计与实施,主要培养学生以下方面的职业素养。
(1) 积极向上的价值观和良好的审美品位。
(2) 社会服务意识和精益求精的工匠精神。

10.6　任务小结

通过本任务的学习和实现,程旭元已经了解和掌握了网站的圆角背景图片及表单等重要组成部分的样式控制。其中,圆角背景的实现方法有很多种,这还需要在以后的实践过程中,不断去学习和探索;表单的相关样式要尽量实现 UI 设计的美学效果,尽可能地提升网站用户的体验,重点是 label 标签的使用和表单元素的数量及位置的设计。在以后的学习和工作中,尽可能参考国内外一些著名的网站设计,学习和借鉴别人的经验。

10.7 能力评估

1. 九宫格技术的原理是什么?
2. 圆角背景的实现方法有哪些?各自的优缺点是什么?
3. 表单 UI 设计的相关原则有哪些?
4. 表单元素的一般控制样式有哪些?
5. label 标签的作用是什么?for 属性有何作用?

任务 11 "叮当网上书店"首页 main_center 区样式

至此,程旭元已经基本掌握了 CSS 部分的大部分知识和技能,对 CSS 样式中的布局与定位、盒子模型、列表元素、背景图片和颜色、文本及段落、超链接及伪类、表单的样式等有了一定理解和掌握。接下来,还要对以上 CSS 的样式和技能进一步练习,从而能够对所学的 CSS 技能融会贯通,举一反三,熟练掌握 DIV 和 CSS 的网页设计技巧和制作技能。程旭元将通过本任务再带领大家一起继续实现首页 main_center 区的样式效果,学习 CSS 样式中的一些更加高级的应用和技巧。

学习目标

(1) 理解掌握使用 CSS 缩写。
(2) 理解掌握 CSS Hack 技术。
(3) 理解掌握 ul 的不同表现和容器不扩展等常见兼容性实现方法。
(4) 理解掌握 3~5 种主流浏览器兼容性实现方法。

11.1 任务描述

首页 main_center 区的主要功能是对"叮当网上书店"电子商务平台所销售的图书商品进行快速展示和陈列。本区域主要分为上、中、下 3 个部分,分别是主编推荐、本月新出版和本周媒体热点 3 个模块。为了能够快速展示 main 区的原始效果,先对本月新出版模块的图书图片的排列效果和大小做样式调整。先期加入的 CSS 样式如下。

```
/*添加.centerulli ul li 和.centerulli ul li a img 样式*/
.centerulli ul li {
    float:left;           /*让整个 li 区域左浮动*/
}
.centerulli ul li a img{
    width:88px;           /*设置图书封面图片的宽度为 88px*/
    height:117px;         /*设置图书封面图片的高度为 117px*/
}
```

通过以上的调整后,main 区的原始效果如图 11-1 所示。

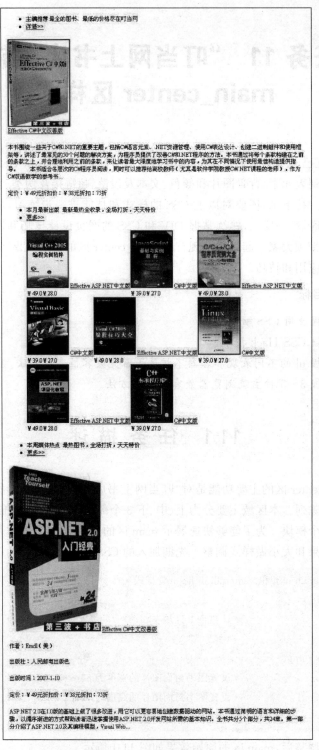

图 11-1 main 区的原始效果

任务11 "叮当网上书店"首页 main_center 区样式

在本任务中,会使用 CSS 的一些高级应用和技巧,并解决 CSS 在不同浏览器中的兼容性与解析问题,让读者能够更加深入地学习 CSS,从而适应企业岗位开发的技能需求。本任务要完成的最终效果如图 11-2 所示。

图 11-2 main 区最终效果

167

11.2 相关知识

本任务中所用到的 CSS 样式效果,绝大多数是前面几个任务已经讲授过的和使用过的,在此就不再进行赘述。为了能够让广大读者对 CSS 样式更加深入地学习和了解,因此,在该任务中,编者加入了一些 CSS 的高级应用和技巧,加入了各种浏览器对 CSS 的兼容与解析差异等问题的知识。

11.2.1 CSS 缩写

CSS 缩写是指将多个 CSS 属性集合到一行中编写,这种方式能够缩减大量的代码,使代码编写效率提高。在前面的任务中,已经对 CSS 的大部分样式进行了介绍,代码的编写都是按照标准的一行一个样式进行的。下面探讨 CSS 缩写的用法。

1. 字体缩写

字体缩写是针对字体样式进行的缩写形式,包含字体、字号等属性,语法格式如下。

font:font-style | font-variant | font-weight | font-size | line-height | font-family

对于字体缩写,只要使用 font 作为属性名称,后接各个属性的值即可,各个属性值之间使用空格分开。例如网站 body 样式的定义,原先关于字体的写法如下。

```
body{
    font-family:"",Arial;        /*body 样式中关于字体的定义*/
    font-size:12px;              /*body 样式中关于字体大小的定义*/
    color:#000;
    margin:0;
    padding:0;
    background-color:#fff;
}
```

现在,如果采用字体缩写,就可以进行如下定义。

```
body{
    font:12px  "",Arial;         /*字体的定义由原来的两行变成一行*/
    color:#000;
    margin:0;
    padding:0;
    background-color:#fff;
}
```

通过以上的对比不难发现,如果字体的定义越多,那么节省的代码行也就越多。字体缩写一行代码可以完成 6 个属性的设置,节省了编码时间。对于其他属性的缩写,也是如此。

2. 边距缩写

外边距 margin 与内边距 padding 是两个常用的属性,传统写法使用以下形式。

```
margin-top:120px;        /* 上外边距 */
padding-bottom:10px;     /* 下内边距 */
maring-left:80px;        /* 左外边距 */
padding-right:5px;       /* 右内边距 */
margin-right:20px;       /* 右外边距 */
padding-left:10px;       /* 左内边距 */
margin-bottom:40px;      /* 下外边距 */
padding-top:8px;         /* 上内边距 */
```

而在 CSS 缩写中,可以使用以下编写方式。

```
margin:margin-top | margin-right | margin-bottom | margin-left
padding:padding-top | padding-right | padding-bottom | padding-top
```

默认情况下,margin 和 padding 的缩写需要提供 4 个参数,按顺序分别是上、右、下、左,是一个顺时针的顺序。也可以使用 1、2、3 参数来进行编写。如上面提到的 body 样式中的 margin 和 padding 就是采用缩写的 1 个参数来实现的。

3. 边框缩写

border 对象本身是一个复杂的对象,它包括 4 条边的不同宽度、颜色以及样式,所以 border 对象提供的缩写形式相对来说也更加丰富。不仅可以对整个对象进行缩写,也可以对单个边进行缩写。而对于整个对象而言,语法格式如下。

```
border:border-width | border-style | color
```

这样缩写以后,当前对象的 4 条边框都会采用同样的效果。如果要对任意一条边框单独进行样式设置,就可以使用 border 的单条边框的缩写,语法格式如下。

```
border-top:border-width | border-style | color
border-right:border-width | border-style | color
border-bottom:border-width | border-style | color
border-left:border-width | border-style | color
```

除了对边框整体及 4 个边进行单独缩写外,border 还提供了 border-style、border-width 以及 border-color 的缩写,语法格式如下。

```
border-width:top | right | bottom | left
border-color:top | right | bottom | left
border-style:top | right | bottom | left
```

具体的参数个数及顺序,与 margin 和 padding 的缩写相同。

4. 背景缩写

背景缩写用于对象的背景相关属性缩写,语法格式如下。

background:background-color | background-image | background-repeat | background-attachment | background-position

再来回顾一下任务 9 中导航菜单的背景控制 CSS 代码,代码如下。

```
.aleft{
    background-image:url(../images/headnav_left.png);
    background-position:left top;
    background-repeat:no-repeat;
}
```

缩写后的代码如下。

```
.aleft{
    background:url(../images/headnav_left.png) no-repeat left top;
}
```

11.2.2　CSS Hack 技术

CSS Hack 是一种改善 CSS 在不同浏览器下的表现形式的技巧与方法。

CSS Hack 技术是指通过一些浏览器特殊支持或者不支持的语句,使一个 CSS 样式能够被浏览器解析或者不解析的一种技术。

常用的 CSS Hack 使用方法有以下几种。

1. @import

语法格式如下。

```
@import: url("newstyle.css");
```

通过以上导入语句,带引号的 URL 地址只能被 IE 5 及以上浏览器及 Firefox 所识别,而 IE 4 及以下版本的浏览器就不会解析 newstyle.css。因此,@import 的这种用法主要用于区别 IE 4。

2. 注释

在 CSS 中可以使用 /＊…＊/ 来标记一段注释内容。由于版本升级,在对注释的解析上,IE 浏览器也有所区别,因此可以利用注释语句来进行 CSS Hack。例如:

```
# container {font-size:15px;}
# container /**/{font-size:30px;}
```

对以上代码,CSS 的执行顺序是,后一个定义总是会覆盖前一个。当浏览器执行到这里时,将使用后一个(即 font-size:30px;)样式代码进行最终处理,而 IE 5 由于对 /＊…＊/ 注释代码并不解析,因此它认为只有第一个代码可用,所以最终样式将使用 font-size:15px 进行显示。

注意：选择符与/*...*/之间不允许有空格存在。如果有空格存在，那么该 CSS Hack 不会产生任何作用。

3．属性选择符

CSS 2 中提供了一种属性选择符，用于对具有特定属性的对象进行选择。这是 CSS 中一个非常优秀的选择符方法，但是 IE 浏览器没有对这种方法提供支持。属性选择器在 Firefox 中工作正常，而对 IE 系列浏览器却没有任何作用。可以利用此方法对 IE 浏览器与 Firefox 浏览器进行区别处理。例如：

```
span .container{color:blue;}
span[class=container]{color:red;}
```

在 IE 浏览器中，class 将 content 的 span 对象的字体颜色显示为蓝色，而同一对象在 Firefox 中则会使用第二段样式代码，即字体颜色显示为红色。

4．子对象选择符

子对象选择符类似于包含选择符，也是 CSS 提供的一种选择形式。它主要也是用来区别 IE 系列浏览器及 Firefox 浏览器，用法与属性选择符相同。例如：

```
span .container{color:blue;}
span>.container{color:red;}
```

在 IE 浏览器中，span 下 class 名为 content 的文本会呈现蓝色，而同样的对象在 Firefox 下的文本会呈现红色。

5．＋Hack

＋Hack 方法非常简单也易于管理，"＋"号用于区分 IE 系列浏览器与其他浏览器。代码如下。

```
#container{
    width:400px;
    +width:380px;      /*IE 可执行*/
}
```

在相同的属性设置下，带有＋号的属性只能在 IE 5 及以上版本下运行，这样就可以通过这种方式去区分 IE 系列浏览器与其他浏览器。

6．_Hack 及 IE 7 的 Hack 方式

使用＋Hack 可以区别 IE 与其他浏览器，但部分兼容性效果是特别针对 IE 7 设置的。到目前为止，IE 7 还不支持下划线的属性写法，因此可以结合上面的使用方法，增加对 IE 7 的 Hack 设置。代码如下。

```
#container{
    width:400px;
    +width:380px;        /* IE 7 可执行 */
    _width:200px;        /* IE 6 可执行 */
}
```

提示：只被 IE 6 浏览器解析的_Hack 样式，在实现 main 区左侧和右侧的效果时会使用到。即在设置左侧或右侧上、下两个模块的 margin 边距时，在 IE 6 下会在下面模块的圆角背景部分与下面边框部分产生空隙，解决方案就是采用 CSS Hack 技术的加"_"的样式来解决。

11.2.3 ul 的不同表现

ul 列表也是在 IE 与 Firefox 中容易发生问题的对象，主要原因源自 Firefox 对 ul 对象的默认值设置。例如，以下代码

```
<div id="layout">
    <ul>
        <li>首页</li>
        <li>我的叮当</li>
        <li>图书分类</li>
    </ul>
</div>
```

对应的 CSS 代码如下。

```
#layout{
    border:1px solid #333;
}
ul{
    list-style:none;
}
```

目前代码非常简单，显示效果没有任何问题，但是当在 ul 样式中加入 margin-left:0px，问题就出现了。在 IE 下，ul 里面的内容靠左对齐；而在 Firefox 下，没有任何反应。如果在 ul 样式中只加入 padding-left:0px，在 Firefox 下，ul 里面的内容就靠左对齐；而在 IE 下，没有任何反应。因此，针对以上的问题，可以为 ul 设置 margin:0px 和 padding:0px 两行代码，先统一 ul 的边距。

11.2.4 容器不扩展问题

容器不扩展问题是指当一个父盒子中的所有子盒子都设置了 CSS 浮动样式，脱离了整个文档流后，父盒子由于没有了子盒子的内容而高度变为 0px 的问题。

解决方法是，在父盒子中加上一个子盒子，并将这个子盒子的 CSS 样式设置为 clear：

both(即清除所有浮动效果)。

11.3 任务实施

整个 main_center 区的设计分 3 个部分,分别是主编推荐区、本月最新出版区和本周媒体热点区。本任务主要具体实施主编推荐区和本月最新出版区。本周媒体热点区由于基本效果与主编推荐区的效果大致相同,因此,由读者在本任务实施的基础上自行独立完成,以检验读者的掌握情况。下面先来看一下整个 main 区中主编推荐区的 XHTML 结构代码。

```
/*主编推荐区*/
<div class="center_top">
    <div class="centertopclass">
        <ul>
            <li class="centertopullione">主编推荐 最全的图书、最低的价格尽在叮当网</li>
            <li class="centertopullitwo"><a href="#">详情&gt;&gt;</a></li>
        </ul>
        <div class="clear"></div>
    </div>
    <div>
        <a href="#"><img src="images/BookCovers/978711515888_new.jpg" height="180" width="132" alt="" class="centerbookimg" /></a>
        <h5><a href="#" class="booktitle">Effective C#中文改善版</a></h5>
        <p class="bookcontents">本书围绕一些关于 C#和.NET 的重要主题,包括 C#语言元素、.NET 资源管理、使用 C#表达设计、创建二进制组件和使用框架等,讲述了最常见的 50 个问题的解决方案,为程序员提供了改善 C#和.NET 程序的方法。本书通过将每个条款构建在之前的条款之上,并合理地利用之前的条款,来让读者最大限度地学习书中的内容,为其在不同情况下使用最佳构造提供指导。本书适合各层次的 C#程序员阅读,同时可以推荐给高校教师(尤其是软件学院教授 C#/.NET 课程的老师),作为 C#双语教学的参考书...</p>
        <p><span class="spanone">定价:￥49元</span>
        <span class="spantwo">折扣价:￥38元</span>
        <span class="spanthree">折扣:75折</span></p>
    </div>
    <div class="clear"></div>
</div>
```

接着再来看整个 main_center 区中本月最新出版区的 XHTML 结构代码。

```
/*本月新出版区*/
<div class="center_middle">
    <div class="centertopclass">
        <ul>
            <li class="centertopullione">本月最新出版,最新最热全收录,全场打折,天天特价</li>
```

```html
            <li class="centertopullitwo"><a href="#">更多&gt;&gt;</a></li>
        </ul>
    </div>
    <div class="centerulli">
        <ul>
            <li>
                <a href="#"><img src="images/BookCovers/1.jpg" alt="" /></a>
                <h5><a href="#" class="centerullititle">Effective ASP.NET 中文版</a>
                    </h5>
                <p class="centerulliprice"><span class="delprice">¥49.0</span>
                    <span>¥28.0</span></p>
            </li>
            <li>
                <a href="#"><img src="images/BookCovers/2.jpg" alt="" /></a>
                <h5><a href="#" class="centerullititle">C#中文版</a></h5>
                <p class="centerulliprice"><span class="delprice">¥39.0</span>
                    <span>¥27.0</span></p>
            </li>
            <li>
                <a href="#"><img src="images/BookCovers/3.jpg" alt="" /></a>
                <h5><a href="#" class="centerullititle">Effective ASP.NET 中文版</a>
                    </h5>
                <p class="centerulliprice"><span class="delprice">¥49.0</span>
                    <span>¥28.0</span></p>
            </li>
            <li>
                <a href="#"><img src="images/BookCovers/4.jpg" alt="" /></a>
                <h5><a href="#" class="centerullititle">C#中文版</a></h5>
                <p class="centerulliprice"><span class="delprice">¥39.0</span>
                    <span>¥27.0</span></p>
            </li>
            <li>
                <a href="#"><img src="images/BookCovers/5.jpg" alt="" /></a>
                <h5><a href="#" class="centerullititle">Effective ASP.NET 中文版</a>
                    </h5>
                <p class="centerulliprice"><span class="delprice">¥49.0</span>
                    <span>¥28.0</span></p>
            </li>
            <li>
                <a href="#"><img src="images/BookCovers/6.jpg" alt="" /></a>
                <h5><a href="#" class="centerullititle">C#中文版</a></h5>
                <p class="centerulliprice"><span class="delprice">¥39.0</span>
                    <span>¥27.0</span></p>
            </li>
            <li>
                <a href="#"><img src="images/BookCovers/7.jpg" alt="" /></a>
                <h5><a href="#" class="centerullititle">Effective ASP.NET 中文版</a>
                    </h5>
```

```
            <p class="centerulliprice"><span class="delprice">¥49.0</span>
                <span>¥28.0</span></p>
        </li>
        <li>
            <a href="#"><img src="images/BookCovers/8.jpg" alt="" /></a>
            <h5><a href="#" class="centerullititle">C#中文版</a></h5>
            <p class="centerulliprice"><span class="delprice">¥39.0</span>
                <span>¥27.0</span></p>
        </li>
    </ul>
    <div class="clear"></div>
    </div>
</div>
```

本任务完成后,整个 main_center 区的 CSS 样式代码如下。

```
/*其中,main 区左侧图书分类、品牌出版社、用户登录、点击 Top 10 的 CSS 样式由读者自行完成
    实现,这里不再进行叙述*/
.main_center{
    float:left;
    width:642px;
    margin:0 10px;
}
```

11.3.1 首页 main_center 区主编推荐区样式

本模块按照手绘设计稿和 XHTML 结构来分析,可以分成上、下两个部分。上面部分是模块的标题行,下面部分是主编推荐的图书展示区。其中,图书封面和图书信息是一个图文混排的效果。

1. 主编推荐区上面部分

CSS 代码如下。

```
/*新增以下样式*/
.center_top{
    padding-bottom:20px;     /*设置主编推荐区与下面本月最新出版区的盒子间距为 20px*/
}
.centertopclass{
    margin:0;                /*使用 CSS 样式缩写效果*/
    padding:0;
}
.centertopclass ul{
    margin:0;
    padding:0;               /*通过设置 margin 和 padding 为 0px,解决 ul 的表现不同问题*/
```

```css
        list-style-type:none;
}
.centertopclass ul li{
        float:left;
}
.centertopullione{
        width:480px;
        height:30px;
        background:#fff url(../images/index_arrow.gif) no-repeat left top;/*背景CSS缩写*/
        padding:0 0 0 20px;
        color:#c49238;
        font-weight:bold;
        letter-spacing:0.1em;
}
.centertopullitwo{
        width:142px;
        text-align:right;
}
.centertopullitwo a{
        color:#000;
        text-decoration:none;
}
```

通过以上的样式设置后，main_center 区主编推荐、本月最新出版和本周媒体热点 3 个区域的上面部分都实现了最终效果，效果如图 11-3 所示。

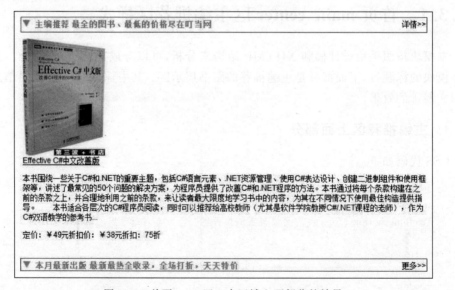

图 11-3　首页 main 区 3 个区域上面部分的效果

2. 主编推荐区下面部分

在本部分的实现过程中，首先要解决图文混排的问题。在实际的开发中，可以使用浮动样式,设置图片左浮动,脱离文档流,让文本开始从图片的右侧进行排列显示。

CSS 代码如下。

```css
/*新增以下代码,实现主编推荐区下面部分效果*/
.centerbookimg{
    float:left;                        /*设置图片左浮动,实现图文混排效果*/
    margin:10px 10px 10px 0;           /*使用缩写,设置图片外边距上、右、下都是 10px*/
    border:none;                       /*去除图片超链接的外边框*/
}
.booktitle{                            /*设置图书标题文本效果*/
    font-size:14px;
    font-weight:normal;
    color:#06329b;
}
.bookcontents{                         /*设置图书简介文本效果*/
    text-indent:20px;                  /*设置文本段落为首行缩进效果*/
    line-height:24px;
}
.spanone,.spantwo,.spanthree{
    margin-right:20px;
}
.spanone{
    text-decoration:line-through;      /*设置定价删除线效果*/
}
```

通过以上两步的设置,主编推荐区下面部分的效果已经实现,如图 11-4 所示。

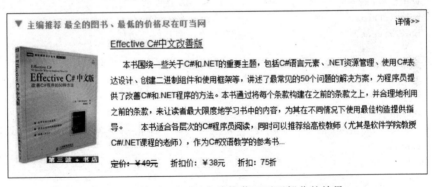

图 11-4　首页 main 区主编推荐区下面部分的效果

11.3.2　首页 main_center 区本月最新出版区样式

通过对"叮当网上书店"首页最终效果和 XHTML 结构进行分析可以发现,这个模块是由 8 个 li 标签组成的一组图书图片的自适应展示。本月最新出版区的总宽度是 642px,根据盒子模型的计算公式,每组显示 4 本图书,共 2 组,那么每个 li 盒子的宽度最大值为 160px。

CSS 代码如下。

```css
/*新增以下样式,实现本月最新出版区的效果*/
.centerulli{
    margin:0;
    padding:0;
    text-align:left;              /*设置 DIV 盒子中内容左对齐*/
}
.centerulli ul{
    margin:0;                     /*设置 margin 为 0,解决 ul 表现不同的问题*/
    padding:0;                    /*设置 padding 为 0,解决 ul 表现不同的问题*/
    list-style-type:none;         /*去除 ul 的项目符号*/
}
.centerulli ul li{
    float:left;                   /*设置 li 左浮动,实现自适应效果*/
    width:160px;                  /*根据盒子模型的计算,每个 li 盒子的宽度为 160px*/
    padding-bottom:20px;
    overflow:hidden;   /*设置超出 li 盒子宽度的内容为隐藏,这样可以解决 li 盒子中因为内容
                         长度太长使 li 盒子的宽度被撑开的问题。这个样式可以用于所有固
                         定宽度的盒子不被盒子里面内容的宽度撑开的情况*/
}
.centerulli ul li a{
    display:block;                /*将行内元素 a 盒子转换成块级元素*/
    width:160px;
    text-align:center;
}
.centerulli ul li a img{
    width:88px;
    height:117px;
    border:none;                  /*去除超链接图片的外边框*/
}
.centerullititle{
    display:block;
    width:100px;
    margin:0 auto;
     /*与 width:100px 搭配使用,设置 margin 水平方向 auto,就是固定宽度且居中版式*/
    padding:0;
    color:#06329b;
    font-size:12px;
    height:20px;
    line-height:20px;
    font-weight:normal;
}
.centerulliprice{
    width:100px;
    margin:0 auto;                /*同上,设置固定宽度且居中版式*/
    padding:0;
}
.centerulliprice span{
```

任务 11 "叮当网上书店"首页 main_center 区样式

```
        float:left;
        width:50px;
        text-align:center;
    }
    .delprice{
        text-decoration:line-through;
    }
```

此时首页 main_center 区本月最新出版区的效果已经实现,如图 11-5 所示。

图 11-5　首页 main_center 区本月最新出版区的效果

至此,程旭元已经完成了本任务中最重要、最复杂的两个子任务,首页 main_center 区的效果基本实现,也让广大读者对 CSS 的高级使用技巧和 CSS Hack 等有了一定的理解和掌握,对各种浏览器的常见解析和兼容性问题也有了意识上和技能上的提高。希望广大读者在后续的学习和任务完成中能够熟练使用。

11.4　任务拓展

本任务重点完成了首页 main_center 区主编推荐区和本月最新出版区的两个部分的效果,也通过 CSS 高级使用技巧和 CSS Hack 技术,解决了常用浏览器对 CSS 的兼容性问题,让读者应用 CSS 样式编码的能力更上了一个层次。

11.4.1　首页 main_center 区本周媒体热点区样式

通过对 main_center 区本周媒体热点区效果与主编推荐区的效果进行对比可以清晰地发现,这两个模块的效果基本相同,主要是实现图文混排效果。因此,本周媒体热点区的效果由读者在理解主编推荐区效果实现的基础上，独立自行完成，效果如图11-6所示。

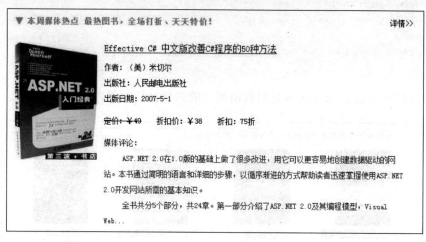

图11-6　首页main_center区本周媒体热点区效果

11.4.2　首页footer区样式

到此，除footer底部以外，"叮当网上书店"首页的效果基本实现。由于footer底部的所有知识和技能（即图片样式、文本样式和超链接样式）与前面的任务相同，因此，也需要读者根据掌握的知识和技能完成footer底部的效果，如图11-7所示。

图11-7　首页footer区效果

11.5　职业素养

CSS高级应用技巧和Hack技术是本任务的重点。各大浏览器对Web标准支持情况不一，导致了标准的网页在各个浏览器中的表现不一，因此，解决各浏览器兼容性问题成了前端工程师的重要工作之一。我们的需求是，无论用户用什么浏览器来查看网站或者登录系统，都应该是统一的显示效果。所以浏览器的兼容性问题是Web前端开发人员经常会碰到和必须解决的问题，而Hack技术则是解决兼容性问题的重要技术。在任务实施过程中，学生需要不断尝试不同参数值，查看不同表现效果，寻求最佳解决方案，这样页面的后期容易维护，代码重用问题少，是比较牢固放心的代码。

通过本任务的设计与实施，主要培养学生以下方面的职业素养。

（1）积极进取，与时俱进，勇于创新。
（2）树立行业规范与标准意识，培养严谨求实的工作作风。
（3）能够自觉跟踪前端开发技术发展动态，善于总结开发经验，创建安全、可靠和高质量产品的能力。

11.6　任务小结

通过本任务的学习和实践，程旭元掌握了 CSS 缩写、CSS 高级应用技巧、CSS Hack 技术和浏览器解析和兼容性问题的解决方法。其中，CSS 缩写和 CSS 高级应用技巧是本任务的重点，要求熟练掌握，这样在以后的 CSS 编码中，可以使代码更加简洁；CSS Hack 技术和浏览器解析及兼容性问题是本任务的难点，需要通过项目实践多练、多做、多积累经验，这样才能真正掌握该方面的技能，为适应以后社会岗位的需求，不断提高个人网站设计与制作的能力，为培养具有 IT 特色的"现代性班组长"人才打下坚实的基础。

11.7　能力评估

1. 常用的 CSS 缩写有哪些？其语法是什么？
2. 什么是 CSS Hack 技术？
3. 常用的 CSS Hack 技术有哪些？分别针对哪些版本的浏览器？
4. 如何实现图文混排效果？
5. 如何隐藏超出盒子大小的内容？

任务 12 "叮当网上书店"购物车页样式

从任务 1 实施到任务 11,程旭元已经将"叮当网上书店"的首页效果和其他页面的基本结构完成,也掌握了 Web 前端技术的基本理论知识和技能。本任务主要解决的是如何通过表格将软件研发中的大数据量进行布局和展示的问题,并培养读者在进行页面布局时区分何种情况下采用 div 标签,何种情况下采用 table 标签的能力。通过对 table 标签的学习和使用,使已经逐渐淡出网页布局的 table 标签与主流的 div 标签相辅相成,各取所长。

学习目标

(1) 掌握常用的表格样式控制方法。
(2) 掌握细线表格的设置方法。
(3) 掌握表格的各行变色方法。

12.1 任务描述

购物车就像去超市购物时,超市提供给顾客的手推车或者提篮,主要的功能是方便顾客在选购商品时,将自己准备购买的商品临时放在手推车或者提篮中,方便顾客可以不断持续地进行购物,在选购结束前,顾客可以对购物车或者提篮中选定的商品作出买与不买的决定。

本任务的购物车页,实现对用户在网上购物时选定商品的临时存储功能。在结算时,可以对购物车中的选定商品进行修改等操作。因此,本页面是一个大数据量的布局和展示页面,如果采用主流的 div 标签进行布局,由于展示的数据量较大,数据的结构比较复杂,所以比较困难。而传统的 table 标签能够很好地解决这个问题。因此在本任务中采用 table 标签来进行布局设计。

table 标签能够很好地解决软件研发中大数据量的布局和展示功能,但是其本身的样式效果一般,而且在 CSS 中没有专门的样式来为 table 标签服务,因此表格的效果一般采用 margin、padding、border 和 background 等样式来进行设计。

本任务的原始效果如图 12-1 所示。

图 12-1 购物车页原始效果

购物车页的最终效果如图 12-2 所示。

图 12-2 购物车页的最终效果

12.2 相关知识

本任务主要是在表格的设计中加入细线表格和隔行变色等外观效果，以提升用户体验。

12.2.1 细线表格

在 Web 2.0 的时代到来后,表格在网页设计布局中的比重大大降低了。但是表格作为一种非常特殊而且实用的数据表达方式,从来都没有跳出设计师们的视野。毕竟很多数据都需要通过表格形式来表现,如本项目中的购物车页、用户注册页和用户登录页等。

本任务主要分析表格的展示效果及实现细线表格的效果。表格的默认效果可以通过 Dreamweaver 的设计视图看出来。正常情况下,Dreamweaver 表格的每一条边框都有两条虚线边框,但在浏览器中表格的边框线比较粗大,没有平时项目制作中边框线为 1px 的效果。

那么为什么表格在默认情况下是这样的效果呢?原因主要在于使用表格进行布局设计时,插入的新表格有两个默认的属性值,分别是 cellspacing(单元格间距)和 cellpadding(单元格填充),这两个属性值在默认情况下都是 2px。因此就出现了在 Dreamweaver 中一条边两个边框线的效果。要解决它,只要在插入表格时,分别将以上两个值都设置为 0px 即可。

但是将以上两个属性设置为 0px 后,虽然在 Dreamweaver 中是单边框表格线了,但是在浏览器中显示时还是感觉边框线比较粗大,仍然不符合 1px 细线表格的要求。即使将表格的 table、tr、td 等盒子都加上 border 样式,设置边框线为 1px,效果仍然没有变化。回想表格的组成结构就不难发现,其实组成表格的 table、tr、td 都符合盒子模型,每个盒子都有自己的 border,当边框发生重叠时,是分别用各自的边框还是将边框线条合并使用呢?解决了这个问题,细线表格效果就实现了。在 Web 2.0 下,采用如表 12-1 所示的 CSS 样式来实现细线表格。

表 12-1 边框的 border-collapse 样式

属 性	描 述	可用值
border-collapse	将边框线条进行合并	collapse
	将边框线条独立存在(与 collapse 效果相反)	separate

通过对标签设置 border-collapse:collapse 后,即可实现细线表格效果。

12.2.2 表格隔行变色

当表格的行和列都很多,并且数据量很大时,为避免单元格采用相同的背景色会使浏览者感到凌乱,发生看错行的情况,可以将奇数行和偶数行的背景颜色设置得不一样来解决问题。实现表格隔行变色效果很简单,只要给偶数行 tr 标签设置不同于奇数行 tr 标签的背景颜色即可。采用的 CSS 样式就是 background-color。

12.3 任务实施

购物车页的 main 区也是上下结构,下面模块是上、中、下结构的圆角边框效果,在圆角边框的中间部分,才要用表格 TABLE 布局。因此,在了解了购物车页的整个文档组织结构后,程旭元将采用细线表格和隔行变色来实现购物车页的最终效果。购物车页 main 区的 XHTML 结构代码如下。

```
/*购物车页main区中间主体*/
<div id="main">
    <div class="shoppingtitle"><span class="myshoppingcar">我的购物车</span>
        <span class="myproducts">您选好的商品:</span></div>
    <div class="shoppingtabletop">
        <table>
            <thead>
                <tr>
                    <th class="firsttd">商品号</th><th class="secondtd">商品名
                    </th>
                    <th class="threetd">价格</th><th class="fourtd">数量</th>
                    <th class="fivetd">操作</th>
                </tr>
            </thead>
        </table>
    </div>
    <div class="shoppingtablecenter">
        <table border="1" cellspacing="0" cellpadding="0" class="mycartable">
            <tbody>
                <tr>
                    <td colspan="5" class="firsttrtd">商品金额总计:
                        <span class="more">¥126.40</span> 您共节省:¥48.60
                        <input name="tj" type="submit" value="" class="balancebtn">
                    </td>
                </tr>
                <tr>
                    <td class="firsttd">
                        <input type="checkbox" name="choice" value=""/>
                    </td>
                    <td class="secondtd"><a href="product.html">20019134 五月俏家物
                        语</a></td>
                    <td class="threetd"><font class="line-middle">¥16.50</font>
                        <font class="more">¥13.00</font> 79 折</td>
                    <td class="fourtd"><input name="shop1" type="text" class="
                        input1" value="1"></td>
```

```
            <td class="fivetd"><a href="product.html">删除</a>|
                <a href="product.html">修改</a></td>
        </tr>
        <tr class="oushutrtd">
            <td><input type="checkbox" name="choice" value=""/></td>
            <td><a href="product.html">万代拓麻歌子水晶之恋(透明红)</a></td>
            <td><font class="line-middle">¥138.00</font>
                <font class="more">¥93.00</font> 67折</td>
            <td><input name="shop2" type="text" class="input1" value="1"></td>
            <td><a href="product.html">删除</a>|
                <a href="product.html">修改</a></td>
        </tr>

        <tr>
            /*以下隔行的XHTML代码省略*/
        </tr>

    </tbody>
    <tfoot>
        <tr>
            <td colspan="5">
                <div class="pages">
                    <a href="#" class="num">第一页</a>
                    <span class="num_now">1</span>
                    <a href="#" class="num">2</a>
                    <a href="#" class="num">3</a>...
                    <a href="#" class="num">49</a>
                    <a href="#" class="num">50</a>
                    <a href="#" class="num">最后一页</a>跳转到 
                    <input type="text" class="tiaozhuan" value="1" />
                     页 <a href="#" class="golink">Go</a>
                </div>
            </td>
        </tr>
    </tfoot>
</table>
</div>
<div class="shoppingtablefooter"></div>
<div class="clear"></div>
</div>
```

按照购物车页main区自上至下的实现流程，程旭元先带领大家实现Class="shoppingtitle"部分的样式，加入如下CSS样式代码。

```
/*新增.shoppingtitle, .myshoppingcar, .myproducts样式*/
.shoppingtitle{
    width:982px;
```

```css
    height:30px;
    background:#fff url(../images/bigshopping.png) no-repeat left top;
}
.myshoppingcar{
    padding-left:28px;
    font:20px "微软雅黑";
    color:#008b68;
}
.myproducts{
    margin-left:20px;
    font-size:14px;
    font-weight:bold;
}
```

设置完成之后的效果如图 12-3 所示。

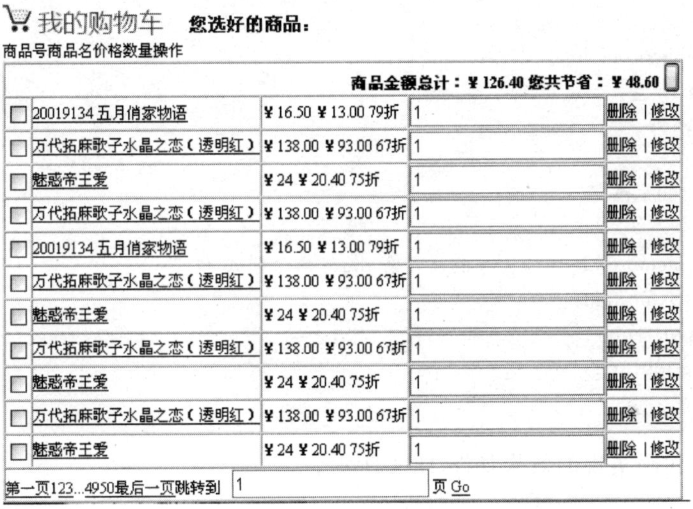

图 12-3 设置完 shoppingtitle 层样式后的效果

接下来实现购物车页中的圆角背景效果。
CSS 代码如下。

```css
/*新增以下样式,实现圆角背景的效果*/
.shoppingtabletop{
    width:962px;  /*子盒子的宽度计算要按照盒子模型的计算公式,因为下面 padding 设置了
                     左、右均为 10px,因此此处的盒子宽度是总宽度,是由 982px 减去 20px 得
                     到的*/
    height:26px;
    margin:0;
    padding:0 10px;
    background:#fff url(../images/shoppingtopbg.png) no-repeat left top;
                                                        /*设置圆角背景图片*/
```

```css
}
.shoppingtablecenter{
    width:962px;
    height:auto;
    margin:0;
    padding:5px 10px;
    background:#fff url(../images/shoppingcenterbg.png) repeat-y left top;
    /*设置圆角背景图片*/
}
.shoppingtablefooter{
    width:982px;
    height:11px;
    margin:0;
    padding:0;
    background:#fff url(../images/shoppingfooterbg.png) no-repeat left top;
    /*设置圆角背景图片*/
}
.shoppingtabletop table{
    margin:0;
    padding:0;
    border:0;
    width:100%;
}
.shoppingtabletop table tr th{/*设置表格 thead 部分样式*/
    font:14px normal;
    text-align:center;
    padding-top:3px;
}
```

以上 CSS 代码实现的效果如图 12-4 所示。

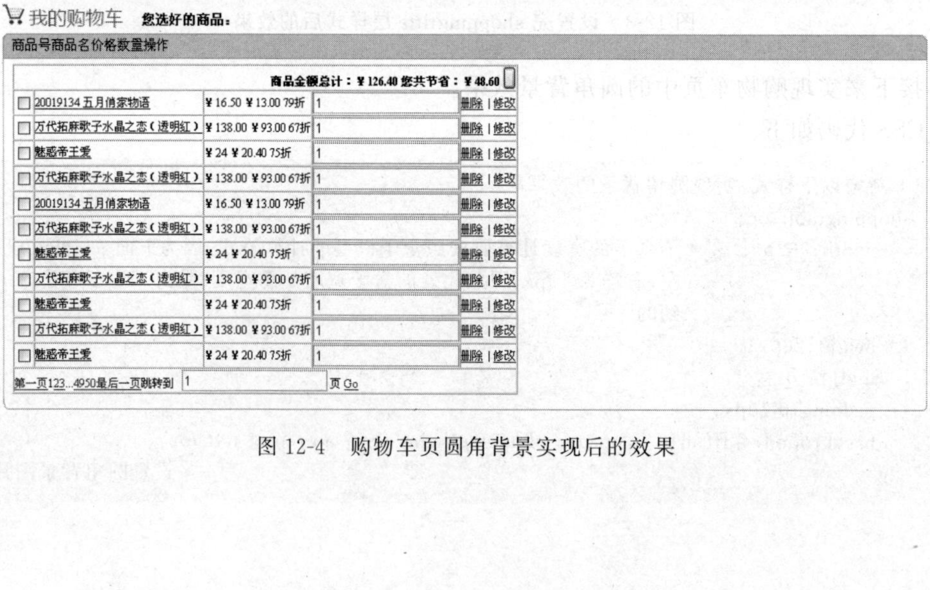

图 12-4　购物车页圆角背景实现后的效果

12.3.1 购物车页表格列表效果

本任务最关键的、最复杂的效果就是表格布局设计的表格效果部分,也是本任务的重点和难点。本任务分成 4 个步骤来实现。

1. 编写表格全局样式代码

CSS 代码如下。

```css
/*新增以下样式*/
.mycartable{
    width:962px;
    height:auto;
    font:12px "宋体","Times New Roman", Times, serif;
}
/*通过中间用逗号隔开的方式来进行样式的集体声明*/
.mycartable,.mycartable tr,.mycartable tr td{
    border:1px #ccc solid;
    margin:0;
    padding:0;
    border-collapse:collapse;       /*细线表格*/
    font-size:12px;
    text-align:center;
}
.mycartable tr{
    height:30px;
}
```

效果如图 12-5 所示。

图 12-5 表格全局样式的效果

2. 编写表格 tbody 第一行 .firsttrtd 样式代码

CSS 代码如下。

```css
/*新增以下代码,实现 table 的 tbody 合并第一行单元格的效果 */
.firsttrtd{
    text-align:right;              /* td 盒子中的内容右对齐 */
    padding:0;
    margin:0;
    height:46px;
    line-height:46px;
    font-weight:normal;            /* 文字不加粗显示 */
    letter-spacing:0.02em;         /* 使文字间距适当加宽 */
}
/* .more 不在容器中定义,目的是实现样式的复用 */
.more{
    color:#ff7000;
}
.balancebtn{
    width:103px;
    height:36px;
    background:#fff url(../images/shoppingbtn.png) no-repeat left top;
    border:none;
    vertical-align:middle;/* 设置此样式实现图片与文本的垂直居中效果 */
    margin-left:20px;
}
```

效果如图 12-6 所示。

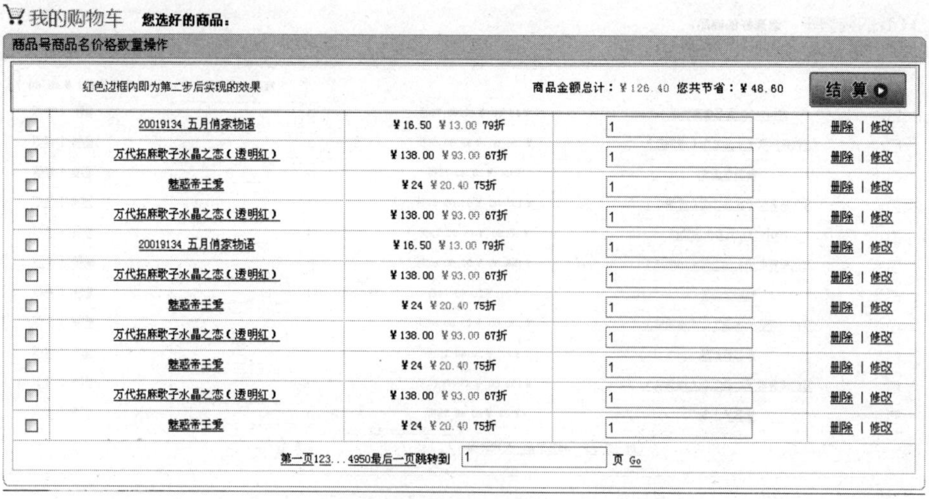

图 12-6 表格 tbody 第一行 .firsttrtd 样式的效果

3. 编写表格 tbody 第二行开始样式代码

CSS 代码如下。

```css
/* 新增以下代码,实现 table 的 tbody 第二行开始部分的效果 */
/* 以下 5 个样式不加限定的标签,也是为了实现代码的复用 */
.firsttd{
    width:90px;
}
.secondtd{
    width:430px;
}
.threetd{
    width:282px;
}
.fourtd{
    width:80px;
}
.fivetd{
    width:80px;
}
.mycartable tbody .input1{
    background:#fff;
    border:1px #ccc solid;
    width:30px;
    text-align:center;
}
.mycartable tbody tr td font{
    margin-right:5px;
}
.mycartable tbody tr td a{
    font-size:12px!important;        /* 通过!important 指定该样式的优先级 */
    color:#0066cc;
    text-decoration:underline;
}
.mycartable tbody tr td a:hover{
    color:#ff0000;
    text-decoration:underline;
}
.mycartable tbody .line-middle{
    text-decoration:line-through;
}
```

效果如图 12-7 所示。

图 12-7 表格 tbody 第二行开始样式的效果

4. 编写表格 tfoot 样式代码

CSS 代码如下。

```
/*新增以下代码,实现表格的 tfoot 部分的效果 */
.mycartable tfoot .pages{
    width:100%;
    margin:0;
    padding:20px 0;
}
.mycartable tfoot .num,.mycartable tfoot .num_now{
    margin:0 10px 0 0;
    padding:5px 5px;
}
.mycartable tfoot .num{
    background:#dbecf4;
    color:#000;
    text-decoration:none;
}
.mycartable tfoot .num:hover,.mycartable tfoot .num_now{
    background:#ff7000;
    color:#fff;
}
.mycartable tfoot .tiaozhuan{
    width:20px;
```

```
            text-align:center;
    }
    .mycartable tfoot .golink{
            color:#000;
            font:14px "Times New Roman", Times, serif;
    }
```

效果如图 12-8 所示。

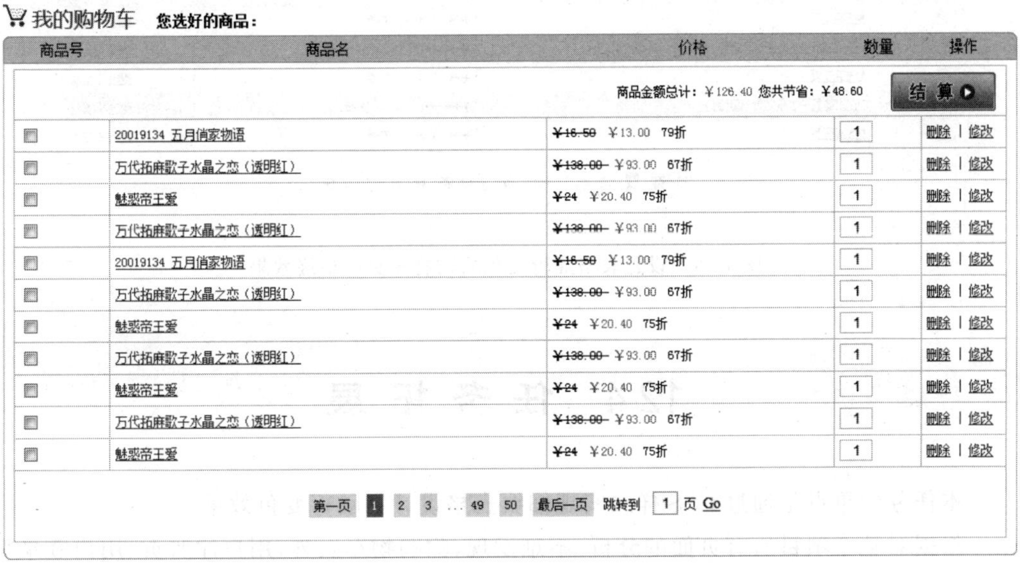

图 12-8 表格 tfoot 样式的效果

12.3.2 购物车页表格隔行变色效果

现在,程旭元基本实现了购物车页的最终效果,也对表格布局的意义、用处、样式等有了基本的了解。接下来,实现购物车页的最后一个效果,就是表格的隔行变色,让网站更加人性化。

购物车页中表格的奇数行的背景色就是网站的背景色,不用修改。偶数行的背景色与奇数行的不一致,因此只要为偶数行设置不同的背景色样式,即可实现效果。

CSS 代码如下。

```
/*新增以下样式,实现购物车页表格隔行变色效果*/
.mycartable tbody .oushutrtd{
        background-color:#dbecf4;
}
```

通过以上对购物车样式的逐步完善,已经全部实现最终效果,如图 12-9 所示。

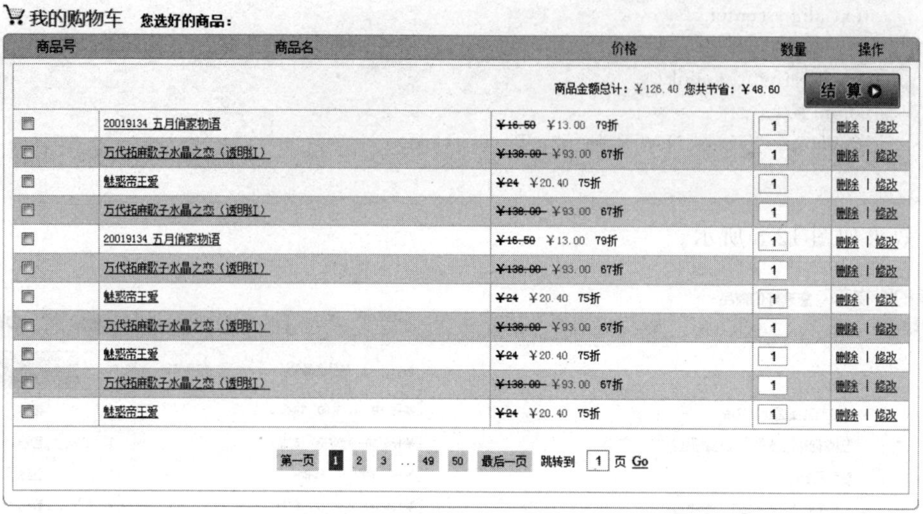

图 12-9　设置表格隔行变色后购物车页的最终效果

12.4　任务拓展

本任务的重点是通过 CSS 样式实现细线表格设计和隔行变色效果。

根据对整个项目所有页面的分析，不难发现，除购物车页外，用户注册页、用户登录页等还是需要使用表格来进行布局。在实现本项目的服务器端功能时，使用表格进行布局设计，会大大地降低工作量，提高工作效率。

12.4.1　用户登录页样式

本任务的拓展任务就是要求读者自行完成本项目中的用户注册页、用户登录页中的表格效果。用户登录页最终效果如图 12-10 所示。

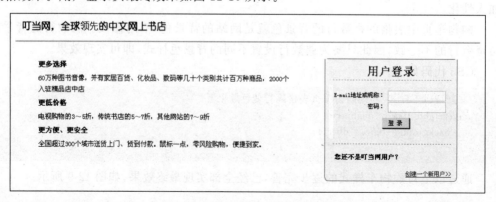

图 12-10　用户登录页最终效果图

12.4.2 用户注册页样式

用户注册页的最终效果如图12-11所示。

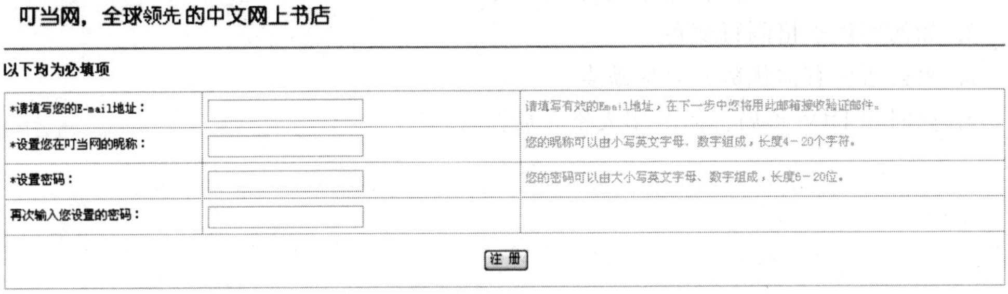

图12-11 用户注册页的最终效果图

12.5 职业素养

Web前端开发1+X证书制度标准体系中,课证融通的动态网站开发将结合MySQL数据库及PHP语言,基于B/S结构进行网站开发。动态网站开发中会涉及大量的数据,这些数据清单将以表格形式呈现,因此需要分析页面的数据形式,结合网页元素的特点,设计和制作前端页面。

通过本任务的设计与实施,主要培养学生以下方面的职业素养。

(1) 积极参与各种技术交流,提升前端开发成果的实用性、易用性。

(2) 秉持终身学习、与时俱进的理念,除了熟练完成既定的任务外,还要拓展思维,灵活运用相关技术将工作完成得更好。

12.6 任务小结

通过本任务的学习和实践,程旭元已经基本掌握了使用CSS样式对表格进行设置的方法,包括细线表格的设计和表格隔行变色的设计等。通过本任务中程旭元关于表格的分析和描述,读者应该掌握表格布局应该用在什么地方,希望广大读者能够举一反三,灵活应用。在Web 2.0时代,不要完全抛弃表格布局,应该是DIV布局与表格布局相结合,两者相辅相成,才能提高自己的工作效率。

12.7 能力评估

1. 如何实现细线表格？应采用何种样式？
2. 如何实现表格隔行变色？
3. 表格布局有何优势？有何缺点？
4. 何时用 DIV 布局？何时用表格布局？

进阶篇

任务 13 "叮当网上书店"移动端项目建站
任务 14 "叮当网上书店"移动端首页设计与制作
任务 15 "叮当网上书店"移动端分类页设计与制作
任务 16 "叮当网上书店"移动端详情页设计与制作
任务 17 "叮当网上书店"移动端购物车页设计与制作
任务 18 "叮当网上书店"移动端"我的"页设计与制作

任务 13 "叮当网上书店"移动端项目建站

随着科技的进步,技术的发展,叮当书店为了更好地服务读者,在宫成世的带领下和主人公蔡晶理一起为叮当连锁书店开发新的移动端应用系统——移动端"叮当网上书店"。

作为项目组 IFTC(展望移动软件研发中心)的成员之一,程旭元作为 Web App 移动开发工程师亲自参与这个过程,帮助项目组开发设计项目的整个移动 DEMO。现在由程旭元通过自己的项目开发经验,带领大家一起体验来自"叮当网上书店"移动端项目开发中作为一名移动端工程师的酸甜苦辣,让读者能够完成从 Web 初学者到 Web 移动端工程师的蜕变。

> 学习目标

(1) 理解 HBuilder X 的工作环境。
(2) 理解掌握 HTML 5 的文件结构及编码规范。
(3) 掌握建站的步骤和方法。

13.1 任务描述

(1) HBuilder X 软件安装。
(2) HBuilder X 软件界面功能。
(3) 完成"叮当网上书店"项目建站及首页的创建。

13.2 相关知识

13.2.1 HBuilder X 下载

打开 HBuilder X 网页,单击 Download 按钮,选择所需版本,如图 13-1 所示。

13.2.2 HBuilder X 软件介绍

HBuilder X 是 DCloud(数字天堂)推出的一款支持 HTML 5 的 Web 开发 IDE。也

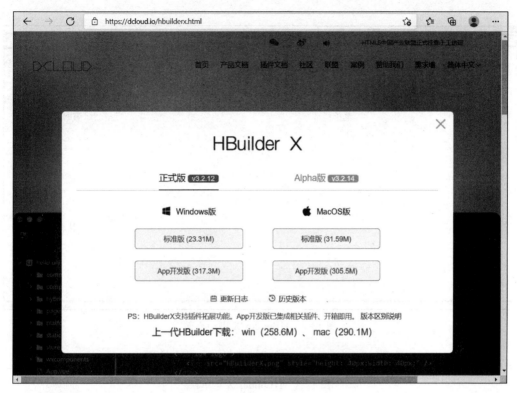

图 13-1　HBuilder X 下载页面

是 1+X 证书制度 Web 前端开发机考指定的开发工具。HBuilder X 的编写用到了 Java、C、Web 和 Ruby。HBuilder X 本身主体用 Java 编写，它基于 Eclipse，所以顺其自然地兼容了 Eclipse 的插件。HBuilder X 的最大优势是通过完整的语法提示和代码输入法、代码块等，大幅提升 HTML、JavaScript、CSS 的开发效率。

13.2.3　HBuilder X 软件

如图 13-2 所示，HBuilder X 的标准工作界面包括菜单栏、工具栏、状态栏、显示内置浏览器状态栏。

如图 13-3 所示为菜单栏，HBuilder X 的菜单共有 10 个，即文件、编辑、选择、查找、跳转、运行、发行、视图、工具和帮助。

(1) 文件：用来管理文件。例如，新建、打开、保存、另存为、导入、输入打印等。

(2) 编辑：用来编辑文本。例如，剪切、复制、粘贴、查找、替换和参数设置等。

(3) 选择：可以选择代码，快速进行代码编辑。

(4) 查找：在大量代码中查找出自己想要的代码，快速选择。

(5) 跳转：快速跳转，方便快速找到代码。

(6) 运行：可以选择不同的浏览器，预览自己的代码效果。

(7) 发行：适用于各种小程序。

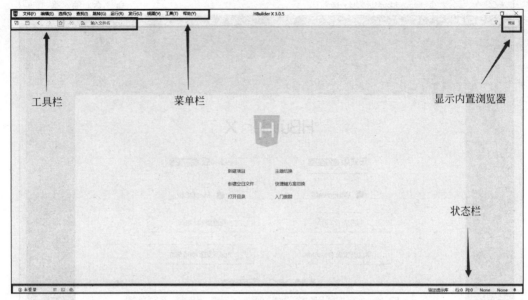

图 13-2　HBuilder X 启动界面

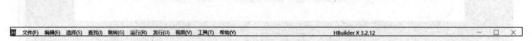

图 13-3　HBuilder X 菜单栏

（8）视图：可以显示界面菜单栏、状态栏等。

（9）工具：有代码设置、语言设置、外部命令设置等工具。

（10）帮助：联机帮助功能。

输入完整代码，单击"预览"按钮，即可显示代码结果。

提示：不建议使用 HBuilder X 的内置浏览器（见图 13-4）作为 Web 项目开发的最终预览或呈现的效果作为评判依据。按照行业开发要求，Web 项目的最终运行效果要适配 3 种以上主流浏览器的兼容性测试。

图 13-4　HBuilder X 显示内置浏览器

前端框架众多，框架的语法提示需要加载单独的语法提示库（见图 13-5）。框架语法提示库是在页面的右下角选择，可以更快速简便地使用软件。

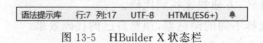

图 13-5　HBuilder X 状态栏

HBuilder X 菜单栏快速方式示例如图 13-6 所示。

图 13-6　HBuilder X 菜单栏快速方式示例图

13.2.4　HBuilder X 软件的特点

(1) 轻巧：仅十余 MB 的绿色发行包（不含插件）。

(2) 极速：不管是启动速度、大文档打开速度、编码提示，都极速响应。C++的架构性能远超 Java 或 Electron 架构。

(3) 清爽护眼：HBuilder X 的界面比其他工具更清爽简洁，绿柔主题经过科学的脑疲劳测试，是最适合人眼长期观看的主题界面。

(4) 强大的语法提示：HBuilder X 是中国唯一一家拥有自主 IDE 语法分析引擎的公司，对前端语言提供准确的代码提示和跳转到定义（Alt＋鼠标左键）。

(5) 更强的 JSON 支持：现代 JavaScript 开发中涉及大量 JSON 结构的写法，HBuilder X 提供了比其他工具更高效的操作。

13.2.5　HTML 5 语言

1. 什么是 HTML 5

(1) HTML 5 是最新的 HTML 标准。

(2) HTML 5 是专门为承载丰富的 Web 内容而设计的，并且无需额外插件。

(3) HTML 5 拥有新的语义、图形以及多媒体元素。

(4) HTML 5 提供的新元素和新的 API 简化了 Web 应用程序的搭建。

(5) HTML 5 是跨平台的，被设计为在不同类型的硬件（PC、平板电脑、手机、电视机等）之上运行。

2. HTML 5 新特性

(1) 新的语义元素，比如 <header>、<footer>、<article>、<section>等。
(2) 新的表单控件，比如数字、日期、时间、日历和滑块。
(3) 强大的图像支持(借由 <canvas> 和 <svg>实现)。
(4) 强大的多媒体支持(借由 <video> 和 <audio>实现)。
(5) 强大的新 API，比如用本地存储(local storage)取代 cookie。

13.3 任务实施

13.3.1 HBuilder X 项目建站

(1) 打开 HBuilder X，选择菜单栏中的"文件"|"新建"命令，如图 13-7 所示。

图 13-7 HBuilder X 新建站点菜单

(2) 进入"新建站点"对话框，在左边选择"文件"|"新建"|"目录"标签，输入站点名称为"dingdang"，以网站名命名(注意：以项目的名字命名)，在"浏览"列表框中选择你需要存放的站点路径，如图 13-8 所示。

(3) 按行业标准规范在站点文件夹 dingdang 内再新建三个子目录，分别命名为 images、css 和 js。

imagse：用于存放项目所用的图片素材。

图 13-8 HBuilder X"新建目录"对话框

css：用于存放外部 CSS 样式。
js：用于存放外部 JavaScript 文件。
效果如图 13-9 所示。

图 13-9 项目站点文件夹结构示例图

13.3.2 HBuilder X 新建项目首页

（1）如图 13-10 所示，右击 dingdang 根目录，选择"新建"|"html 文件"命令。

图 13-10 HBuilder X 新建文件菜单项

（2）如图 13-11 所示，输入首页名 index.html（首页一般命名为 index.html），单击"创建"按钮，即可新建文件，如图 13-12 所示。

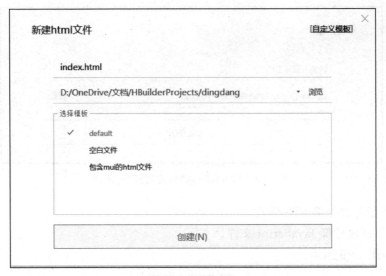

图 13-11　HBuilder X"新建 html 文件"对话框

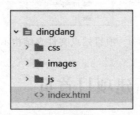

图 13-12　创建首页(index.html)

（3）单击 dingdang 目录中的 index.html 文件，在右边文档区域就呈现出首页(index.html)可编辑的窗口，如图 13-13 所示。

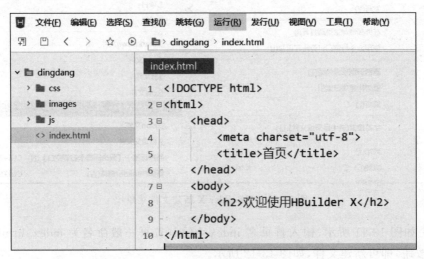

图 13-13　HBuilder X 文件编辑窗口

编辑的模式分为"项目管理""代码"和"实时视图"三种;如图 13-14 所示,选择"运行"|"运行到浏览器"命令,选择自己所需的浏览器(一般在单击之后会出现 Chrome、Firefox、IE、Edge 4 款浏览器)。选择 Chrome 选项,窗口效果如图 13-15 所示。

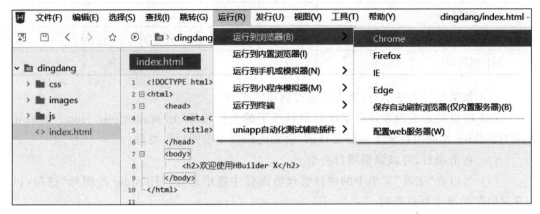

图 13-14　HBuilder X 文件运行菜单

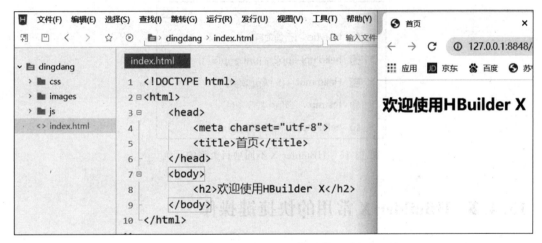

图 13-15　HBuilder X 文件预览显示窗口

13.4　任务拓展

13.4.1　HBuilder X 支持的项目运行说明

HBuilder X 支持多种项目类型,不同类型的项目的运行也是不一样的。表 13-1 所示是各种项目类型可以运行的一览表。

表 13-1　HBuilder X 支持的项目运行一览表

项目类型	普通 Web	uni-app	5+ App	wap2app	快应用	微信小程序
运行到手机/模拟器	×	√	√	√	√	×
运行到浏览器	√	√	√	√	×	×
运行到小程序	×	√	×	×	×	√
运行到终端	√	√	×	×	×	×

（1）如果项目类型不对，就无法运行到指定平台。
（2）项目类型的判断是根据项目根目录下的文件特征，比如 manifest.json。如果导入 HBuilder X 的项目多了一层父目录，就无法识别正确的项目类型。
（3）右击项目，可以识别项目类型。
（4）可以在"工具"菜单中的项目管理器图标主题中选择"HBuilder X 图标"选项，以直观的图标显示项目类型。

图 13-16 所示为 HBuilder X 不同项目类型的示例。

图 13-16　HBuilder X 不同项目类型的示例

13.4.2　HBuilder X 常用的快捷键操作

HBuilder X 常用的快捷键如表 13-2 所示。

表 13-2　HBuilder X 常用的快捷键一览表

快捷键组合	快捷键功能
Ctrl ＋ /	开启/关闭注释整行
Ctrl ＋ Shift ＋ /	开启/关闭注释已选内容
Alt ＋ /	激活代码助手
Alt ＋ Shift＋ ?	显示方法参数提示
Shift ＋ Tab	代码块向前缩进一个 Tab 键宽度
Tab	代码块向后缩进一个 Tab 键宽度
Ctrl ＋ Shift ＋ ＝	代码字体放大
Ctrl ＋ －	代码字体缩小

13.4.3 网络资源推荐

Bootstrap 中文网：http://www.bootcss.com。
阿里巴巴矢量图标库：https://www.iconfont.cn。
jQuery 官网：http://jQuery.com。
CSDN 官网：https://www.csdn.net。
菜鸟教程官网：https://www.runoob.com。

13.5 职业素养

本任务和 PC 端任务 4 是异曲同工的，都是将项目所需的素材、文件按照行业开发的规范来分类组织及按照行业开发规则来命名文件，为项目开发、后期维护和团队合作提供便利。IT 项目开发的主战场就是项目目录，它类似于其他行业工作的实地场所一样，也需要整理、整顿，让工作的场所看上去干净、整洁。

通过本任务的设计与实施，主要培养学生以下方面的职业素养。
(1) 掌握一定的行业开发规范、规则。
(2) 具有整理、整顿、整洁的 5S 管理能力。

13.6 任务小结

通过本任务的学习和实现，程旭元已经了解和掌握网站移动端制作软件 HBuilder X 的基本使用方法，并完成了移动端叮当网的建站和首页的设置与命名。最后对后期学习途径有了一定的了解。

13.7 能力评估

1. 简述 HBuilder 的特点和功能。
2. 简述移动端项目建站的步骤。
3. 熟练掌握 HBuilder 常用的快捷键。

任务 14 "叮当网上书店"移动端首页设计与制作

在任务 1 中,程旭元已经完成了"叮当网上书店"移动端项目建站的任务。但这仅仅是完成了一个大前提,接下来程旭元将带领读者们,按照移动端"叮当网上书店"的最终设计效果图,完成每一个页面内容的设计与制作。接下来,就请大家一起跟着程旭元,从"叮当网上书店"移动端首页的设计与制作开始吧!

学习目标

(1) 学会使用 Bootstrap 4 框架,掌握网格系统、导航、轮播等。
(2) 掌握运用 Flex 弹性盒布局。
(3) 完成"叮当网上书店"移动端首页的设计与制作。

14.1 任务描述

"叮当网上书店"移动端首页由上、中、下三个部分组成。上方为头部,主要模块有导航栏、轮播图、快捷图标导航 3 个部分;中间为主体,主要模块有主编推荐、本月最新和媒体热点商品展示、点击 Top 10 排行榜商品展示;下方为底部,主要模块有底部版权和底部导航栏。本任务的主要工作就是学习每个部分所用到的效果,最终完成"叮当网上书店"移动端首页的设计与制作。首页的最终呈现效果如图 14-1 所示。

图 14-1 "叮当网上书店"移动端首页效果图

14.2 相关知识

14.2.1 Bootstrap 简介

Bootstrap 是一个用于快速开发 Web 应用程序和网站的前端框架。Bootstrap 是基于 HTML、CSS、JavaScript 的。Bootstrap 框架包含了贯穿于整个库的移动设备优先的样式。所有的主流浏览器都支持 Bootstrap。只要具备 HTML 和 CSS 的基础知识,学习 Bootstrap 就更容易上手。Bootstrap 的响应式 CSS 能够自适应于台式计算机、平板电脑和手机。Bootstrap 框架为开发人员创建接口提供了一个简洁统一的解决方案。Bootstrap 框架不仅包含了功能强大的内置组件,还提供了基于 Web 的定制,还是开源框架。

本章所有页面的设计效果都基于 Bootstrap 4 框架测试通过。

14.2.2 Bootstrap 4 环境安装

第一步,打开 https://www.bootcss.com/中文官网,单击顶部导航栏"Bootstrap4 中文文档"选项;第二步,在新打开的页面中单击"下载 Bootstrap"按钮;第三步,选择下载最新的 Bootstrap v4.4.1 即用型代码包,单击"立即下载"按钮即可,如图 14-2 和图 14-3 所示。

图 14-2　Bootstrap 4 下载三步示意图

图 14-2（续）

接下来，将下载完成后的 Bootstrap 4 压缩文件解压缩，文件夹重新命名为 bootstrap，将 bootstrap 整个文件夹复制至 dingdang 项目的根目录下。bootstrap 文件夹中包含 css 和 js 两个子文件夹，如图 14-4 所示。

图 14-3　Bootstrap 4 下载完成后的压缩包示意图　　图 14-4　将 bootstrap 安装到 dingdang 项目中效果图

14.2.3 Flex 弹性盒布局

Flex 弹性盒布局又称盒模型,可以实现一整套响应灵活的实用程序,快速管理栅格的列、导航、组件等的布局。通过进一步定义 CSS 样式,还可以实现更复杂的展示样式。

提示:IE 9 及其以下版本不支持弹性盒子,所以如果需要兼容 IE 8~IE 9,可使用 Bootstrap 3。

1. 创建弹性盒子容器

以下实例使用 d-flex 类创建一个弹性盒子容器,并设置三个弹性子元素,效果如图 14-5 所示。

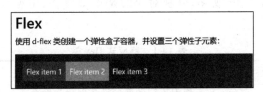

图 14-5 用 d-flex 类创建 flex 容器效果图

HTML 代码如下。

```
<div class="container mt-3">
    <h2>Flex</h2>
    <p>使用 d-flex 类创建一个弹性盒子容器,并设置三个弹性子元素:</p>
    <div class="d-flex p-3 bg-secondary text-white">
        <div class="p-2 bg-info">Flex item 1</div>
        <div class="p-2 bg-warning">Flex item 2</div>
        <div class="p-2 bg-primary">Flex item 3</div>
    </div>
</div>
```

2. 创建显示在同一行上的弹性盒子容器

创建显示在同一行上的弹性盒子容器可以使用 d-inline-flex 类,效果如图 14-6 所示。

图 14-6 用 d-inline-flex 类创建行内 flex 效果图

HTML 代码如下。

```
<div class="container mt-3">
    <h2>行内 Flex</h2>
    <p>创建显示在同一行上的弹性盒子容器可以使用 d-inline-flex 类：</p>
    <div class="d-inline-flex p-3 bg-secondary text-white">
        <div class="p-2 bg-info">Flex item 1</div>
        <div class="p-2 bg-warning">Flex item 2</div>
        <div class="p-2 bg-primary">Flex item 3</div>
    </div>
</div>
```

3. 响应式 flex 类

另外，还可以根据不同的设备设置 flex 类，从而实现页面响应式布局。表 14-1 中的 * 号可以取值 sm、md、lg 或 xl，分别对应的是小型设备、中型设备、大型设备、超大型设备。

表 14-1 响应式 flex 类

作用	类	描述
弹性容器	.d-*-flex	根据不同的屏幕设备创建弹性盒子容器
	.d-*-inline-flex	根据不同的屏幕设备创建行内弹性盒子容器
方向	.flex-*-row	根据不同的屏幕设备在水平方向显示弹性子元素
	.flex-*-row-reverse	根据不同的屏幕设备在水平方向显示弹性子元素，且右对齐
	.flex-*-column	根据不同的屏幕设备在垂直方向显示弹性子元素
	.flex-*-column-reverse	根据不同的屏幕设备在垂直方向显示弹性子元素，且方向相反
内容对齐	.justify-content-*-start	根据不同屏幕设备在开始位置显示弹性子元素（左对齐）
	.justify-content-*-end	根据不同屏幕设备在尾部显示弹性子元素（右对齐）
	.justify-content-*-center	根据不同屏幕设备在 flex 容器中居中显示子元素
	.justify-content-*-between	根据不同屏幕设备使用 between 显示弹性子元素
	.justify-content-*-around	根据不同屏幕设备使用 around 显示弹性子元素
等宽	.flex-*-fill	根据不同的屏幕设备强制等宽
扩展	.flex-*-grow-0	不同的屏幕设备不设置扩展
	.flex-*-grow-1	不同的屏幕设备设置扩展
收缩	.flex-*-shrink-0	不同的屏幕设备不设置收缩
	.flex-*-shrink-1	不同的屏幕设备设置收缩
包裹	.flex-*-nowrap	不同的屏幕设备不设置包裹元素
	.flex-*-wrap	不同的屏幕设备设置包裹元素
	.flex-*-wrap-reverse	不同的屏幕设备反转包裹元素
内容排列	.align-content-*-start	根据不同屏幕设备在起始位置堆叠元素
	.align-content-*-end	根据不同屏幕设备在结束位置堆叠元素
	.align-content-*-center	根据不同屏幕设备在中间位置堆叠元素
	.align-content-*-around	根据不同屏幕设备，使用 around 堆叠元素
	.align-content-*-stretch	根据不同屏幕设备，通过伸展元素来堆叠

续表

作用	类	描述
元素对齐	.align-items-*-start	根据不同屏幕设备,让元素在头部显示在同一行
	.align-items-*-end	根据不同屏幕设备,让元素在尾部显示在同一行
	.align-items-*-center	根据不同屏幕设备,让元素在中间位置显示在同一行
	.align-items-*-baseline	根据不同屏幕设备,让元素在基线上显示在同一行
	.align-items-*-stretch	根据不同屏幕设备,让元素延展高度并显示在同一行
单独子元素的对齐方式	.align-self-*-start	根据不同屏幕设备,让单独子元素显示在头部
	.align-self-*-end	根据不同屏幕设备,让单独子元素显示在尾部
	.align-self-*-center	根据不同屏幕设备,让单独子元素显示在居中位置
	.align-self-*-baseline	根据不同屏幕设备,让单独子元素显示在基线位置
	.align-self-*-stretch	根据不同屏幕设备,延展一个单独子元素

14.2.4 网格系统

Bootstrap 4 提供了一套响应式、移动设备优先的流式网格系统,随着屏幕或视口(viewport)尺寸的增加,系统会自动分为最多12列,如图 14-7 所示。

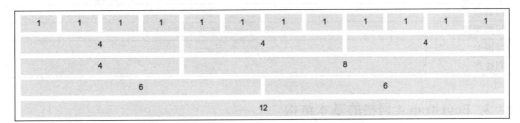

图 14-7 Bootstrap 4 网格系统分布示意图

提示:Bootstrap 4 的网格系统是响应式的,会根据屏幕大小自动重新排列。

1. 网格类

Bootstrap 4 网格系统有以下 5 个类。

(1).col- 所有设备。

(2).col-sm- 平板电脑:屏幕宽度等于或大于 576px。

(3).col-md- 桌面显示器:屏幕宽度等于或大于 768px。

(4).col-lg- 大桌面显示器:屏幕宽度等于或大于 992px。

(5).col-xl- 超大桌面显示器:屏幕宽度等于或大于 1200px。

2. 网格规则

Bootstrap 4 网格系统规则如下。

(1) 网格每一行需要放在设置了.container(固定宽度)或.container-fluid(全屏宽度)类的容器中,这样就可以自动设置一些外边距与内边距。

（2）使用行来创建水平的列组。

（3）内容需要放置在列中，并且只有列可以是行的直接子节点。

（4）预定义的类如.row和.col-sm-4可用于快速制作网格布局。

（5）列通过填充创建列内容之间的间隙。这个间隙是通过.rows类上的负边距设置第一行和最后一列的偏移。

（6）网格列通过跨越指定的12个列来创建。例如，设置三个相等的列，需要使用三个.col-sm-4来设置。

（7）Bootstrap 3和Bootstrap 4最大的区别在于Bootstrap 4使用flexbox（弹性盒子）而不是浮动。flexbox的一大优势是，没有指定宽度的网格列将自动设置为等宽与等高列。

表14-2总结了Bootstrap 4网格系统是如何在不同设备上工作的。

表14-2　Bootstrap 4 网格系统规则

项目	设备类型				
	超小设备 <576px	平板电脑 ≥576px	桌面显示器 ≥768px	大桌面显示器 ≥992px	超大桌面显示器 ≥1200px
容器最大宽度	None（auto）	540px	720px	960px	1140px
类前缀	.col-	.col-sm-	.col-md-	.col-lg-	.col-xl-
列数量和	12				
间隙宽度	30px（一个列的每边分别为15px）				
可嵌套	Yes				
列排序	Yes				

3. Bootstrap 4 网格的基本结构

为了解Bootstrap 4网格的基本结构，以下列举两个例子。

HTML代码如下。

```
<!-- 第一个例子:控制列的宽度及在不同的设备上如何显示 -->
< div class="row">
    < div class="col-*-*"></div>
</div>
< div class="row">
    < div class="col-*-*"></div>
    < div class="col-*-*"></div>
    < div class="col-*-*"></div>
</div>

<!-- 第二个例子:让Bootstrap自动处理布局 -->
< div class="row">
    < div class="col"></div>
    < div class="col"></div>
    < div class="col"></div>
</div>
```

第一个例子中,先创建一行(<div class="row">),然后添加需要的列(.col-*-*类中设置)。第一个星号(*)表示响应的设备:sm、md、lg 或 xl,第二个星号(*)表示一个数字,同一行的数字相加为 12。

第二个例子中,不在每个 col 上添加数字,让 Bootstrap 4 自动处理布局。同一行的每个列宽度相等:2 个"col",每个为 50％的宽度;3 个"col",每个为 33.33％的宽度,4 个"col",每个就为 25％的宽度,以此类推。同样,可以使用.col-sm|md|lg|xl 来设置列的响应规则。

14.2.5 导航栏/Tabs

1. 导航栏

导航栏是一个将商标、导航以及别的元素简单放置到一个简洁导航页头的容器代码组合,它很容易扩展,而且在折叠板插件的帮助下,可以轻松与其他内容整合。运行导航栏之前要知道以下几点。

(1)导航栏需要使用.navbar 来定义,必要时用.navbar-expand{-sm|-md|-lg|-xl}作为响应式布局以及使用配色方案 class。

(2)导航栏默认内容是流式的,使用 containers 来限制它们的水平宽度。

(3)使用我们提供的间隙间距和 flex 布局 classes 来定义导航栏中元素的间距和对齐。

(4)导航栏默认支持响应式,在修改上也很容易,可以使用提供的 JavaScript 插件来定义。

(5)打印时,导航栏默认隐藏。如果需要打印显示,可以加入.d-print 样式到.navbar中,参考 display 块元素,通常用 class 定义。

(6)使用<nav>导航通用元素来确保可访问性(易用性),或者使用更通用的元素,例如<div>添加一个 role="navigation",可以为使用者的辅助浏览提供明确标识。

导航栏内置支持少量子组件。下面介绍几种常用的组件。

(1).navbar-brand:公司名称、产品名或项目名称。

(2).navbar-nav:提供完整的高性能和轻便的导航(包括对下拉菜单的支持)。

(3).navbar-toggler:用于折叠插件和其他 navigation toggling 行为。

(4).form-inline:用于任何表单控件和操作。

(5).navbar-text:用于添加垂直居中的文本字符串。

(6).collapse.navbar-collapse:用于通过父断点进行分组和隐藏导航列内容。

以下是一个自动在 lg(大)断点处的自动响应轻型导航栏中并包含以上介绍的所有子组件的示例。

HTML 代码如下。

```html
<nav class="navbar navbar-expand-lg navbar-light bg-light">
    <a class="navbar-brand" href="#">Navbar</a>
    <button class="navbar-toggler" type="button" data-toggle="collapse"
        data-target="#navbarSupportedContent"
        aria-controls="navbarSupportedContent" aria-expanded="false"
        aria-label="Toggle navigation">
        <span class="navbar-toggler-icon"></span>
    </button>

    <div class="collapse navbar-collapse" id="navbarSupportedContent">
        <ul class="navbar-nav mr-auto">
            <li class="nav-item active">
                <a class="nav-link" href="#">Home
                    <span class="sr-only">(current)</span>
                </a>
            </li>
            <li class="nav-item">
                <a class="nav-link" href="#">Link</a>
            </li>
            <li class="nav-item dropdown">
                <a class="nav-link dropdown-toggle" href="#"
                    id="navbarDropdown" role="button"
                    data-toggle="dropdown"
                    aria-haspopup="true" aria-expanded="false">Dropdown
                </a>
                <div class="dropdown-menu" aria-labelledby="navbarDropdown">
                    <a class="dropdown-item" href="#">Action</a>
                    <a class="dropdown-item" href="#">Another action</a>
                    <div class="dropdown-divider"></div>
                    <a class="dropdown-item" href="#">Something else here</a>
                </div>
            </li>
            <li class="nav-item">
                <a class="nav-link disabled" href="#">Disabled</a>
            </li>
        </ul>
        <form class="form-inline my-2 my-lg-0">
            <input class="form-control mr-sm-2" type="search" placeholder="Search" aria-label="Search">
            <button class="btn btn-outline-success my-2 my-sm-0"
                type="submit">Search</button>
        </form>
    </div>
</nav>
```

图14-8所示为网页端导航栏展开下拉菜单的效果图,按F12键可以通过Chrome浏

览器的模拟仿真器来模拟移动端的预览效果,图 14-9 和图 14-10 所示为移动端导航栏未展开的效果图和移动端导航栏已展开的效果图。

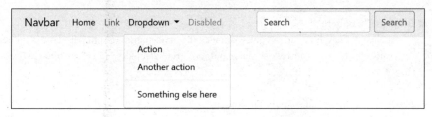

图 14-8 网页端导航栏展开下拉菜单的效果图

图 14-9 移动端导航栏未展开的效果图

图 14-10 移动端导航栏已展开的效果图

2. Tabs(滑动门)

Tabs 是指 Bootstrap 4 导航组件中提供的 Tabs 选项卡,当鼠标经过或点击切换的展示内容的一种效果,俗称滑动门,是 Bootstap 4 中常用的 Web 组件之一,主要适用场景是在有限的屏幕空间资源下,无限地展示更多、更丰富的内容。

提示:选项卡式界面不包含下拉菜单,因为这会导致可用性和可访问性问题。从可用性的角度来看,当前显示的选项卡的触发器元素不会立即可见(因为它在封闭的下拉菜单中),可能会导致混淆。从可访问性的角度来看,目前还没有明确的方式将这种结构映射到标准的 WAI-ARIA(无障碍开发)模式,这意味着它不能容易地被用户辅助技术所理解。

下面是一个滑动门(Tabs 带有胶囊式)的基础样式案例,展示效果如图 14-11 所示。

图 14-11 滑动门 Tabs 带有胶囊式的效果图

HTML 代码如下。

```
< ul class="nav nav-pills mb-3" id="pills-tab" role="tablist">
    < li class="nav-item">
        < a class="nav-link active" id="pills-home-tab" data-toggle="pill" href="# pills-home" role="tab" aria-controls="pills-home" aria-selected="true"> Home </a>
    </li>
    < li class="nav-item">
```

```
            <a class="nav-link" id="pills-profile-tab" data-toggle="pill" href="#pills-profile"
                role="tab" aria-controls="pills-profile" aria-selected="false">Profile</a>
        </li>
        <li class="nav-item">
            <a class="nav-link" id="pills-contact-tab" data-toggle="pill" href="#pills-contact"
                role="tab" aria-controls="pills-contact" aria-selected="false">Contact</a>
        </li>
    </ul>
    <div class="tab-content" id="pills-tabContent">
        <div class="tab-pane fade show active" id="pills-home" role="tabpanel" aria-labelledby=
            "pills-home-tab">Home Content</div>
        <div class="tab-pane fade" id="pills-profile" role="tabpanel" aria-labelledby="pills-
            profile-tab">Profile Content</div>
        <div class="tab-pane fade" id="pills-contact" role="tabpanel" aria-labelledby="pills-
            contact-tab">Contact Content</div>
    </div>
```

14.2.6 轮播

轮播效果是一个循环的幻灯片效果,使用 CSS 3D 变形转换和 JavaScript 构建内容循环播放,它适用于一系列图像、文本或自定义标记,还包括对上一个/下一个图片的浏览控制和指令支持等。以下实例创建了一个简单的图片轮播效果,展示效果如图 14-12 所示。

图 14-12 图片轮播的效果图

HTML 代码如下。

```
<div id="demo" class="carousel slide" data-ride="carousel">
    <!-- 指示符 -->
    <ul class="carousel-indicators">
        <li data-target="#demo" data-slide-to="0" class="active"></li>
        <li data-target="#demo" data-slide-to="1"></li>
        <li data-target="#demo" data-slide-to="2"></li>
```

```html
</ul>
<!-- 轮播图片 -->
<div class="carousel-inner">
    <div class="carousel-item active">
        <!-- 插入图片 -->
        <img src="https://static.runoob.com/images/mix/img_fjords_wide.jpg">
    </div>
    <div class="carousel-item">
        <!-- 插入图片 -->
        <img src="https://static.runoob.com/images/mix/img_nature_wide.jpg">
    </div>
    <div class="carousel-item">
        <!-- 插入图片 -->
        <img src="https://static.runoob.com/images/mix/img_mountains_wide.jpg">
    </div>
</div>

<!-- 左右切换按钮 -->
<a class="carousel-control-prev" href="#demo" data-slide="prev">
    <span class="carousel-control-prev-icon"></span>
</a>
<a class="carousel-control-next" href="#demo" data-slide="next">
    <span class="carousel-control-next-icon"></span>
</a>
</div>
```

14.3 任务实施

在学完了14.2节相关知识后,程旭元将带领大家一个模块一个模块地来实现"叮当网上书店"移动端首页的最终设计效果,包括顶部和底部导航模块、轮播模块、滑动门商品展示模块、底部版权模块。

工欲善其事必先利其器,首先,需要在index.html的\<head>\</head>中导入或引用Bootstrap 4的核心css文件、js文件,当然还有对视口(viewport)的配置,设置jQuery版本文件及当前页面的css文件等,最终HTML代码如下。

```html
<!DOCTYPE html>
<html>
    <head>
        <meta charset="utf-8">
        <!--Bootstrap 移动端开发的视窗要求-->
        <meta name="viewport" content="width=device-width, initial-scale=1, shrink-to-fit=no, viewport-fit=cover">
        <title>移动端叮当网上书店</title>
```

```html
<!--导入 Font Awesome 4 字体库-->
<link href="fonts/css/font-awesome.min.css" rel="stylesheet">
<!--Bootstrap 核心 css 文件-->
<link type="text/css" rel="stylesheet" href="bootstrap/css/bootstrap.css" />
<!-- 引入项目的 css 文件 -->
<link type="text/css" rel="stylesheet" href="css/style.css" />

<!--jQuery 文件库,务必在 bootstrap.min.js 之前引入-->
<script type="text/javascript" src="jquery/js/jquery3.2.1.min.js"></script>
<!-- Bootstrap.bundle.min.js 用于弹窗、提示、下拉菜单,包含了 popper.min.js -->
<script type="text/javascript" src="bootstrap/js/bootstrap.bundle.min.js"></script>
<!-- 最新的 Bootstrap 4 核心 JavaScript 文件 -->
<script type="text/javascript" src="bootstrap/js/bootstrap.min.js"></script>

<!--回顶部效果的 js 文件等其他基于 jQuery 效果的文件必须放在版本文件之后-->
<script type="text/javascript" src="jquery/js/jquery.scrollUp.min.js"></script>
</head>
<body class="bg">
    <!-- 主体内容 -->
</body>
</html>
```

1. 视口(viewport)

通俗地讲,移动设备上的 viewport 就是设备的屏幕上能用来显示网页的那一块区域,再具体一点,就是浏览器上用来显示网页的那部分区域,但 viewport 又不局限于浏览器可视区域的大小,它可能比浏览器的可视区域要大,也可能比浏览器的可视区域要小。viewport 属性如表 14-3 所示。

表 14-3 viewport 属性

属性	可用值
width	设置 layout viewport 的宽度,为一个正整数,或字符串"width-device"
initial-scale	设置页面的初始缩放值,为一个数字,可以带小数
minimum-scale	允许用户设置的最小缩放值,为一个数字,可以带小数
maximum-scale	允许用户设置的最大缩放值,为一个数字,可以带小数
height	设置 layout viewport 的高度,这个属性并不重要,很少使用
user-scalable	是否允许用户进行缩放,值为 no 或 yes,no 代表不允许,yes 代表允许

2. Font Awesome 字体库

Font Awesome 是一整套 Web 开发图标字体解决方案的提供者。读者可以通过访问它的中文官网(http://www.fontawesome.com.cn/)来下载矢量图标、字体库文件,并引用到项目中即可。

3. jQuery 框架库

jQuery 于 2006 年 1 月由蔡晶理 Resig 发布，是一个快速、简洁的 JavaScript 框架，是继 Prototype 之后又一个优秀的 JavaScript 代码库（框架）。jQuery 设计的宗旨是"write less, do more"，即倡导写更少的代码，做更多的事情。它封装 JavaScript 常用的功能代码，提供一种简便的 JavaScript 设计模式，优化 HTML 文档操作、事件处理、动画设计和 AJAX 交互。

关于 jQuery 框架库的下载和使用，读者可以先行参考任务 19 来完成，本任务就不再赘述。

14.3.1　首页导航模块

导航模块由两部分组成，分别为顶部导航栏和底部按钮组导航。

顶部导航栏是一款 Web App 的重要模块，是 Web App 页面流转的切入口。本项目设计的顶部导航栏主要包括地址定位图标、搜索框和折叠导航按钮。其中，搜索框的效果读者可以参考任务 17 的 Bootstrap 4 输入组（input group）组件中的相应效果来实现。

整个导航菜单设计效果依据就是在 Bootstrap 4 提供的导航条（Navbar）组件中"Color schemes"的效果上进行了调整和设计。折叠导航按钮展开后，包括了项目各个页面菜单栏，每个菜单栏分别由 icon 图标、菜单名及链接目标组成。最终完整的顶部导航栏效果如图 14-13 和图 14-14 所示。

图 14-13　首页顶部导航栏未展开效果图　　图 14-14　首页顶部导航栏已展开效果图

顶部导航的 HTML 代码如下。

```
<!--顶部导航栏-->
< nav class="navbar sticky-top navbar-expand-lg navbar-dark bg-orange">
    < a class="navbar-brand" href="index.html">
        < i class="fa fa-map-marker" aria-hidden="true"></i>
    </a>

    <!-- 搜索框 -->
    < form class="form-inline">
        < div class="input-group flex-nowrap">
```

```html
            <div class="input-group-prepend">
                <span class="input-group-text" id="addon-wrapping">
                    <i class="fa fa-search" aria-hidden="true"></i>
                </span>
            </div>
            <input class="form-control" type="search" placeholder="例如:手机/计算机等"
                aria-label="Search">
        </div>
    </form>

    <!-- 导航按钮 -->
    <button class="navbar-toggler" type="button" data-toggle="collapse"
        data-target="#navbarSupportedContent" aria-controls="navbarSupportedContent"
        aria-expanded="false" aria-label="Toggle navigation">
        <span class="navbar-toggler-icon"></span>
    </button>

    <!-- 导航栏下拉菜单 -->
    <div class="collapse navbar-collapse" id="navbarSupportedContent">
        <ul class="navbar-nav mr-auto">
            <li class="nav-item active">
                <a class="nav-link" href="index.html">
                    <i class="fa fa-home fa-fw" aria-hidden="true"></i>
                    首页
                </a>
            </li>
            <li class="nav-item">
                <a class="nav-link" href="category.html">
                    <i class="fa fa-tasks fa-fw" aria-hidden="true"></i>
                    分类
                </a>
            </li>
            <li class="nav-item">
                <a class="nav-link" href="shopping.html">
                    <i class="fa fa-shopping-cart fa-fw" aria-hidden="true"></i>
                    购物车</a>
            </li>
            <li class="nav-item">
                <a class="nav-link" href="me.html">
                    <i class="fa fa-user-circle fa-fw" aria-hidden="true"></i>
                    我的
                </a>
            </li>
            <li class="nav-item">
                <a class="nav-link" href="#">
                    <i class="fa fa-question-circle fa-fw" aria-hidden="true"></i>
                    帮助
                </a>
```

```
            </li>
        </ul>
    </div>
</nav>
```

为了确保项目总体配色方案一致,在顶部导航栏效果初步呈现后,需要对导航栏的相关 CSS 样式进行重构或者新建,以达到项目设计的最终效果。本项目案例中,后续其他 CSS 的重构和新建,都是为了达到这一设计要求。以下 CSS 代码设置顶部导航栏、搜索框的橙色背景效果,使得首页顶部导航栏的配色方案整体一致。

CSS 代码如下。

```
/* 新增 bg 样式,设置整个页面的背景颜色 */
.bg {
    background: #f2f2f2;
}

/* 新增 bg-orange 样式,重点导入 */
.bg-orange {
    background-color: #ff6600 !important;
}
/* 重构 form-inline 样式,增加 width 属性,防止3.5寸屏下布局错位 */
.form-inline {
    width: 70%;
}

/* 新增 addon-wrapping 样式,提高优先级 */
#addon-wrapping {
    background-color: #f2f2f2;
    color: #f60;
}
/* 新增 .nav-item .nav-link i 样式,设置图标和菜单文字间隙 */
.nav-item .nav-link i{
    padding-right: 1.5rem;
}
```

底部按钮组导航和顶部导航栏的设计原理大同小异,也是主要参照 Bootstrap 4 提供的导航条(Navbar)效果。不同点主要在 .fixed-top 和 .fixed-bottom 两个样式的运用。显而易见,.fixed-top 是指将导航栏固定在顶端,能够使模块固定在顶端不动;而 .fixed-bottom 就是指将导航栏固定在底部,能够使模块固定在底部不动。

参照众多电商类 Web App 的移动端底部按钮组导航,再按照本项目的需求分析,底部按钮组导航也分"首页""分类""更多""购物车"和"我的"5 个链接。底部按钮组导航效果如图 14-15 所示。

图 14-15 首页底部按钮组导航效果图

HTML 代码如下。

```html
<!-- 底部按钮组导航-->
<div class="container">
    <div class="nav1">
        <nav class="navbar2 fixed-bottom navbar-light bg-light">
            <div class="d-flex justify-content-between">
                <a class="navbar-brand-new" href="index.html">
                    <i class="fa fa-home fa-fw active"></i>
                    <p class="base active">首页</p>
                </a>
                <a class="navbar-brand-new" href="category.html">
                    <i class="fa fa-book fa-fw"></i>
                    <p class="base">分类</p>
                </a>
                <a class="navbar-brand-new" href="products.html">
                    <i class="fa fa-plus"></i>
                    <p class="base">更多</p>
                </a>
                <a class="navbar-brand-new" href="shopping.html">
                    <i class="fa fa-shopping-cart"></i>
                    <p class="base">购物车</p>
                </a>
                <a class="navbar-brand-new" href="me.html">
                    <i class="fa fa-user-o"></i>
                    <p class="base">我的</p>
                </a>
            </div>
        </nav>
    </div>
</div>
```

CSS 代码如下。

```css
/* 新增 nav1 样式,区别 Bootstrap 4 自带的 nav 样式 */
.nav1 {
    box-sizing: border-box;
    display: -webkit-box;
    display: -webkit-flex;
    display: flex;
    position: fixed;
    left: 0;
    bottom: 0;
    width: 100%;
    z-index: 1001;
    background-color: #ffffff;
    border-top: 1px solid #e7e7e7;
    border-bottom: 1px solid #f8f8f8;
    -webkit-box-pack: justify;
```

```css
    -webkit-justify-content: space-between;
    justify-content: space-between;
    -webkit-box-align: center;
    -webkit-align-items: center;
    /* Safari 11 新增属性, Webkit 的 css() 方法用于设定安全区域与边界的距离, 而 env() 和
       constant() 方法有个必要的使用前提, 即 HTML 5 网页设置 viewport-fit=cover 时才生
       效 */
    align-items: center;
    padding: 0 20px;
    padding-top: 2px;
    padding-bottom: constant(safe-area-inset-bottom);
    padding-bottom: env(safe-area-inset-bottom);
}

/* 设置底部按钮组导航的高度 */
.navbar2 {
    height: 55px;
}

/* 新增 navbar-brand-new 样式, 设置底部按钮组导航的样式效果; 5 个按钮, 每个按钮宽度 20%;
   每个按钮里面分两行, 设置行高为高度一半左右 */
.navbar-brand-new {
    display: block;
    width: 20%;
    height: 55px;
    line-height: 27px;
    text-align: center;
    box-sizing: border-box; /* CSS 3 样式, 元素的总高度和宽度包含内边距和边框 */
    margin: 0;
    padding: 0;
    color: #333;
}

/* 嵌套声明的方法设置按钮组导航的当前菜单效果, 与配色方案一致 */
.nav1 nav div a .active{
    color: #f60;
    font-weight: 700;
}

/* 设置 p 容器的效果 */
.base {
    color: #707070;
    font-family: "微软雅黑";
    font-size: 12px;
    font-weight: 200;
    text-align: center;
    margin-bottom: 0;
}
```

14.3.2 首页轮播模块

按照"叮当网上书店"移动端首页最终设计效果,首页中包含了两种轮播效果:一是由广告多图自动轮播的轮播效果;二是由用户交互实现的手动快捷图标轮播的轮播效果。

多图自动切换式轮播,一般在顶部显眼位置,吸引用户视线,增加用户视觉冲击感。本项目中的多图自动切换式轮播的设计原则就来源于 Bootstrap 4 提供的轮播(carousel)组件。最终效果如图 14-16 所示。

图 14-16 首页多图自动切换式轮播效果图

HTML 代码如下。

```html
<!--自动切换式轮播-->
<div class="container">
    <div class="row">
        <div id="demo" class="carousel slide" data-ride="carousel">

            <!-- 指示符 -->
            <ul class="carousel-indicators">
                <li data-target="#demo" data-slide-to="0" class="active">1</li>
                <li data-target="#demo" data-slide-to="1">2</li>
                <li data-target="#demo" data-slide-to="2">3</li>
                <li data-target="#demo" data-slide-to="3">4</li>
            </ul>

            <!-- 轮播图片 -->
            <div class="carousel-inner textalign-center">
                <div class="carousel-item active">
                    <img src="./images/carousel/1.jpg" class="img-fluid">
                </div>
                <div class="carousel-item">
                    <img src="./images/carousel/2.jpg" class="img-fluid">
                </div>
                <div class="carousel-item">
                    <img src="./images/carousel/3.jpg" class="img-fluid">
```

```
            </div>
            <div class="carousel-item">
                <img src="./images/carousel/4.jpg" class="img-fluid">
            </div>
        </div>

        <!-- 左右切换按钮 -->
        <a class="carousel-control-prev" href="#demo" data-slide="prev">
            <span class="carousel-control-prev-icon"></span>
        </a>
        <a class="carousel-control-next" href="#demo" data-slide="next">
            <span class="carousel-control-next-icon"></span>
        </a>
    </div>
  </div>
</div>
```

一般情况下,在移动端的多图自动切换式轮播效果中,采用的图片素材的尺寸往往会大于手机屏幕或视口的尺寸,开发中为了能够让轮播的图片自适应其父容器大小,则需要给每个轮播的图片加上 Bootstrap 4 自带的.img-fluid 样式。

交互式快捷图标轮播的设计原理与多图自动式轮播的设计原理相同,通过对 CSS 样式的修改和设置,达到不同的效果:一是没有左右两侧切换按钮图标;二是自动切换变成手动切换;三是底部指示符形状和位置发生变化,最终效果如图 14-17 所示。

图 14-17　首页交互式快捷图标轮播效果图

HTML 代码如下。

```
<!--手动切换式轮播-->
<div class="container">
    <div class="row">
        <div class="mt-3">
            <div id="navdemo" class="carousel slide overflow-hidden" data-ride="carousel"
                data-interval="0">
```

```html
<!-- 指示符,本例中指示符数字去掉,不然PC端会显示数字的 -->
<ul class="carousel-indicators circle-carousel">
    <li data-target="#navdemo" data-slide-to="0" class="active"></li>
    <li data-target="#navdemo" data-slide-to="1"></li>
</ul>

<!-- 图片导航轮播 -->
<div class="carousel-inner">
    <div class="carousel-item active">
        <div class="d-flex justify-content-between flex-wrap quicknav">
            <div class="col-3 col-sm-2 col-md-1">
                <img src="./images/quicknav/1.png" class="img-fluid">
                <p>电子类</p>
            </div>
            <div class="col-3 col-sm-2 col-md-1">
                ...
            </div>
            ...
            <!-- 以此类推,一共做12组,可实现3行4列的排列形式 -->
        </div>
    </div>
    <div class="carousel-item">
        <div class="d-flex justify-content-between flex-wrap quicknav">
            <div class="col-3 col-sm-2 col-md-1">
                <img src="./images/quicknav/9.png" class="img-fluid">
                <p>计算机</p>
            </div>
            <div class="col-3 col-sm-2 col-md-1">
                ...
            </div>
            ...
            <!-- 以此类推,一共做12组,可实现3行4列的排列形式 -->
        </div>
    </div>
</div>
</div>
</div>
</div>
```

通过上下两个轮播效果的 HTML 代码对比,不难发现,可以通过设置 data-interval 属性的值为零来达到手动轮播效果。

如果要去掉轮播效果中左右两侧的切换图标,只要删除轮播代码中下方的两个 a 容器 HTML 代码即可。

CSS 代码如下。

```css
/* 新增 circle-carousel 下的 li 容器样式,实现红色圆形指示符 */
.circle-carousel li {
    width: 8px;
    height: 8px;
    border-radius: 100%;  /* CSS 3 实现圆形效果 */
    background-color: #f00 !important;
    margin-bottom: -1.2rem;
    text-align: center;
}
/* 轮播快捷图标区 icon 下文字效果 */
.quicknav p {
    text-align: center;
    font-size: 0.88em;
}
```

14.3.3 首页 Tabs 商品展示模块

该商品展示模块按照项目设计需求,需要完成多版面的图书商品展示,因此在设计之初,就选定了 Bootstrap 4 提供的导航(nav)组件中的 Tabs 选项卡来实现,主要实现主编推荐、本月最新和媒体热点三个选项卡的图书商品展示。

商品展示区选项卡框架如图 14-18 所示。

图 14-18 商品展示区选项卡框架效果图

HTML 代码如下。

```html
<!--商品主展示区选项卡框架-->
<div class="container">
    <div class="row">
        <div class="mt-3 pl-3 pr-3">
            <ul class="nav nav-pills mb-3" id="pills-tab" role="tablist">
                <li class="nav-item nav-item-products" role="presentation">
                    <a class="nav-link nav-link-orange active" id="pills-home-tab" data-toggle="pill"
                        href="#pills-home" role="tab" aria-controls="pills-home" aria-selected="true">主编推荐</a>
                </li>
                <li class="nav-item nav-item-products" role="presentation">
                    <a class="nav-link nav-link-orange" id="pills-profile-tab" data-toggle="pill"
                        href="#pills-profile" role="tab" aria-controls="pills-profile"
                        aria-selected="false">本月最新</a>
                </li>
                <li class="nav-item nav-item-products" role="presentation">
                    <a class="nav-link nav-link-orange" id="pills-contact-tab" data-toggle="pill"
                        href="#pills-contact" role="tab" aria-controls="pills-contact"
```

```html
                              aria-selected="false">媒体热点</a>
                       </li>
                  </ul>
                  <div class="tab-content" id="pills-tabContent">
                       <div class="tab-pane fade show active" id="pills-home" role="tabpanel"
                            aria-labelledby="pills-home-tab">…
                       </div>
                       <div class="tab-pane fade" id="pills-profile" role="tabpanel"
                            aria-labelledby="pills-profile-tab">…
                       </div>
                       <div class="tab-pane fade" id="pills-contact" role="tabpanel"
                            aria-labelledby="pills-contact-tab">…
                       </div>
                  </div>
             </div>
        </div>
</div>
```

CSS 代码如下。

```css
/* 新增当前滑动门的 active 样式,把原来蓝白配色改成橙白配色,使符合设计需求 */
.nav-pills .nav-link-orange.active {
    color: #fff !important;
    background-color: #ff6600 !important;
}
/* 新增 nav-item-products 的 a 容器样式,使符合橙白配色方案需求 */
.nav-item-products a {
    color: #ff6600 !important;
    background: transparent;
}
```

默认主编推荐为主选项卡,商品展示的方式也采用大多数商业 App 的展现模式,即一行显示两个商品的模式;而每个商品展现模块又分为三层,从上至下分别由商品图片、商品名称和商品价格等辅助属性组成。

首页 Tabs 商品展示的最终效果如图 14-19 所示。

商品展示区选项卡框架下"主编推荐"的 HTML 代码如下。

```html
<div class="tab-content" id="pills-tabContent">
     <!-- "主编推荐"商品展示区 -->
     <div class="tab-pane fade show active" id="pills-home" role="tabpanel"
          aria-labelledby="pills-home-tab">
          <div class="d-flex flex-wrap justify-content-between">
               <div class="products-panel pr-2 textalign-center">
                    <a href="products.html">
                         <img src="images/products/1.jpg" class="img-fluid products-img">
                         <div class="textalign-left">
                              <img src="images/book.png" class="products-title-img">
```

图 14-19　首页 Tabs 商品展示选项卡效果图

```
                    故宫六百年
                </div>
            </a>
            <div class="d-flex justify-content-between">
                <div class="price">￥79</div>
                <div class="see"><a href="#">看相识</a></div>
            </div>
        </div>
        <div class="products-panel pl-2 textalign-center">
            ...
        </div>


        ...
        <!-- 以此类推，一共做6组，可实现3行2列的排列形式 -->

    </div>
```

```html
        </div>
        <!-- "本月最新"商品展示区 -->
        <div class="tab-pane fade" id="pills-profile" role="tabpanel"
            aria-labelledby="pills-profile-tab">
            ...
            <!-- 参考"主编推荐" -->
        </div>
        <!-- "媒体热点"商品展示区 -->
        <div class="tab-pane fade" id="pills-contact" role="tabpanel"
            aria-labelledby="pills-contact-tab">
            ...
            <!-- 参考"主编推荐" -->
        </div>
</div>
```

CSS 代码如下。

```css
/* 新增商品展示模块 products-panel 样式 */
.products-panel {
    background-color: #f2f2f2;
    border-radius: 5px;
    margin-bottom: 1rem;
    width: 50%;
    box-sizing: border-box;
    -moz-box-sizing: border-box;
    /* Firefox 浏览器兼容性 Hack */
    -webkit-box-sizing: border-box;
    /* Safari 浏览器兼容性 Hack */
}
/* 定义商品超链接的超链接样式 */
.products-panel a{
    color: #000;
}
.products-panel a:active,.products-panel a:visited{
    text-decoration: none;
}
/* 定义每个图书商品展示位图片下方的 div 容器样式 */
.products-panel div {
    background-color: #fff;
    height: 2rem;
    line-height: 2rem;
}
/* 新增 products-img 样式,设置商品图片圆角效果 */
```

```css
.products-img {
    border-radius: 5px 5px 0 0;
}

/* 新增 textalign-left 样式,设置商品名默认左对齐 */
.textalign-left {
    text-align: left;
}

/* 新增 products-title-img 样式,完善商品名和小图标的排列对齐 */
.products-title-img {
    width: 1.1em;
    height: 1.1em;
    margin: -4px 2px 0 2px;
}

/* 新增 products-price-img 样式,设置商品价格后的小图标效果 */
.products-price-img {
    width: 1.1em;
    height: 1.1em;
    margin: -4px 0 0 2px;
}

/* 新增 see 样式,实现"看相似"区域设计效果 */
.see {
    font-size: 0.8rem;
    background-color: #f2f2f2 !important;
    padding: 0 5px;
    border-radius: 10px;
    margin-right: 5px;
    height: 1.6rem !important;
    line-height: 1.6rem !important;
}

/* "看相似"区域字体颜色设置 */
.see a {
    color: #666 !important;
}

/* 新增 price 样式,设置商品价格突出显示的效果 */
.price {
    color: #FF0000 !important;
    font-size: 1.16rem;
    font-weight: 600;
}
```

在本任务实施过程中,需要提醒读者注意本模块的 HTML 结构部分。因为虽然 Bootstrap 4 提供了该部分的 Tabs 效果的 HTML 结构,但是,该模块在设计时,需要每行商品展示分左右两个部分,而两个商品之间和每个商品与左右屏幕的间隙是一样大的,所以,要求开发者在制作时真正理解 Bootstrap 4 自带的很多样式类效果方能得心应手,比如,.container\.row\.pl-*\.pr-*等;另外,在选择布局时,也要彻底分清到底是使用网格布局还是弹性盒布局,这些都需要有一定的经验积累或者不断地探索才能理解的。

14.3.4　首页底部版权模块

底部版权模块主要分上下两块,上面是一些快速通道的入口,下面是项目相关的一些版权或备案信息等。实际效果读者可以按自身需求追加或完善。底部版权模块的最终效果如图 14-20 所示。

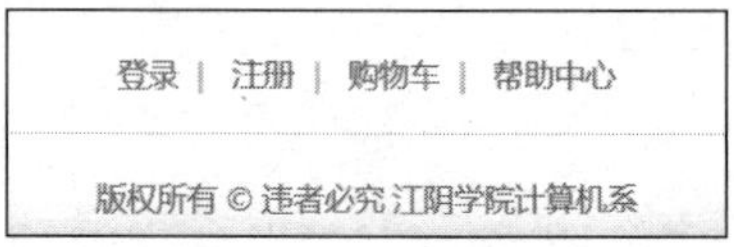

图 14-20　首页底部版权模块的最终效果

HTML 代码如下。

```
<!--footer 底部版权部分-->
<div class="container footer">
    <div class="row">
        <div class="footer-nav ml-auto mr-auto">
            <a href="#">登录</a>|
            <a href="#">注册</a>|
            <a href="shopping.html">购物车</a>|
            <a href="#">帮助中心</a>
        </div>
        <div class="footer-copy mb-3 ml-auto mr-auto">
            版权所有 &copy; 违者必究 江阴学院计算机系
        </div>
    </div>
</div>
```

CSS 代码如下。

```
/* 新增底部版权模块的所有样式,实现项目设计效果 */
.footer {
    padding-bottom: 15px !important;
    margin-bottom: 10px !important;
}

.footer-nav {
    border-top: 1px solid #ddd;
    border-bottom: 1px solid #ddd;
    background-color: #fff;
    width: 100%;
```

```css
        height: 4rem;
        line-height: 4rem;
        color: #d2d2d2 !important;
        text-align: center;
}

.footer-nav a {
        color: #999 !important;
        margin: 0 0.625rem;
}

.footer-copy {
        color: #999;
        width: 100%;
        height: 4rem;
        line-height: 4rem;
        text-align: center;
        background: -webkit-linear-gradient(top, rgba(255, 255, 255, 1)0%, rgba(255, 255, 255, 0.8)60%, rgba(242, 242, 242, 0)98%);
        /* Safari、Chrome */
        background: -o-linear-gradient(bottom, rgba(255, 255, 255, 1)0%, rgba(255, 255, 255, 0.8)60%, rgba(242, 242, 242, 0)98%);
        /* Opera */
        background: -moz-linear-gradient(bottom, rgba(255, 255, 255, 1)0%, rgba(255, 255, 255, 0.8)60%, rgba(242, 242, 242, 0)98%);
        /* Firefox */
        background: linear-gradient(to bottom, rgba(255, 255, 255, 1)0%, rgba(255, 255, 255, 0.8)60%, rgba(242, 242, 242, 0)98%);
        /* 标准的语法(必须放在最后), linear-gradient 方法用于 CSS 3 实现背景渐变色效果 */
}
```

至此,"叮当网上书店"移动端首页的设计与制作已接近尾声,本任务主要由程旭元带领大家实现了顶部和底部的导航栏及按钮组导航、多图自动切换和手动切换轮播、Tabs 选项卡式商品展示以及底部版权效果等。请读者再接再厉,争取早日在速度和质量上都能赶超程旭元。

14.4 任务拓展

对照 14.1 节描述的"叮当网上书店"移动端首页的设计与制作的最终效果图,本任务还有部分模块需要大家去完善。

14.4.1 自适应广告位

首页自适应广告位效果图如图 14-21 所示。

图 14-21　首页自适应广告位效果图

14.4.2　点击 Top 10 排行榜商品展示模块

首页点击 Top 10 排行榜商品展示效果图如图 14-22 所示。

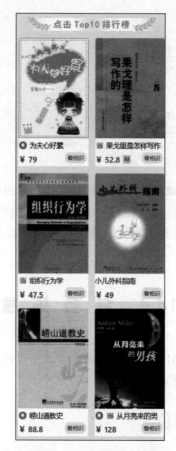

图 14-22　首页点击 Top 10 排行榜商品展示效果图

14.5 职业素养

在本任务的实施过程中,好几个模块都采用了相同的技术方案。虽然这些技术方案相同,但是在它们的实施过程中,又有很多细节不尽相同。比如,顶部导航栏和底部按钮组导航栏,技术框架类似,但细节参数、布局结构却又不相同;又如,商品轮播效果与快捷图标轮播效果,技术框架类似,但轮播中的左右切换图标、切换方式(自动或手动)、切换指示图标和位置等细节参数、布局结构又不相同;又如,商品展示模块效果,既可以采用 Bootstrap 4 的栅格布局来实现,也可以采用 Flex 弹性盒来实现,但在实施后,就会发现两种实施效果在间隙这个细节上是有差别的,那就要开发工程师针对设计效果图,对比两种开发方案后做出正确的选择;等等。

另外,在本任务的设计效果完成以后,开发工程师一定要留出足够的时间来对整个页面进行 360°无死角的测试,包括移动终端设备差别、浏览器差别、功能模块等方面。最后,开发工程师还需要在项目开发周期内,站在用户的角度,考虑充足、必要的人性化交互效果的设计,比如本任务的返回顶端就是一个人性化交互设计效果。

通过本任务的设计与实施,主要培养学生以下方面的职业素养。

(1) 能够认识到细节决定成败,具有精益求精意识。

(2) 具有品质至上、人性化设计是网络产品生命线这样根深蒂固的产品意识。

14.6 任务小结

通过本任务的学习和实现,程旭元已经理解和掌握了 Bootstrap 4 框架、Flex 弹性盒布局、网格布局系统、导航、导航栏、Tabs 选项卡等知识和技能,并完成了"叮当网上书店"移动端首页的设计与制作。

当然,除了首页外,在其他页面的制作过程中也会用到以上部分的相关知识,还需要大家不断去学习、探索和理解。

14.7 能力评估

1. 如何运用 Bootstrap 框架?
2. Flex 弹性盒布局指的是什么?重点有哪些样式类?
3. 网格系统的基本结构是什么?
4. 如何制作导航栏?
5. 如何实现轮播效果?
6. 如何运用 Tabs 选项卡?

任务 15 "叮当网上书店"移动端分类页设计与制作

通过对任务 14 的学习和实施,完成了"叮当网上书店"移动端首页的设计与制作,对整个 HTML 5 的响应式文档结构、Bootstrap 4 的安装配置、栅格布局、Flex 弹性盒布局、图像、导航、导航条、轮播、表单、Tabs 选项卡等有了一定的理解和掌握。

本任务的主要工作是设计和制作"叮当网上书店"移动端的分类页。其中,又会使用到很多 Bootstrap 4、HTML 5、CSS 3 等相关新知识和新技能。那就让我们跟随程旭元一起来学习吧。

 学习目标

(1) 理解掌握垂直胶囊动态选项卡。
(2) 理解掌握 Flex 弹性盒布局。
(3) 完成"叮当网上书店"移动端分类页的设计与制作。

15.1 任务描述

按照"叮当网上书店"移动端分类页的最终设计效果,如图 15-1 所示,分类页主要由

图 15-1 "叮当网上书店"移动端分类页效果图

上、中、下三部分组成。顶部导航栏和底部按钮组导航栏在任务14中程旭元已经带领大家实施完成了。本任务主要通过Bootstrap 4的垂直Tabs动态选项卡(胶囊式)来完成中间主体部分的设计与制作。

15.2 相关知识

nav标签是HTML 5版本中新增的语义标签,用来定义导航链接的部分,没有实际的显示效果,只是起到语义的作用。基础.nav组件使用flexbox构建,为构建所有类型的导航组件提供了坚实的基础。

如图15-2所示,垂直胶囊选项卡主要分为两部分:其一是左侧的按钮(可点击的)的切换卡部分;其二是右侧主内容显示区。

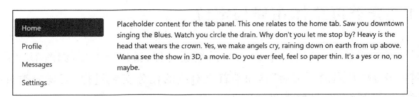

图15-2 垂直胶囊选项卡示意图

垂直胶囊选项卡的HTML结构代码如下。

```
< div class="row">
  < div class="col-3">
    <div class="nav flex-column nav-pills" id="v-pills-tab" role="tablist" aria-orientation="vertical">
      < a class="nav-link active" id="v-pills-home-tab" data-toggle="pill" href="# v-pills-home" role="tab" aria-controls="v-pills-home" aria-selected="true">Home</a>
      < a class="nav-link" id="v-pills-profile-tab" data-toggle="pill" href="# v-pills-profile" role="tab" aria-controls="v-pills-profile" aria-selected="false">Profile</a>
      < a class="nav-link" id="v-pills-messages-tab" data-toggle="pill" href="# v-pills-messages" role="tab" aria-controls="v-pills-messages" aria-selected="false">Messages</a>
      < a class="nav-link" id="v-pills-settings-tab" data-toggle="pill" href="# v-pills-settings" role="tab" aria-controls="v-pills-settings" aria-selected="false">Settings</a>
    </div>
  </div>
  < div class="col-9">
    < div class="tab-content" id="v-pills-tabContent">
      <div class="tab-pane fade show active" id="v-pills-home" role="tabpanel" aria-labelledby="v-pills-home-tab">...</div>
      <div class="tab-pane fade" id="v-pills-profile" role="tabpanel" aria-labelledby="v-pills-profile-tab">...</div>
      <div class="tab-pane fade" id="v-pills-messages" role="tabpanel" aria-labelledby="v-pills-messages-tab">...</div>
```

```
        <div class="tab-pane fade" id="v-pills-settings" role="tabpanel" aria-labelledby="v-
        pills-s ettings-tab">…</div>
      </div>
    </div>
  </div>
```

如果要将垂直胶囊选项卡变成水平胶囊选项卡,只需将垂直胶囊选项卡的 aria-orientation="vertical"属性移除即可。读者可以将任务 14 中的"主编推荐""本月最新"和"媒体热点"的图书展示模块进行类比,以尽快掌握本技能。

15.3　任务实施

15.3.1　分类页总体布局与定位

在程旭元的带领下,参照任务 13 首页的新建过程,新建分类页,如图 15-3 所示。

参照任务 14"叮当网上书店"移动端首页对应的任务实施过程,实现分类页的顶部导航栏和底部导航栏模块,最终效果如图 15-4 所示。

图 15-3　文档结构示意图

图 15-4　分类页顶部和底部效果图

HTML 代码如下。

```html
//顶部导航栏 HTML 代码
<nav class="navbar sticky-top navbar-expand-lg navbar-dark bg-orange">
    <a class="navbar-brand" href="index.html">
        <i class="fa fa-map-marker" aria-hidden="true"></i>
    </a>
    <form class="form-inline">
        <div class="input-group flex-nowrap">
            <div class="input-group-prepend">
                <span class="input-group-text" id="addon-wrapping">
                    <i class="fa fa-search" aria-hidden="true"></i>
                </span>
            </div>
            <input class="form-control" type="search" placeholder="例如:手机/计算机等" aria-label="Search">
        </div>
    </form>
    <button class="navbar-toggler" type="button" data-toggle="collapse"
      data-target="#navbarSupportedContent"
        aria-controls="navbarSupportedContent" aria-expanded="false"
        aria-label="Toggle navigation">
        <span class="navbar-toggler-icon"></span>
    </button>

    <div class="collapse navbar-collapse" id="navbarSupportedContent">
        <ul class="navbar-nav mr-auto">
            <li class="nav-item">
                <a class="nav-link" href="index.html">
                    <i class="fa fa-home fa-fw" aria-hidden="true"></i>
                    首页
                </a>
            </li>
            <li class="nav-item active">
                <a class="nav-link" href="category.html">
                    <i class="fa fa-tasks fa-fw" aria-hidden="true"></i>
                    分类
                </a>
            </li>
            <li class="nav-item">
                <a class="nav-link" href="shopping.html">
                    <i class="fa fa-shopping-cart fa-fw" aria-hidden="true"></i>
                    购物车
                </a>
            </li>
            <li class="nav-item">
                <a class="nav-link" href="me.html">
                    <i class="fa fa-user-circle fa-fw" aria-hidden="true"></i>
```

```html
                    我的
                </a>
            </li>
            <li class="nav-item">
                <a class="nav-link" href="#">
                    <i class="fa fa-question-circle fa-fw" aria-hidden="true"></i>
                    帮助
                </a>
            </li>
        </ul>
    </div>
</nav>

//底部导航栏 HTML 代码
<div class="container">
    <div class="nav1">
        <nav class="navbar2 fixed-bottom navbar-light bg-light">
            <div class="d-flex justify-content-between">
                <a class="navbar-brand-new" href="index.html">
                    <i class="fa fa-home fa-fw"></i>
                    <p class="base">首页</p>
                </a>
                <a class="navbar-brand-new" href="category.html">
                    <i class="fa fa-book fa-fw active"></i>
                    <p class="base active">分类</p>
                </a>
                <a class="navbar-brand-new" href="products.html">
                    <i class="fa fa-plus"></i>
                    <p class="base">更多</p>
                </a>
                <a class="navbar-brand-new" href="shopping.html">
                    <i class="fa fa-shopping-cart"></i>
                    <p class="base">购物车</p>
                </a>
                <a class="navbar-brand-new" href="me.html">
                    <i class="fa fa-user-o"></i>
                    <p class="base">我的</p>
                </a>
            </div>
        </nav>
    </div>
</div>
```

15.3.2 分类页选项卡切换效果

分类页采用 Tabs 的垂直胶囊式动态选项卡实现分类切换效果,最终设计效果如图 15-5 所示。

任务 15 "叮当网上书店"移动端分类页设计与制作

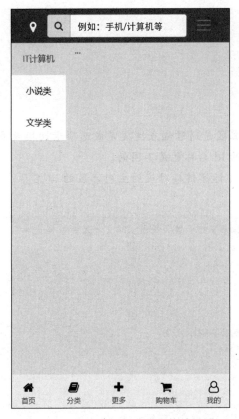

图 15-5 分类页左侧分类切换效果图

HTML 代码如下。

```html
< div style="overflow: hidden;">
  < div class="row p-0 m-0">
    < div class="col-3 bg-white p-0 m-0" id="pill-menus" style="overflow-y: auto;">
      <div class="nav flex-column nav-pills newnavpill" id="v-pills-tab" role="tablist" aria-orientation="vertical">
        < a class="nav-link active" data-toggle="pill" href="#v-pill-1" id="v-pill-1-tab">
          IT 计算机
        </a>
        < a class="nav-link" data-toggle="pill" href="#v-pill-2" id="v-pill-2-tab">小说类</a>
        < a class="nav-link" data-toggle="pill" href="#v-pill-3" id="v-pill-3-tab">文学类</a>
      </div>
    </div>
    < div class="col-9">
      < div class="tab-content" id="v-pills-tabContent">
        < div class="tab-pane fade show active" id="v-pill-1" role="tabpanel" aria-labelledby="v-pill-1-tab">…</div>
        < div class="tab-pane fade" id="v-pill-2" role="tabpanel" aria-labelledby="v-pill-2-tab">…</div>
        < div class="tab-pane fade" id="v-pill-3" role="tabpanel" aria-labelledby="v
```

```
            -pill-3-tab">...</div>
        </div>
      </div>
    </div>
</div>
```

提示：

(1) 切换卡和主内容区是通过锚点链接完成选项卡切换效果的。

(2) 不同主内容区的 id 名称也是不同的。

(3) 切换卡利用 href 标签链接对应的主内容区的 id 名称。

CSS 代码如下。

```
/* 重写 bootstrap 菜单标签处于激活及显示时文字及背景样式 */
.newnavpill .nav-link.active,.newnavpill .show>.nav-link {
    color: #FF6600;
    background-color: #f2f2f2 !important;
    border-radius: 0;
}
/* 重写 bootstrap 菜单标签间距 */
.newnavpill a {
    color: #555;
    text-align: center;
    font-size: 0.9rem;
    padding: 1rem 0 !important;
}
/* 重写 bootstrap 菜单标签处于激活及显示时主内容区的背景颜色 */
.bg {
    background: #f2f2f2;
}
```

胶囊选项卡的配色方案是为了更加符合项目总体设计的配色方案，而胶囊选项卡的垂直部分延展是为了更加符合页面的设计需求。因此，在此页面中添加了 JavaScript 语句。关于 JavaScript 的编写和应用，请读者参考任务 19 来实施，本任务不再赘述。

对比效果如图 15-6 和图 15-7 所示。

```
<script language="JavaScript">
    //页面加载以及大小变化时动态设置 div 高度
    window.onload=window.onresize=function(){
        document.getElementById("pill-menus").style.height=document.documentElement.clientHeight+'px';
        document.getElementById("v-pills-tabContent").style.height=document.documentElement.clientHeight-20+'px';
    }
</script>
```

图 15-6 未添加 JavaScript 效果　　　　图 15-7 已添加 JavaScript 效果

15.3.3 分类页选项卡主内容区

分类页选项卡的主内容区主要展示当前分类下面的二级子分类及该二级分类下部分图书。读者可以通过设计图不难发现,该模块的设计是相对一致的,都由上下两个部分组成,上方黑色加粗的是二级子目录;下方白色区域是图书排列展示。

该模块的设计重点,还是采用了 Flex 布局来实现,由此可见,Flex 布局在移动端页面的设计和制作中占据着重要的地位。本部分的最终设计效果如图 15-8 所示。

HTML 代码如下。

```
<div class="tabcontent-title">后端开发</div>
<div class="tabcontent-view d-flex flex-row flex-wrap justify-content-between">
    <div class="col-4 pl-1 pr-1 text-center">
        <a href="#">
            <img src="images/category/computer/1.jpg" class="img-fluid m-auto">
            <p>Java</p>
        </a>
    </div>
    <div class="col-4 pl-1 pr-1 text-center">
        <img src="images/category/computer/2.jpg" class="img-fluid">
        <p>Python</p>
    </div>
    <div class="col-4 pl-1 pr-1 text-center">
        <img src="images/category/computer/3.jpg" class="img-fluid">
```

图 15-8 分类页胶囊选项卡主体显示效果图

```
    <p>Php</p>
  </div>
  <div class="col-4 pl-1 pr-1 text-center">
    <img src="images/category/computer/4.jpg" class="img-fluid">
    <p>Mysql</p>
  </div>
</div>
```

CSS 代码如下。

```
/* 添加 bootstrap 菜单标签处于激活及显示时主内容区模块标题文字 */
.tabcontent-title {
    background-color: transparent !important;
    font-size: 0.9rem;
    font-weight: 600;
    color: #333;
    padding: 1rem 0 1rem 1rem;
}
/* 添加 bootstrap 菜单标签处于激活及显示时主内容区模块内容及背景颜色 */
.tabcontent-view {
    background-color: #fff !important;
    border-radius: 0.3rem;
    margin: 0 15px;
    padding: 10px 0 50px 0;
}
/* 添加 bootstrap 菜单标签处于激活及显示时主内容区模块内容文字 */
```

```
.tabcontent-view p {
    font-size: 0.7rem;
    text-align: center;
    color: #666;
    padding: 0.5rem 0;
    margin: 0;
}
```

15.4 任务拓展

在本任务中,程旭元带领大家从分类页的新建开始,接着完成上、下两个导航效果,再完成垂直胶囊选项卡的分类切换效果,最后实现了二级分类及图书商品的排列展示效果。举一反三,分类页的左侧一级分类可以有很多,右侧二级分类也可以排列很多,读者可以根据实际设计需求,自己动手,完成更多的效果。本任务没有完成的小说类和文学类,读者可以参考图15-9和图15-10的最终设计效果图,独立完成。

图15-9 分类页小说类展示效果图

图15-10 分类页文学类展示效果图

15.5　职业素养

分类展示页是所有电商平台都有的功能页面,功能强大且简单易用是本页面的设计初衷,一方面要展示所有商品,另一方面要能够让用户以最快的速度查到所需商品。为了体现以用户为中心、尊重用户使用习惯,我们将商品分类置于左侧,方便用户单手操作,点击分类名称,显示对应分类商品列表。

通过本任务的设计与实施,主要培养学生以下方面的职业素养。

(1) 掌握"以用户为中心"的设计原则,尊重用户使用习惯,以优秀的设计完成复杂功能。

(2) 具有整理、整顿、整洁的5S管理能力及习惯。

15.6　任务小结

通过本任务的学习和实现,读者应该基本掌握导航栏和选项卡结构,并能理解固定导航栏的概念,并熟练掌握使用动态选项卡和Flex布局的形式进行页面的整体布局。在完成布局后需要对网页进行兼容性测试,测试在不同浏览器下页面效果是否正常。对于初次学习的广大读者来说,还需要经过后期的大量的练习才能达到熟能生巧的程度。

15.7　能力评估

1. 什么是基本导航?它的作用是什么?
2. 基本导航如何转换成选项卡?有什么区别?
3. 如何将导航栏固定?
4. 折叠导航栏是如何实现的?

任务 16 "叮当网上书店"移动端详情页设计与制作

通过对任务 15 的实施,程旭元已经按照设计稿,完成了"叮当网上书店"移动端分类页的设计与制作。因此,从本任务开始,要按照设计稿完成移动端详情页的设计与制作,使用 CSS 样式表对页面的样式进行控制,实现最终效果。本任务移动端详情页的设计分 4 块,分别是商品、评论、详情和推荐 4 个模块的滚动监听效果以及 4 个模块具体内容的展示。接下来,开始"叮当网上书店"移动端详情页的设计与制作吧!

学习目标

(1) 理解掌握 Bootstrap 4 滚动监听。
(2) 掌握运用 Flex 弹性盒布局。
(3) 完成"叮当网上书店"移动端详情页的设计与制作。

图 16-1 "叮当网上书店"移动端详情页效果图

16.1 任务描述

"叮当网上书店"移动端详情页由上、中、下三个部分组成。上方为头部,主要模块有导航栏和滚动监听的滚动条;中间为主体,主要模块有商品、评价、详情和推荐 4 个导航目标;下方为底部,主要模块有底部版权和底部导航栏。

本任务主要采用 Bootstrap 4 提供的滚动监听(scrollspy)组件,实现商品、评论、详情和推荐 4 个模块的内容展示,完成"叮当网上书店"移动端详情页的设计与制作。本任务最终呈现效果如图 16-1 所示。

16.2 相关知识

滚动监听(scrollspy)组件,即自动更新导航组件,会根据滚动条的位置自动更新对应的导航目标。其基本的实现是随着鼠标滚动而滚动,每到一块对应区域内容,其上方对应的导航区状态也将更新。滚动监听中含有瞄点定位,即点击导航栏,定位到这个导航所对应的内容区域,这也是很多单页面常用的做法,是一种简单、无兼容问题、非常好的实现技巧。

滚动监听分为顶部导航区和导航目标区两部分,滚动监听效果如图 16-2 所示。

HTML 代码如下。

```html
< body data-spy="scroll" data-target=".navbar" data-offset="50">
  <!--滚动监听顶部导航区部分-->
  < nav class="navbar navbar-expand-sm bg-dark navbar-dark fixed-top">
    < ul class="navbar-nav">
      < li class="nav-item">
        < a class="nav-link" href="#section1"> Section 1 </a>
      </li>
      < li class="nav-item">
        < a class="nav-link" href="#section2"> Section 2 </a>
      </li>
      < li class="nav-item">
        < a class="nav-link" href="#section3"> Section 3 </a>
      </li>
      < li class="nav-item dropdown">
        < a class="nav-link dropdown-toggle" href="#" id="navbardrop" data-toggle=
          "dropdownn">
          Section 4
        </a>
        < div class="dropdown-menu">
          < a class="dropdown-item" href="#section41"> Link 1 </a>
```

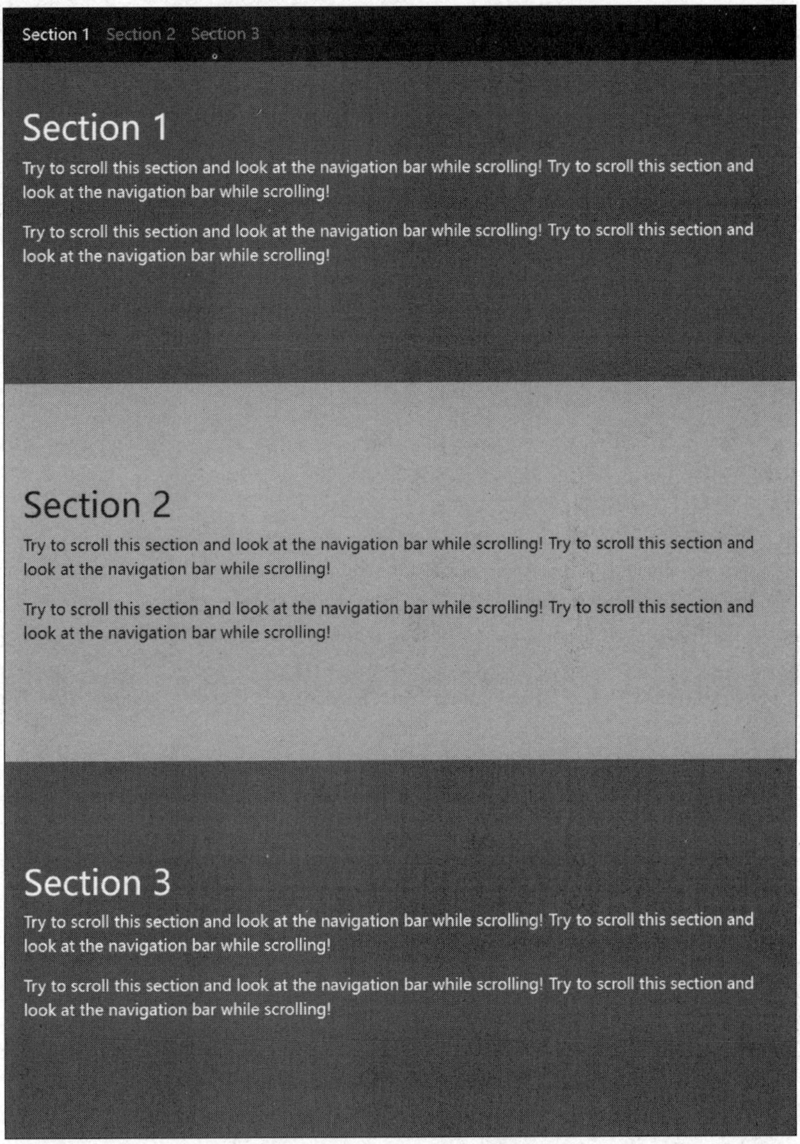

图 16-2 滚动监听效果图

```
            <a class="dropdown-item" href="#section42">Link 2</a>
          </div>
        </li>
      </ul>
    </nav>
<!--滚动监听内容区部分-->
<div id="section1" class="container-fluid bg-success" style="padding-top:70px; padding-bottom:70px">
    <h1>Section 1</h1>
```

```html
            <p>Try to scroll this section and look at the navigation bar while scrolling! Try to scroll this
                section and look at the navigation bar while scrolling!</p>
            <p>Try to scroll this section and look at the navigation bar while scrolling! Try to scroll this
                section and look at the navigation bar while scrolling!</p>
        </div>
        <div id="section2" class="container-fluid bg-warning" style="padding-top:70px;padding-bottom:70px">
            <h1>Section 2</h1>
            <p>Try to scroll this section and look at the navigation bar while scrolling! Try to scroll this
                section and look at the navigation bar while scrolling!</p>
            <p>Try to scroll this section and look at the navigation bar while scrolling! Try to scroll this
                section and look at the navigation bar while scrolling!</p>
        </div>
        <div id="section3" class="container-fluid bg-secondary" style="padding-top:70px;padding-bottom:70px">
            <h1>Section 3</h1>
            <p>Try to scroll this section and look at the navigation bar while scrolling! Try to scroll this
                section and look at the navigation bar while scrolling!</p>
            <p>Try to scroll this section and look at the navigation bar while scrolling! Try to scroll this
                section and look at the navigation bar while scrolling!</p>
        </div>
        <div id="section41" class="container-fluid bg-danger" style="padding-top:70px;padding-bottom:70px">
            <h1>Section 4 Submenu 1</h1>
            <p>Try to scroll this section and look at the navigation bar while scrolling! Try to scroll this
                section and look at the navigation bar while scrolling!</p>
            <p>Try to scroll this section and look at the navigation bar while scrolling! Try to scroll this
                section and look at the navigation bar while scrolling!</p>
        </div>
        <div id="section42" class="container-fluid bg-info" style="padding-top:70px;padding-bottom:70px">
            <h1>Section 4 Submenu 2</h1>
            <p>Try to scroll this section and look at the navigation bar while scrolling! Try to scroll this
                section and look at the navigation bar while scrolling!</p>
            <p>Try to scroll this section and look at the navigation bar while scrolling! Try to scroll this
                section and look at the navigation bar while scrolling!</p>
        </div>
</body>
```

CSS 代码如下。

```css
/*设置body绝对定位 */
body {
    position: relative;
}
```

提示：

(1) 为监听的元素(通常在 body 中)添加 data-spy="scroll"，再添加 data-target 属

性,它的值为导航栏的 id 或 class(.navbar),如此可以联系上可滚动区域即导航目标。

（2）注意可滚动项元素上的 id(<div id="section1">)必须匹配导航栏上的链接选项(<a href="#section1">)。

（3）可选项 data-offset 属性用于计算滚动时距离顶部的偏移像素,默认为 10px。

（4）设置相对定位时,使用 data-spy="scroll"的元素需要将其 CSS position 属性设置为"relative"才能起作用。

16.3 任务实施

程旭元带领读者们运用任务 13 的实施技能,在项目根目录下新建了详情页面文件,命名为 products.html。完成后的结果如图 16-3 所示。

接着,在任务 14 实施完成后,详情页面中相同模块(比如,顶部导航栏、底部按钮组导航栏、底部版权模块等)的设计与制作,读者可以在实施本任务之前,自行完成相关效果,为本任务的最终实现打好基础。

16.3.1 顶部导航栏设计与制作

详情页的顶部导航栏(见图 16-4)与首页顶部导航条结构相似,其不同在于首页顶部导航栏显示定位图标及搜索框,而详情页顶部导航栏显示返回按钮(图标)及滚动监听的顶部导航区。

图 16-3 新建的详情页面

图 16-4 详情页顶部导航栏效果图

针对结构的差异,将 HTML 代码修改如下。

```
<body class="bg" data-spy="scroll" data-target="#navbar-example2" data-offset="60">
    <!--头部导航条-->
```

```html
<nav id="navbar-example2" class="navbar sticky-top navbar-expand-lg navbar-dark bg-orange">
    <!--左部分符号与前页不一致,这里是返回的符号-->
    <a class="navbar-brand" href="index.html">
        <i class="fa fa-chevron-left" aria-hidden="true"></i>
    </a>
    <!--中间部分用到了滚动监听-->
    <ul class="nav nav-pills nav-justified ">
        <li class="nav-item">
            <a class="nav-link active" href="#product">商品</a>
        </li>
        <li class="nav-item">
            <a class="nav-link" href="#appraise">评价</a>
        </li>
        <li class="nav-item">
            <a class="nav-link" href="#details">详情</a>
        </li>
        <li class="nav-item">
            <a class="nav-link" href="#recommend">推荐</a>
        </li>
    </ul>
    <!--右部分与首页导航条一致-->
    <button class="navbar-toggler" type="button" data-toggle="collapse"
        data-target="#navbarSupportedContent" aria-controls="navbarSupportedContent"
        aria-expanded="false" aria-label="Toggle navigation">
        <span class="navbar-toggler-icon"></span>
    </button>
    <!--右部分的下拉菜单模块开始-->
    <div class="collapse navbar-collapse" id="navbarSupportedContent">
        <ul class="navbar-nav mr-auto">
            <li class="nav-item">
                <a class="nav-link" href="index.html">
                    <i class="fa fa-home fa-fw" aria-hidden="true"></i>
                    首页
                </a>
            </li>
            <li class="nav-item">
                <a class="nav-link" href="category.html">
                    <i class="fa fa-tasks fa-fw" aria-hidden="true"></i>
                    分类
                </a>
            </li>
            <li class="nav-item">
                <a class="nav-link" href="shopping.html">
                    <i class="fa fa-shopping-cart fa-fw" aria-hidden="true"></i>
                    购物车</a>
            </li>
            <li class="nav-item">
```

```html
                    <a class="nav-link" href="me.html">
                        <i class="fa fa-user-circle fa-fw" aria-hidden="true"></i>
                        我的
                    </a>
                </li>
                <li class="nav-item">
                    <a class="nav-link" href="#">
                        <i class="fa fa-question-circle fa-fw" aria-hidden="true"></i>
                        帮助
                    </a>
                </li>
            </ul>
        </div>
        <!--右部分的下拉菜单模块结束-->
    </nav>
</body>
```

CSS 代码如下。

```css
/*重构a标签的颜色样式*/
#navbar-example2 ul li a {
    color: #fff !important;
}
/*设置链接按钮被按下时的状态样式*/
#navbar-example2 ul li a.active {
    color: #f60 !important;
    background-color: #fff !important;
    font-size: 1rem;
    font-weight: 500;
}
/*设置图标距离*/
.navbar-brand {
    margin-left: 1rem;
}
/*重构bootstrap.css里面的.nav-link样式*/
.nav-link {
    display: block;
    padding: 0.5rem 0.8rem;
}
```

16.3.2 导航目标区设计与制作

1. 商品导航目标区

商品导航目标区可以分为轮播图、价格、商品标题、简介与优惠几个部分。任务 14 讲述了轮播图的具体内容，这里不再一一阐述。商品导航目标区模块采用 Bootstrap 4 的 Flex 弹性盒来布局，它是一种通过 Flex 类来控制页面的布局，在移动端的项目开发中占有举足轻重的地位。商品导航目标区模块的最终效果如图 16-5 所示。

图 16-5　商品导航目标区的最终效果

HTML 代码如下。

```
< div id="product">
    < div class="product-title">
        < div class="productsflexrow">
            < div class="products-price">￥< span>139</span>.00</div>
            < div class="d-flex">
                < div calss="flex-right">
                    < div class="divflex-align">
                        < i class="fa fa-cloud-download" aria-hidden="true"></i>
                    </div>
                    < div class="font-08">降价通知</div>
                </div>
                < div class="ml-2">
                    < div class="divflex-align">
                        < i class="fa fa-plus-circle" aria-hidden="true"></i>
                    </div>
                    < div class="font-08">收藏</div>
```

```html
            </div>
         </div>
      </div>
   </div>
   <div class="productsrow titlestyle">
      <img src="images/dang.png" class="products-price-img">
      故宫六百年(去过故宫1000多次的史学大家阎崇年完整讲述故宫600年)
   </div>
   <div class="productsrow futitlestyle">
      裸背锁线装,180度完全平摊,实现无死角阅读!本书以时间为线索,将明清600多年历史从头细细捋来,分别讲述明代故宫、清代故宫、民国故宫和新中国故宫四个时期的历史<a href="#">查看&gt;&gt;</a>
   </div>
   <div class="product-title mt-2 prodct-title-radio">
      <div class="product-flex-top productsflexrow">
         <div class="productsarea-left">优惠</div>
         <div class="productarea-content">
            <div class="procontent-row mb-3">
               <img src="images/products/s1.png">
               新客户专属专区
            </div>
            <div class="procontent-row mb-3">
               <img src="images/products/s2.png">
               <img src="images/products/s3.png">
               满100元优惠30元,满200元优惠50元
            </div>
            <div class="procontent-row mb-2">
               <img src="images/products/s4.png">
               双12,满减风暴开始啦
            </div>
         </div>
         <div class="productsarea-right">
            <a href="#"><i class="fa fa-ellipsis-v" aria-hidden="true"></i></a>
         </div>
      </div>
   </div>
</div>
```

CSS 代码如下。

```css
/*设置价格一栏的位置、边框*/
.productsflexrow {
    display: flex;                      /*CSS 3 设置容器为弹性盒*/
    flex-wrap: wrap;                    /*CSS 3 设置弹性盒内的项自动换行*/
    justify-content: space-between;     /*CSS 3 设置弹性盒的项在主轴(X)上的对齐方式*/
    align-items: center;                /*CSS 3 设置弹性盒的项在交叉轴(Y)上的对齐方式*/
    box-sizing: border-box;             /*CSS 3 设置容器的高宽分别为内容、边框和内边距之和*/
```

```css
}
/*设置图书标题位置、边框*/
.productsrow {
    padding: 0.5rem 0;
    margin: 0;
    box-sizing: border-box;
}
/*设置字体的粗细、大小*/
.font-08 {
    font-size: 0.8rem;
    font-weight: 400;
}
/*设置位置、大小*/
.divflex-align {
    align-items: center;
    text-align: center;
    font-size: 1.2rem;
}
/*设置标题文字的粗细*/
.titlestyle {
    font-weight: 600;
}
/*设置简介字体大小、颜色*/
.futitlestyle {
    font-size: 0.8rem;
    color: #888 !important;
}
/*设置链接文字的颜色、下画线*/
.futitlestyle a {
    color: #f60 !important;
    text-decoration: underline;
}
/*设置优惠模块的边框圆角*/
.prodct-title-radio {
    border-radius: 0.8rem;
}
/*设置字体的大小、粗细、水平对齐方式*/
.productsarea-left {
    font-weight: 600;
    width: 10%;
    font-size: 0.9rem;
    text-align: left !important;
}
/*设置字体的隐藏溢出、大小*/
.productarea-content {
    overflow: hidden;
    width: 85%;
}
/*设置字体的位置、大小*/
```

```css
.productsarea-right {
    width: 5%;
    text-align: right !important;
}
/*设置字体的颜色*/
.productsarea-right a i {
    color: #666;
}
/*设置字体的位置、大小、颜色*/
.procontent-row {
    width: 100%;
    height: 1.4rem;
    overflow: hidden;
    font-size: 0.84rem;
    color: #666 !important;
}
/*设置图标高度、垂直对齐方式*/
.procontent-row img {
    height: 70%;
    vertical-align: top;
}
```

2. 评价导航目标区

评价导航目标区的最终效果如图16-6所示。

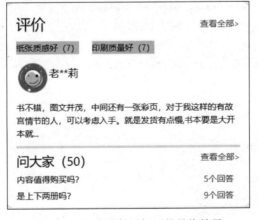

图16-6 评价导航目标区的最终效果

HTML代码如下。

```
<div id="appraise">
    <div class="product-title mt-2 prodct-title-radio">
        <div class="product-flex-top productsflexrow">
            <div class="product-top">评价</div>
```

```html
            <div class="d-flex">
                <div class="product-check">查看全部</div>
            </div>
        </div>
        <div class="product-flex-top">
            <div class="product-picture">
                纸张质感好(7)
            </div>
            <div class="product-photo">
                印刷质量好(7)
            </div>
        </div>
        <img src="images/people/1.png" width="50px" class="wode" />老**莉
        <div class="laoli">书不错,图文并茂,中间还有一张彩页,对于我这样有故宫情节的人,可以考虑入手。就是发货有点慢,书本要是大开本就......</div>
        <div class="xian"></div>
        <div class="product-flex-top productsflexrow">
            <div class="assess-title">问大家(50)</div>
            <div class="assess-all">查看全部></div>
        </div>
        <div class="product-flex-top productsflexrow">
            <div class="assess-ask">内容值得购买吗?</div>
            <div class="assess-reply">5个回答</div>
        </div>
        <div class="product-flex-top productsflexrow">
            <div class="assess-ask">是上下两册吗?</div>
            <div class="assess-reply">9个回答</div>
        </div>
    </div>
</div>
```

CSS 代码如下。

```css
/*设置字体的位置、颜色、大小 */
.product-check {
    margin-top: 14px;
    color: red;
    font-size: 0.8rem;
}
/*设置字体的位置、背景色、大小 */
.product-picture {
    float: left;
    margin-top: 10px;
    background-color: #F5C6CB;
    font-size: 0.8rem;
}
/*设置字体的位置、背景色、大小 */
.product-photo {
```

```css
        float: right;
        margin-top: 10px;
        margin-left: 20px;
        background-color: #F5C6CB;
        font-size: 0.8rem;
}
/*设置图片的位置*/
.wode {
        margin-top: 10px;
}
/*设置字体的位置、大小*/
.laoli {
        margin-top: 10px;
        font-size: 0.8rem;
}
/*设置线的位置、样式、粗细、颜色*/
.xian {
        border-collapse: collapse;
        border: 1px #ccc solid;
        margin-top: 10px;
}
/*设置字体的位置、大小*/
.assess-title {
        font-size: 1.2rem;
        margin-top: 5px;
}
/*设置字体的位置、大小、颜色*/
.assess-all {
        font-size: 0.8rem;
        color: red;
        margin-top: 5px;
}
/*设置字体的位置、大小*/
.assess-ask {
        font-size: 0.8rem;
        margin-top: 5px;
}
/*设置字体的位置、大小、颜色*/
.assess-reply {
        margin-top: 5px;
        font-size: 0.8rem;
        color: red;
        margin-right: 10px;
}
```

3. 详情导航目标区

参照目前商业化移动端电商平台商品详情页的设计原理，本任务的详情导航目标区都是采用图片来展示,因此相对比较简单。最终呈现效果如图16-7所示(由于篇幅有限只截取其中一部分)。

图16-7 详情导航目标区

HTML代码如下。

```
<div id="details">
    <p class="detail">—— 宝贝详情 ——</p>
    <img src="images/carousel/5.jpg" class="d-block w-100" class="img-fluid" />
</div>
```

在<img>标签中使用的.img-fluid样式是由Bootstrap 4提供的响应式图片的样式,使用该样式后,可以让图片自适应父容器的宽与高。

CSS代码如下。

```
/* 设置字体的位置 */
.detail {
```

```
        text-align: center;
        margin-top: 10px;
}
```

16.3.3　底部导航条

详情页的底部按钮组导航栏的设计与制作，类似于首页的底部按钮组导航栏的设计与制作。只是在其基础上，HTML 结构和 CSS 样式做了适当的调整和完善。其中，"店铺""客服"和"购物车"按钮中使用到的图标也都是 Bootstrap 4 的字体图库。最终呈现效果如图 16-8 所示。

图 16-8　详情页面底部按钮组导航栏效果图

HTML 代码如下。

```html
<div class="container">
    <nav class="navbar3 fixed-bottom navbar-light bg-light">
        <div class="d-flex justify-content-between">
            <a class="navbar-brand-product" href="#">
                <i class="fa fa-building-o" aria-hidden="true"></i>
                <p class="base">店铺</p>
            </a>
            <a class="navbar-brand-product" href="#">
                <i class="fa fa-user-o" aria-hidden="true"></i>
                <p class="base">客服</p>
            </a>
            <a class="navbar-brand-product" href="shopping.html">
                <i class="fa fa-shopping-cart"></i>
                <p class="base">购物车</p>
            </a>
            <button type="button" class="btn-red">加入购物车</button>
            <button type="button" class="btn-orange">立即购买</button>
        </div>
    </nav>
</div>
```

CSS 代码如下。

```css
/* 新增.navbar3,设置详情页底部按钮组导航栏的高度样式 */
.navbar3{
    height: 50px;
    line-height: 25px;
}
```

```css
/* 新增.navbar-brand-product,设置前三列的宽度和样式效果 */
.navbar-brand-product{
    width: 10%;
    text-align: center;
    color: #f60;
}
/* 新增.btn-red,设置"加入购物车"按钮效果样式 */
.btn-red {
    color: #FFFFFF;
    background-color: #FF4500;
    font-family: "微软雅黑";
    margin: 8px 0;
    border-radius: 25px;
    border-style: none;
    height: 35px;
    width: 25%;
    font-size: 13px;
}
/* 新增.btn-orange,设置"立即购买"按钮效果样式 */
.btn-orange {
    color: #FFFFFF;
    background-color: #FFA500;
    font-family: "微软雅黑";
    margin: 8px 0;
    border-radius: 25px;
    border-style: none;
    height: 35px;
    width: 25%;
    font-size: 13px;
}
```

16.4 任务拓展

本任务实施完成后,"叮当网上书店"移动端详情页的设计与制作也已完成了一大半。但是还有部分模块需要读者们自行去完成。

1. 商品导航目标区轮播图

商品导航目标区的商品轮播图效果,可以参考任务14中的轮播图效果自行完成,最终效果如图16-9所示。

2. 推荐导航目标区

推荐导航目标区的商品展示效果,可以参考任务14中相应模块的设计与制作,自行完成。最终呈现效果如图16-10所示。

图 16-9　商品导航目标区轮播效果图

图 16-10　推荐导航目标区效果图

3．底部版权

至此，除 footer 底部版权模块外，"叮当网上书店"移动端详情页的效果已基本实现。底部版权模块的制作可以参考任务14中相应模块的实施过程,最终呈现效果图如图16-11所示。

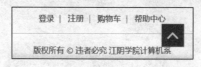

图 16-11　详情页底部版权模块效果图

16.5　职业素养

商品详情页承载了电商平台最核心的内容,一方面要显示商品详细资料,另一方面要能够便于用户查看评价及便捷下单。为此,我们设计了头部导航栏和页面滚动监听,通过滚动监听,让用户直观了解当前所在页面标签。另外底部导航条也为用户快速购买下单提供了便利,这也有利于提高成交可能性,促进社会商业发展。

通过本任务的设计与实施,主要培养学生以下方面的职业素养。

(1)掌握"一致性"设计原则,不同功能在一个页面呈现时,不能是功能的简单堆叠,而是要以"一致性"原则进行整体设计。

(2)在集成多个功能时,各功能往往是由不同开发人员完成,系统整合能力是一名合格的开发人员所必须具备的,这对于软件产品的成败也至关重要。

16.6　任务小结

通过本任务的学习和实践,读者们可以掌握和理解了滚动监听、弹性盒布局等相关知识和技能。滚动监听是本任务的重点,要求熟练掌握。

技能的学习,需要通过多个项目实践的多练、多做、多积累经验,这样才能真正掌握该方面的技能。为适应以后社会岗位的需求,需要不断提高个人Web前端开发设计与制作的能力,为培养具有IT特色的"现代型班组长"人才培养目标打下坚实的基础。

16.7　能力评估

1. 滚动监听的语法结构是什么?
2. 滚动监听中data-spy="scroll"、data-target=".navbar"、data-offset="50"分别有什么作用?
3. 响应式图片采用什么样式?

任务 17 "叮当网上书店"移动端购物车页设计与制作

通过对任务 13~任务 16 的实施,作为移动开发工程师的程旭元已经完成了"叮当网上书店"建站、首页、分类页和详情页整体结构设计和制作的任务,同时通过项目的开发,对 Bootstrap 4 框架及相关组件、网格布局、Flex 布局等知识也有了一定的掌握。

按照项目进度,本任务将由程旭元带领读者们一起设计与制作完成"叮当网上书店"移动端的购物车页效果。

学习目标

(1) 理解和掌握 Bootstrap 4 的表单(forms)、输入组(input group)组件。
(2) 理解和掌握 Flex 弹性盒布局。
(3) 完成"叮当网上书店"移动端购物车页的设计与制作。

图 17-1 "叮当网上书店"移动端购物车页效果图

17.1 任务描述

"叮当网上书店"移动端购物车页由上、中、下三个部分组成。上面头部包括顶部导航栏;中间主体部分包括订单管理和"猜你喜欢";下面底部包括结算导航栏和底部导航栏。本任务的主要工作是对整个购物车页面的内容模块和界面样式效果进行设计与制作。关于购物车页的人机交互设计与制作,请读者们参考任务19来实施,本任务中不再赘述。购物车页的最终呈现效果如图17-1所示。

17.2 相关知识

表单及表单元素对读者们来说应该不是太陌生,在学习了PC端"叮当网上书店"的任务6后应该有了一定的理解和掌握。表单及表单元素是人机交互的入口,对于Web应用的开发有着举足轻重的地位。

Bootstrap 4 也提供了表单(form)、输入组(input group)组件,给开发者提供表单控件样式、布局选项和用于创建各种表单的自定义组件的示例和使用指南。

1. 概述

Bootstrap 4 的表单控件用类扩展了重启表单样式。使用这些类来选择它们的定制显示,以便在浏览器和设备之间实现更一致的呈现。

下面是一个演示 Bootstrap 4 表单样式的快速示例。确保在所有输入(例如,email 表示电子邮件地址,number 表示数字信息)上使用适当的 type 属性,以利用更新的输入控件,如电子邮件验证、数字选择等。演示效果如图17-2所示。

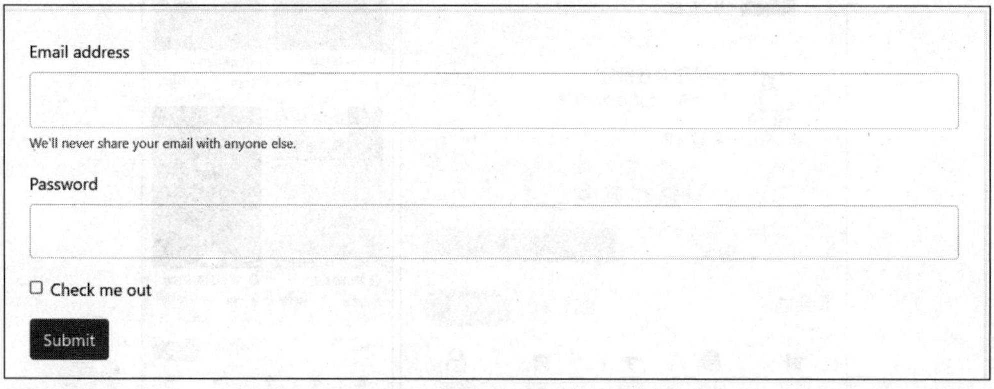

图17-2 Bootstrap 4 表单样式的快速示例图

HTML 代码如下。

```
<form>
  <div class="form-group">
    <label for="exampleInputEmail1">Email address</label>
    <input type="email" class="form-control" id="exampleInputEmail1"
      aria-describedby="emailHelp">
    <small id="emailHelp" class="form-text text-muted">We'll never share your email with
      anyone else.</small>
  </div>
  <div class="form-group">
    <label for="exampleInputPassword1">Password</label>
    <input type="password" class="form-control" id="exampleInputPassword1">
  </div>
  <div class="form-group form-check">
    <input type="checkbox" class="form-check-input" id="exampleCheck1">
    <label class="form-check-label" for="exampleCheck1">Check me out</label>
  </div>
  <button type="submit" class="btn btn-primary">Submit</button>
</form>
```

2. 表单控件（form controls）

本任务的表单控件，如 input、select、textarea，使用 .form-control 类进行样式化。.form-control 类包括了通用外观、焦点状态、大小等样式。为了进一步对 .form-control 的掌握，下面演示 Bootstrap 4 使用 .form-control 样式化的效果，效果如图 17-3 所示。

图 17-3　用 .form controls 类创建的表单效果图

HTML 代码如下。

```
<form>
  <div class="form-group">
```

```html
        <label for="exampleFormControlInput1"> Email address </label>
        <input type="email" class="form-control" id="exampleFormControlInput1"
          placeholder="name@example.com">
    </div>
    <div class="form-group">
        <label for="exampleFormControlSelect1"> Example select </label>
        <select class="form-control" id="exampleFormControlSelect1">
            <option>1</option>
            <option>2</option>
            <option>3</option>
            <option>4</option>
            <option>5</option>
        </select>
    </div>
    <div class="form-group">
        <label for="exampleFormControlSelect2"> Example multiple select </label>
        <select multiple class="form-control" id="exampleFormControlSelect2">
            <option>1</option>
            <option>2</option>
            <option>3</option>
            <option>4</option>
            <option>5</option>
        </select>
    </div>
    <div class="form-group">
        <label for="exampleFormControlTextarea1"> Example textarea </label>
        <textarea class="form-control" id="exampleFormControlTextarea1" rows="3">
        </textarea>
    </div>
</form>
```

除此之外，HTML 5 表单新增了较多的输入型控件，如表 17-1 所示。

表 17-1　HTML 5 表单新特性一览表

名　称	说　明	效　果　图
email	电子邮箱文本框，显示与普通的文本框没什么区别	aaa 提交 请在电子邮件地址中包括"@"。"aaa"中缺少"@"。
tel	电话号码，PC 端不会有明显的变化，但是移动端会自动切换键盘，输入有误不会阻止默认提交	
url	网页的 URL	asdfdsa 提交 请输入网址。
search	搜索引擎，Chrome 下输入文字后，会多出一个关闭的 X	google × 提交

续表

名称	说明	效果图
range	特定范围内的数值选择器,参数有 min、max、step(步数)	
number	只能包含数字的输入框,有键盘监听,不能输入其他字符	
color	颜色选择器	
datetime	显示完整日期	不能直接使用
time	显示时间,不含时区	
datetime-local	显示完整日期,不含时区	
date	显示日期	
week	显示周	
month	显示月	

HTML 5 表单元素还新增了新属性,如表 17-2 所示。

表 17-2　HTML 5 表单元素新属性一览表

属　　性	描　　述
autocomplete	自动补全,设置是否自动记录之前提交的数据,以用于下一次输入建议
placeholder	占位符,用于在输入框中显示提示性文字,与 value 不同,不能被提交
autofocus	自动获得输入焦点
multiple	设置是否允许多个输入值,若声明该属性,那么输入框中允许输入多个用逗号隔开的值
form	值为某个表单的 id,若设置,则该输入域可放在该表单外面
required	在表单提交时会验证是否有输入,若没有则弹出提示消息
maxlength	限制最大长度,只有在有输入的情况下才有用,不区分中英文
minlength	限制最小长度,但它不是 HTML 5 标准属性,仅部分浏览器支持
min	限定输入数字的最小值
max	限定输入数字的最大值
step	限定输入数字的步长,与 min 连用
pattern	指定一个正则表达式,对输入进行验证(正则默认首尾加^ $)

3. 文件输入

对于文件输入,将.form-control 替换为.form-control-file,效果如图 17-4 所示。

图 17-4　form-control-file 的文件输入效果图

HTML 代码如下。

```
< form >
  < div class="form-group">
    < label for="exampleFormControlFile1"> Example file input </label>
    < input type="file" class="form-control-file" id="exampleFormControlFile1">
  </div>
</form>
```

17.3　任 务 实 施

本任务实施之前,读者可以参考任务 13,在项目的根目录下新建购物车页的文件,命名为 shopping.html。接着,读者可以参考任务 14 的"叮当网上书店"移动端首页的设计与制作,对购物车页面的顶部导航栏和底部按钮组导航栏进行设计与制作。

经过对比首页的顶部导航栏,不难发现,购物车页的顶部导航栏与首页的顶部导航栏细节有所不同,下面程旭元带领大家一起来完善和设计制作购物车页的整个页面效果。

17.3.1 购物车顶部导航栏设计与制作

购物车顶部导航栏的最终效果,只需在首页顶部导航栏的基础上进行适当的修改即可实现。第一步,删除 icon 图标和搜索框模块;第二步,加入"购物车"文本。最终效果如图 17-5 所示。

图 17-5　购物车顶部导航栏效果图

HTML 代码如下。

```html
<!-- Start 导航条-->
<nav class="navbar sticky-top navbar-expand-lg navbar-dark bg-orange">
    <span class="car">购物车</span>
    <button class="navbar-toggler" type="button" data-toggle="collapse"
      data-target="#navbarSupportedContent" aria-controls="navbarSupportedContent"
      aria-expanded="false" aria-label="Toggle navigation">
        <span class="navbar-toggler-icon"></span>
    </button>
    <div class="collapse navbar-collapse" id="navbarSupportedContent">
        <ul class="navbar-nav mr-auto">
            <li class="nav-item">
                <a class="nav-link" href="index.html">
                    <i class="fa fa-home fa-fw" aria-hidden="true"></i>
                    首页
                </a>
            </li>
            <li class="nav-item">
                <a class="nav-link" href="category.html">
                    <i class="fa fa-tasks fa-fw" aria-hidden="true"></i>
                    分类
                </a>
            </li>
            <li class="nav-item active">
                <a class="nav-link" href="shopping.html">
                    <i class="fa fa-shopping-cart fa-fw" aria-hidden="true"></i>
                    购物车
                </a>
            </li>
            <li class="nav-item">
                <a class="nav-link" href="me.html">
```

```
                    <i class="fa fa-user-circle fa-fw" aria-hidden="true"></i>
                    我的
                </a>
            </li>
            <li class="nav-item">
                <a class="nav-link" href="#">
                    <i class="fa fa-question-circle fa-fw" aria-hidden="true"></i>
                    帮助
                </a>
            </li>
        </ul>
    </div>
</nav>
<!-- Ending 导航条-->
```

CSS 样式如下：

```
/* 新增 car 样式，设置购物车文本字体效果 */
.car
{
    font-size: 22px;          /* 设置字体大小 */
    font-weight: 700;         /* 设置字体粗细程度 */
    color: #FFFFFF;           /* 设置字体颜色 */
}
```

17.3.2 购物车页主体模块设计与制作

按照如图 17-6 所示的购物车页主体模块的最终设计稿，本模块可以分上、下两个部分来实施，分别是购物车"管理"模块和购物车商品模块。

图 17-6　购物车页主体模块设计效果图

1. 购物车"管理"模块设计与制作

购物车的管理部分包括"共 0 件宝贝"和"管理"的效果图布局与设计,利用弹性盒布局中的 justify-content-between(两端对齐)实现。效果如图 17-7 所示。

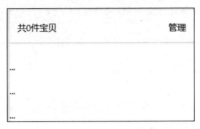

图 17-7　购物车页"管理"模块效果图

HTML 代码如下。

```
<!-- 页面主体 -->
<div class="container">
    <div class="shopcar">
        <!--购物车管理模块-->
        <div class="d-flex flex-wrap justify-content-between">
            <!-- 菜单部分开始 -->
            <div id="list_L">
                共<span class="fontColor1">0</span>件宝贝
            </div>
            <div id="list_R">
                <p class="manage">管理</p>
            </div>
            <!-- 菜单部分结束 -->
        </div>
        <hr />
        <!--购物车商品模块-->
        <div class="shopcar">
            ...
        </div>
        <div class="shopcar">
            ...
        </div>
        <div class="shopcar">
            ...
        </div>
    </div>
</div>
```

CSS 样式如下。

```
/* 新增 shopcar 样式,设置购物车主体的商品订单管理的整体样式效果 */
.shopcar {
```

```
        background: #FFFFFF;          /* background 设置背景颜色 */
        margin-top: 20px;             /* 设置上外边距的距离 */
        border-radius: 5px;           /* 设置元素的外边框圆角 */
        height: 100%;
}
/* 新增 list_L 样式,设置"共几件宝贝"样式效果 */
#list_L {
        margin: 20px 0 0 15px;        /* 设置外边距的距离:上 20px,右 0,下 0,左 15px */
}
/* 新增 list_R 样式,设置"管理"样式效果 */
#list_R {
        margin: 20px 15px 0 0;        /* 设置外边距的距离:上 20px,右 15px,下 0,左 0 */
}
hr{
        padding-bottom: 10px;         /* 设置 hr 下内边距距离 */
}
```

2. 购物车商品模块设计与制作

购物车的商品模块主要展示购物车商品列表,每行分别由复选表单控件、商品缩略图、商品参数和数量步增长表单控件效果组成。商品列表中的每行商品都放置在<div class="shopcar">...</div>容器中,多个商品行只需不断复制该容器即可。最终效果如图 17-8 所示。

图 17-8　购物车页商品模块设计效果图

HTML 代码如下。

```
<div class="shopcar">
    <ul class="spcarul">
        <li class="spcartli">
            <div class="spcartbox-r">
                <label><input class="aui-radio check" type="checkbox" name="demo1"/>
                </label>
                <img href="detail.html" class="img-holes" src="images/products/1.jpg" />
                <div class="spcartbox-spinfo">
                    <div class="spcartbox-spname">六百年故宫</div>
                    <div class="spcartbox-spsize" data-toggle="modal"
                        data-target="#myModal">官方标配:六百年故宫
                    </div>
                    <div class="spcartbox-spprice">
```

```html
                        <span class="unitprice">￥139.00</span>
                        <div class="spcartbox-spnum">
                            <span class="minus">-</span>
                            <span class="num">1</span>
                            <span class="plus">+</span>
                        </div>
                    </div>
                </div>
                <!-- 商品小计 -->
                <div class="box">
                    <div>&yen;<span class="subPrice" id="subPrice2">0</span></div>
                </div>
            </div>
        </li>
    </ul>
</div>
```

CSS 代码如下。

```css
.spcarul {
    background: #FFFFFF;
    padding: 5px;
    border-radius: 10px;
}
/* 新增 spcartli 样式,设置"一本书"的样式效果 */
.spcartli {
    background: #fff;
    display: flex;                      /* 实现 flex 布局 */
    flex-direction: row;                /* 规定弹性项目的方向,row 代表水平排列 */
    justify-content: space-between;     /* 设置容器内的项在主轴上的对齐方式 */
    align-items: center;                /* 设置容器内的项在交叉轴上的对齐方式 */
    margin-top: 0.5rem;
}
.spcartli:first-child {
    margin-top: 0;
}
/* 新增 spcartbox-r 样式,设置商品订单管理的分布样式效果 */
.spcartbox-r {
    width: 100%;                        /* 宽度与父类齐宽 */
    display: flex;
    flex-direction: row;
    align-items: center;
    color: #333;
    border-radius: 10px;
}
/* 新增 img 标签样式,设置图片的高度 */
.spcartbox-r img {
    height: 4rem;                       /* 设置高度,1rem=16px */
```

```css
    margin-left: 0.7rem;
}
/* 新增 spcartbox-spinfo 样式,设置商品简介的距离 */
.spcartbox-spinfo {
    margin-left: 0.7rem;
    width: 100%;
}
/* 新增 spcartbox-spsize 样式,设置"官方标配"效果 */
.spcartbox-spsize {
    font-size: 0.7rem;
    color: #999999;
}
/* 新增 spcartbox-spprice 样式,设置"价格"效果 */
.spcartbox-spprice {
    margin-top: 0.5rem;
    display: flex;
    flex-direction: row;
    justify-content: space-between;
    align-items: center;
}
/* 新增 spcartbox-spnum 样式,设置"数字"效果 */
.spcartbox-spnum {
    display: flex;
    flex-direction: row;
    width: 5rem;
}
.spcartbox-spnum span {
    display: inline-block;       /* 该属性规定允许在元素上设置宽度和高度 */
    width: 33.333%;
    border: 1px solid #F4F4F4;
    color: #9F9F9F;
    padding: 0.1rem;
    text-align: center;
    font-size: 0.9rem;
}
/* 价格样式 */
.unitprice {
    text-align: center;
    color: #ff0000 !important;
    font-size: 1rem;
    font-weight: 600;
}
/* 新增 box 样式,隐藏商品小计模块 */
.box {
    display: none;
}
```

通过上面的 HTML 和 CSS 的编写,购物车页中购物车商品展示列表一行的设计效果已经基本实现。但是,购物车商品展示列表中的复选框表单控件、步增长表单控件的交互设计在本任务中没有涉及,读者可以参考任务19中相关任务实施部分的内容来完成人机交互效果,本任务中不再赘述。其中,"商品小计"模块是为了后续人机交互实现效果而设计的,在页面上无须展示,故定义样式将它隐藏了。

17.3.3 购物车页底部结算导航栏设计与制作

在任务14中,实现了底部按钮组导航栏的设计效果。再结合购物车页底部结算导航栏效果,只需在原先的底部按钮组导航栏中加入效果即可,购物车页底部结算区最终呈现效果如图17-9所示。

图17-9 购物车页底部结算区效果图

HTML代码如下。

```
<!-- Start 底部结算区-->
<nav class="fixed-bottom navbar-light bg-white">
    <!-- Start 所有商品全选-->
    <div class="total-div pl-3 pr-3 d-flex justify-content-between">
        <label>
            <input class="aui-radio allSelect" type="checkbox" name="demo1" /> 全选</label>
        <div class="bar-right">
            合计:<span>¥<span class="allPrice1" id="finalPrice">0</span></span>
            <div class="calBtn"><a href="javascript:;">结算</a></div>
        </div>
    </div>
    <!-- Ending 所有商品全选-->
    <hr />
    <!--根据之前学习的效果完成底部导航栏-->
    ...
</nav>
<!-- Ending 底部结算区-->
```

CSS样式如下。

```
/* 新增 total-div 样式,设置结算区高度和行高样式 */
.total-div{
    height:40px;
    line-height:40px;
}
/* 新增 bar-right 样式,设置"结算"按钮区整个的背景样式 */
.bar-right{
    color: #FF4C4C;
```

```css
}
/* 新增 calBtn 样式,设置"结算"按钮右浮动的样式效果 */
.calBtn{
    float: right;
}
.calBtn a {
    display: block;
    width: 75px;
    color: #fff !important;
    background: #FFA500;
    cursor: not-allowed;      /* 鼠标指针样式为禁用图标 */
    font-family: "微软雅黑";
    font-size: 16px;
    text-decoration: none;
    height: 30px;
    line-height: 30px;        /* 设置对象文本中的行高 */
    text-align: center;
    border-radius: 25px;
    margin-top:5px;
}
/* 新增.bar-right span 样式,设置"合计金额"右侧间隙样式 */
.bar-right span{
    margin-right:0.5rem;
}
```

17.4 任务拓展

本任务的任务实施部分完成后,购物车页还剩下商品展示列表中更多商品的展示和"猜你喜欢"两个模块需要完善。接下来,由读者参考本任务的实施部分和任务 14 中商品展示的实施部分来独立完成。两个模块的最终呈现效果分别如图 17-10 和图 17-11 所示。

图 17-10　购物车页购物车商品展示列表效果图

图 17-11 购物车页"猜你喜欢"商品展示效果图

17.5 职业素养

所有的电子商务平台的最终目的是让用户产生订单,而购物车页是产生订单并发生支付的前置页面,所以根据用户体验 KISS 原则,将购物车菜单作为常驻底部 Tab 导航,方便用户快速切换,同时购物车页面需要保持清晰简洁的设计风格,并且与整个系统风格一致。为了加快用户访问响应速度,编写代码时必须尽量考虑样式的复用,所有的表单控件采用框架最新特性以加快交互响应。另外,必须做好调研和测试反馈,本着精益求精的态度,编写高质量的代码。

通过本任务的设计与实施,主要培养学生以下方面的职业素养。

(1) 具有服务用户思维,让设计与编码服务于用户,必须多参考优秀的设计,同时做好用户调研,这样才能让技术更有价值。

(2) HTML 5 的新特性和 Bootstrap 4 新组件的开发思维需要大家不断跟进新技术,

树立终身学习的理念。

17.6 任务小结

通过本任务的学习和制作,读者应该熟练掌握了 Bootstrap 4 的表单及输入组件的使用技巧,为后续课程的学习打下坚实的基础。表单是人机交互的入口,Web 前端开发 1+X 证书制度的中级标准中包含了数据库的后端开发,这些课程的学习、项目的开发都会频繁地运用表单及表单元素。

最后,作为一名 Web 前端开发程序员,编写代码的规范性、完整性习惯也是一种良好的职业品格,需要读者时时注意,早日养成这种优良的习惯。

17.7 能力评估

1. 什么是表单？常用的表单元素还有哪些？
2. 什么是输入组控件？输入组控件还有哪些？
3. HTML 5 新增了哪些输入型控件？
4. HTML 5 新增了哪些表单新属性？

任务 18 "叮当网上书店"移动端"我的"页设计与制作

通过对任务 17 的实施,完成了"叮当网上书店"移动端项目的大部分的页面 HTML 架构和 CSS 设计,剩下一个"我的"页面,本任务就是在前面任务的基础上,运用已经学习和掌握的相关知识和技能,来完成这个页面并收尾。

在本任务中,没有新的知识和技能需要学习,只需对前面所学知识和技能的灵活使用和掌握,读者们一定要耐下心来,多做,多练,多总结经验,争取尽快达到熟能生巧的程度。接下来,那就请大家跟着程旭元一起开始"叮当网上书店"移动端"我的"页的设计与制作吧!

> ✎ 学习目标
> (1) 理解掌握 Bootstrap 4 的网格布局及相关组件。
> (2) 理解掌握 Flex 弹性盒布局。
> (3) 完成"叮当网上书店"移动端"我的"页设计与制作。

18.1 任务描述

"叮当网上书店"移动端"我的"页由上、中、下三个部分组成。上方为头部区域,主要模块有用户状态区和用户信息统计区;中间为主体区域,主要模块有我的订单区、工具服务区、推荐书籍商品展示区;下方为底部区域,主要模块有底部版权和底部按钮组导航栏。本任务的主要工作是运用前面几个任务所学习的内容和技能对该页面进行设计与优化。

"叮当网上书店"移动端"我的"页最终呈现效果如图 18-1 所示。

图 18-1 "叮当网上书店"移动端"我的"页最终效果图

18.2 任务实施

首先,运用任务 13 的任务实施方法,在"叮当网上书店"移动端项目的根目录下新建"我的"页文件,命名为 me.html。接着,运用任务 14 中所学习到的知识和技能,读者自行完成底部版权、底部按钮组导航栏以及推荐书籍商品展示区域等模块。最后,把"我的"页剩余的模块一一实施完成,并达到最终设计效果。

18.2.1 顶部用户状态区设计与制作

"叮当网上书店"移动端"我的"页的用户状态区效果类似于前几个任务中所提及的顶部导航栏效果,效果如图 18-2 所示。

图 18-2　Bootstrap 4 导航条样式效果图

HTML 代码如下。

```
< nav class="navbar sticky-top navbar-light bg-light">
    < a class="navbar-brand" href="#">Sticky top </a>
</nav>
```

提示:.navbar-expand{-sm|-md|-lg|-xl}是为了指定导航栏的位置大小。固定导航栏可以使用 position:fixed,意味着它们是从 DOM 的正常流中显示出来的,此时可能需要读者自定义 CSS(例如,在<body>上定义 padding-top)。需要注意的是,.sticky-top 为粘顶,它的使用为 position:sticky,这个设置并不是在每个浏览器上都支持。

在该组件的基础上,要实现"我的"页的最终效果,读者只要在此结构上对样式进行重构,实现过程如下,最终实现效果如图 18-3 所示。

图 18-3　"我的"页用户状态区效果图

HTML 代码如下。

```
< nav class="navbar sticky-top navbar-expand-lg navbar-dark bg-orange">
    < div class="metitle">     <!--给该部分区域命名为 metitle-->
        < img src="images/people/women.png" class="profile"/>
        < a href="#">
            < p class="product-name">未登录</p>
        </a>
        < i class="fa fa-cog fa-lg" aria-hidden="true"></i>
    </div>
</nav>
```

CSS 代码如下。

```css
/* 在原先的颜色样式下,改成统一的橙色,!important 是为了使样式优先实现,可以覆盖父级样
   式 */
.bg-orange {
    background-color: #ff6600 !important;
}
.metitle {
    width: 100%;
}
/* 对头像图标进行位置设定 */
.profile {
    width: 50px;
    height: 50px;
    margin: 25px 0 0 15px;
    float: left; /* 向左浮动 */
}
.product-name {
    font-size: 20px;
    float: left;
    margin: 15px 0 0 10px;
    color: #FFFFFF;
}
/* 对设置按钮进行样式修改 */
.fa-cog {
    color: #FFFFFF;
    float: right;
    margin: 15px 20px 0 0;
}
```

提示：

（1）在 i 标签中出现的 fa-lg 为 Font Awesome 中文网中的图标库,为增加图标大小相对于它们的容器而设定的参数。使用 fa-lg(33% 递增),除此之外,还有 fa-2x、fa-3x、fa-4x 和 fa-5x 等参数可以设置图标大小。注意：如果图标顶部和底部没有显示,即被裁剪掉,请确保给图标足够的行高。

（2）根据自己所需要的窗口展示页面大小,在开始的 div 标签下的不同窗口大小下设置格式大小。其中,常用的分辨率为 px(piexl),即为像素；也会用 rem(font size of root element),为相对根元素字体大小的单位,1rem 等于 HTML 元素的字体大小(对于大多数浏览器而言,其默认值为 16px)。

Bootstrap 框架的网格(也叫栅格)布局和 Flex 弹性盒布局是移动端项目开发的"总设计师",是灵魂。在观察了"我的"页用户信息统计区域的设计效果后,应该如何去布局呢？答案是明显的,那就是网格布局,这是最快捷的方式。对网格布局 1 行 12 列,采用 .col-3 样式即可实现每行 4 列。最终效果如图 18-4 所示。

图 18-4 "我的"页用户信息统计区效果图

HTML 代码如下。

```
< div class="d-flex justify-content-between overflow-hidden bg-orange">
    < div class="container">
        < div class="row">
            < div class="col-3 matter" >
                < span>20</span>
                <p>收藏夹</p>
            </div>
            < div class="col-3 matter" >
                < span>10</span>
                <p>订阅店铺</p>
            </div>
            < div class="col-3 matter" >
                < span>99+</span>
                <p>足迹</p>
            </div>
            < div class="col-3 matter" >
                < span>20</span>
                <p>卡券</p>
            </div>
        </div>
    </div>
</div>
```

CSS 代码如下。

```
.matter {
    color: #FFFFFF;
    font-size: 12px;
    text-align: center; /* 文本居中对齐 */
}
```

18.2.2　我的订单区设计与制作

我的订单区分为上、下两个部分，上面为标题，下面为图标链接导航。最终效果如图 18-5 所示。

图 18-5　我的订单区效果图

HTML 代码如下。

```html
<!--给该部分区域命名为 theoreder-->
<div class="theorder">
    <div class=" product-title bg-white product-flex-top">
        <div class="else d-flex justify-content-between">
            <div class="title">我的订单</div>
            <div class="more">
                查看全部订单
                <i class="fa fa-chevron-right" aria-hidden="true"></i>
            </div>
        </div>
        <hr />        <!--实现一条水平线-->
        <div class="d-flex justify-content-between flex-wrap menu">
            <div class="col5">
                <a href="category.html">
                    <img src="images/quicknav/pay.png" height="30px" width="30px"
                        class="img-fluid d-block mx-auto">
                    <p class="c_more">待付款</p>
                </a>
            </div>
            …
            <!--其余 4 个按钮与"待付款"按钮样式雷同,此处省略不写-->
        </div>
    </div>
</div>
```

CSS 代码如下。

```css
.theorder {
    background-color: #FFFFFF;
    margin: 10px;
    align-items: flex-start; /* CSS 3 设置弹性盒里的项在交叉轴上的对齐方式 */
}
.product-title {
    width: 100%;
    background-color: #fff !important;
    margin: 0;
    padding: 8px 16px;
    box-sizing: border-box; /* CSS 3 设置容器的宽高分别是内容、padding、border 之和 */
}
.product-flex-top {
    align-items: flex-start !important;
}
.else {
    margin-bottom: 5px;
}
.title {
    font-size: 15px;
    margin-left: 3px;
```

```
        width: 80px;
}
.more {
        font-size: 14px;
        color: #A9A9A9;
}
.fa-chevron-right {
        margin: 4px 0 0 2px;
        color: #8C8C8C;
}
hr {
        width: 100%;
        color: #FEFEFE;
        margin: 0!important;
}
.menu {
        margin-top: 10px;
}
.c_more {
        color: #333333;
        font-size: 13px;
        vertical-align: top;
        text-align: center;
}
```

box-sizing是CSS 3用来定义元素的总高度和宽度的,包含内边框的参数和边框的参数,即padding和border。

18.3 任务拓展

在本任务的我的订单区实施完成后,接下来的工具服务区效果,由读者独立完成,并达到最终设计效果,如图18-6所示。

图18-6 "我的"页工具服务区效果图

18.4 职业素养

"我的"页面是电子商务系统最温馨又最隐私的页面,用户的访问记录、订单记录、收货地址和电话等一些关键信息都在该页面,要让用户访问时觉得本页面是个人的小天地,同时又有安全感不至于泄露个人隐私。所以在设计和制作本页面时通过图标色彩的变化来丰富页面视觉效果,此外将信息进行折叠式隐藏并对电话号码等关键信息进行 * 号处理,从而保护用户的隐私。电子商务系统涉及个人电话、收货地址、购物清单等关键信息,前端开发人员务必培养安全意识,将系统安全作为第一考虑要素,不断学习新的软件攻防技术,编写高安全性、高可靠性的代码。

通过本任务的设计与实施,主要培养学生以下方面的职业素养。

(1) 具有安全防护意识,将用户隐私保护作为技术人员的底线思维,不但要采用最新的技术方案保护用户隐私不被第三方获取,同时系统自身也不能违规收集和滥用用户信息,否则将面临严重的法律制裁。

(2) HTML 5 在安全和人机交互方面提供了很多新特性,技术人员要及时掌握并应用到系统设计中去,培养自己精益求精的职业素养。

18.5 任务小结

通过本任务的模块设计与实现,读者应该基本掌握 Bootstrap 4 框架的相关语法、布局、组件等的灵活应用,熟练掌握了使用 Flex 弹性盒布局和常用的 CSS 3 样式。"叮当网上书店"移动端项目的设计与制作,秉着"知识够用、技能为重"的宗旨来组织内容和编写。更多的关于 HTML 5、CSS 3 及 Bootstrap 4 的知识和技能,读者可以通过互联网来获取并加以学习和掌握。Web 前端开发的技术日新月异,读者只有不断地学习、提升自我技能,才能在 Web 前端开发的道路上越走越光明。

最后,在"叮当网上书店"移动端项目的所有页面设计效果完成后,必须对所有页面进行兼容性测试,可以通过移动端仿真测试插件来完成,比如 Chrome 浏览器的仿真测试插件。对于初次学习 Web 前端开发的广大读者来说,还需要经过后期的大量的练习才能达到熟能生巧的程度。

18.6 能力评估

1. 什么是弹性盒布局?弹性盒布局有哪些该注意的地方?
2. 导航 Navs 和导航塔 Navbar 的区别是什么?分别是什么效果?
3. 什么颜色对应什么规定词语?呈现什么效果?
4. 什么是 col 样式?它的作用是什么?
5. 垂直对齐的方法是什么?

交 互 篇

任务 19 "叮当网上书店"网站交互设计与制作

任务 19 "叮当网上书店"网站交互设计与制作

对照 Web 前端开发 1+X 证书标准体系,截至目前,程旭元已经带领读者们完成了 PC 端和移动端静态网站的设计与制作。但是,目前设计和制作出来的静态网站,基本是以展示效果为主,只有少量的 Bootstrap 4 自带的人机交互效果。为了能够让网站产品的设计更人性化,更具有沉浸式体验感和更符合商业化质量标准,那就需要 Web 前端开发工程师运用 JavaScript 脚本或者 jQuery 前端框架等技术在静态网站中加入人机交互的效果。

在本任务中,程旭元将先带领读者们学习新的知识和技能——jQuery 前端框架,再运用 jQuery 前端框架对已完成的 PC 端和移动端静态网站加入人机交互效果,尽可能将"叮当网上书店"项目完善,做到精益求精,并对本书的学习之旅进行收尾与总结。接下来,那就请大家跟着程旭元一起学习 jQuery 知识吧!

学习目标

(1) 理解掌握 jQuery 前端框架的基本内容(包括简介、安装、语法、选择器和事件)。
(2) 理解掌握 jQuery 前端框架的效果常用的 API。
(3) 理解掌握 jQuery 前端框架的 HTML 常用的 API。
(4) 理解掌握 jQuery 前端框架的遍历常用的 API。
(5) 理解掌握 jQuery 前端框架的 AJAX 常用的 API。
(6) 完成基于 jQuery 前端框架的表单验证功能。
(7) 完成基于 jQuery 前端框架的购物车结算功能。

19.1 任务描述

本任务主要选取"叮当网上书店"项目中 PC 端静态网站注册页的表单验证交互效果、移动端静态网站首页的返回顶部交互效果和移动端静态网站购物车页的结算交互效果三个案例来阐述。网站的交互效果是无法穷举的,本任务的设计与制作也只是带领读者走进 jQuery 前端框架的大门,更多的人机交互效果,需要读者利用互联网不断地学习、理解和掌握。

(1) PC 端静态网站注册页表单验证交互效果如图 19-1 所示。
(2) 移动端静态网站首页返回顶部交互效果如图 19-2 所示。

任务 19 "叮当网上书店"网站交互设计与制作

图 19-1 PC 端静态网站注册页表单验证交互效果

图 19-2 移动端静态网站首页返回顶部交互效果

(3) 移动端静态网站购物车页结算交互效果如图 19-3 所示。

图 19-3　移动端静态网站购物车页结算交互效果

19.2　相关知识

19.2.1　jQuery 简介

jQuery 是一个可兼容多浏览器的 JavaScript 库，核心理念是 write less,do more(写得更少,做得更多)。jQuery 库包含了以下功能：HTML 元素选取；HTML 元素操作；CSS 操作；HTML 事件方法；JavaScript 特效和动画；HTML DOM 遍历和修改；AJAX；Utilities 等。除此之外，jQuery 还提供了大量插件供用户使用。

目前网络上有大量的开源 JavaScript 代码库，但 jQuery 为目前最流行的 JavaScript 代码库，并且提供了大量的扩展。很多大公司都在使用 jQuery，例如，Google、Microsoft、IBM、Netflix 等。

本任务所有页面的人机交互设计效果都基于 jQuery 前端框架测试通过。

19.2.2　jQuery 的工作原理

jQuery 分为三个模块：入口、底层和功能。

在创建 jQuery 对象模块中，调用 jQuery()方法创建 jQuery 对象的选择器，同时也能调用 HTML、CSS 选择器引擎，这样是为了精确到某个属性，能够查找 DOM 元素，创建 DOM 元素引用的 jQuery 对象。

底层模块中，能够增强对回调方法的管理，支持添加、移除、触发事件、锁定元素、禁用元素等功能，也能够支持同步调用数据或者异步调用数据，在 DOM 元素中可以添加任意类型元素。

功能模块中，支持绑定事件、响应事件、手动触发事件；DOM 元素对于触发、替换元素，能够实现样式设置的内联样式；文档坐标 DOM 元素能够获取该页面的 DOM 元素的宽度和高度。

19.2.3　jQuery 下载并安装

下载步骤如下：第一步，在浏览器搜索 http://jquery.com 网址，打开 jQuery 官网页面；第二步，单击 Download jQuery 按钮，即可跳转至图 19-4 和图 19-5 所示的 jQuery 下载页面；第三步，在下载页面中，读者根据自己实际开发所需要的功能，选择适合的 jQuery 库进行下载；第四步，先在"叮当网上书店"项目根目录下新建存放 js 文件的文件夹（命名为"js"），如图 19-6 所示，再在所需要的 jQuery 版本链接上右击，选择"将链接另存为"命令，将 jQuery 版本文件存放在项目的 js 文件夹中，如图 19-7 和图 19-8 所示。

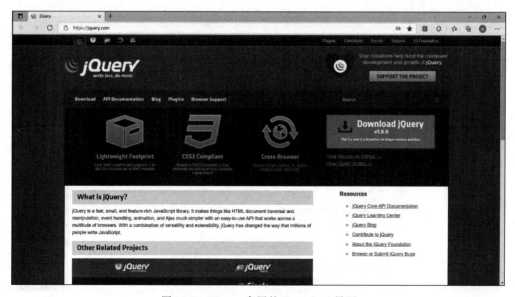

图 19-4　jQuery 官网的 Download 界面

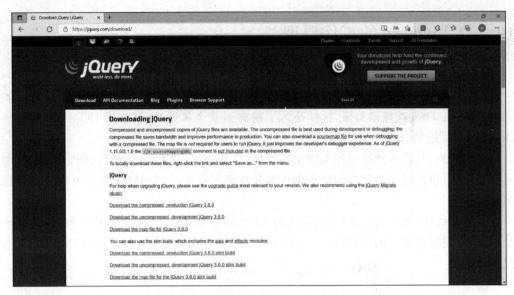

图 19-5　jQuery 各版本下载界面

图 19-6　在项目根目录下新建 js 文件夹效果图

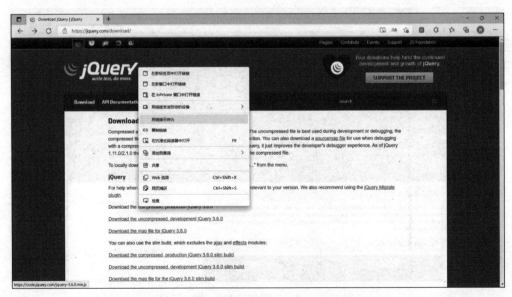

图 19-7　将 jQuery 版本文件另存为效果图

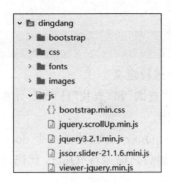

图 19-8　将 jQuery 版本文件另存至 js 文件夹效果图

安装到网页中的方法有两种，一种是采用 script 标签，将项目文件夹中的 jQuery 版本文件包含到网页中去；另外一种是采用网络的 CDN（内容分发网络）引用 jQuery 版本文件。

```
<!--采用 script 标签引入 jQuery 版本文件,jQuery 版本文件的引入必须优先于其他 js 文件引入,
    确保基于 jQuery 前端框架的交互效果能够实现-->
<head>
    <script src="./js/jquery3.2.1.min.js"></script>
    <!--其中 src 属性的路径值,读者可以根据自身实际的 jQuery 文件所在位置进行调整。另
       外,在非 HTML 5 的结构下最好加入 type="text/javascript"属性;如果在 HTML 5 的结构
       下,可以省略不写 -->
</head>
```

假如是通过 CDN 引用 jQuery 版本文件，如果站点用户是国内的，建议使用国内的 CDN 地址，如百度、新浪等；如果站点用户是国外的，建议使用国外的 CDN 地址，如谷歌、微软等。不推荐使用 Google CDN 来获取版本，因为 Google 产品在中国市场很不稳定。

假如需要查看网站当前使用的是哪个版本的 jQuery 文件，只需要在浏览器的 Console 窗口中输入 $.fn.jquery 命令即可查看，如图 19-9 所示。

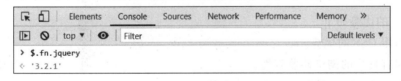

图 19-9　查询 jQuery 版本

以本项目为例，PC 端和移动端都采用了 jquery3.2.1.min.js 版本，本书所有人机交互兼容性测试都基于此版本测试通过。最后再提醒一点，jQuery 版本文件的引入应该优先于、早于其他外部 js 文件，最好放在第一个引入，切记，切记！

19.2.4　jQuery 基本知识

jQuery 语法是通过选取 HTML 元素，并对选取的元素执行某些操作。

基本语法如下。

```
$(selector).action()
```

（1）用美元符号对 jQuery 进行定义。
（2）选择符(selector)用来"查询"和"查找"HTML 元素。
（3）actions()用来执行操作。

文档就绪事件，指的是所有 jQuery 方法位于一个 document 对象的 ready()方法中。这样写是为了防止文档在完全加载之前运行 jQuery 代码，即在 DOM 加载完成后才可以对其进行操作。语法格式如下。

```
$(document).ready(function(){
    //开始写 jQuery 代码
});

//简洁写法(效果同上)
$(function(){
    //开始写 jQuery 代码
});
```

jQuery 是在 HTML 所有标签(DOM)都加载之后才执行，而 JavaScript 的 window.onload 事件是等到所有内容，包括外部图片等类似文件加载完后才执行。这两种方法的对比如表 19-1 所示。

表 19-1　onload 和 ready 的使用区别一览表

入口方法	执行时机	执行次数	简写方案
window.onload()	必须等待网页内容全部加载完毕后再执行包裹代码	只能执行一次,若执行第二次,第一次执行内容将会被覆盖	无
$(document).ready()	须等待网页中的 DOM 结构加载完毕,方可执行包裹的代码	可执行多次,都不会被上一次覆盖	$(function(){ });

jQuery 的优势如下。
（1）利用 CSS 的优势。
（2）拥有良好的浏览器兼容性。
（3）优秀的 DOM 操作封装和事件处理。
（4）多重操作集于一行。
（5）有完善的 AJAX。
（6）支持扩展。

19.2.5　jQuery 选择器

jQuery 选择器允许用户对 HTML 元素组或单个元素进行操作。
jQuery 中所有选择器都以美元符号开头：$()。

jQuery 选择器基于元素的 id、类、类型、属性、属性值等"查找"(或选择)HTML 元素。它基于已经存在的 CSS 选择器,除此之外,它还有一些自定义的选择器。表 19-2 列出了一部分常用的 jQuery 选择器,更多的选择器读者可以通过网络获取和学习。

表 19-2 jQuery 选择器一览表

选择器	实例	选取内容
*	$("*")	所有元素
#id	$("#lastname")	id="lastname"的元素
.class	$(".intro")	class="intro"的所有元素
.class,.class	$(".intro,.demo")	class为"intro"或"demo"的所有元素
element	$("p")	所有 p 元素
el1,el2,el3	$("h1,div,p")	所有 h1、div 和 p 元素
:first	$("p:first")	第一个 p 元素
:last	$("p:last")	最后一个 p 元素
:even	$("tr:even")	所有偶数 tr 元素,索引值从 0 开始,第一个元素是偶数(0),第二个元素是奇数(1),以此类推
:odd	$("tr:odd")	所有奇数 tr 元素,索引值从 0 开始,第一个元素是偶数(0),第二个元素是奇数(1),以此类推
:first-child	$("p:first-child")	属于其父元素的第一个子元素的所有 p 元素
:first-of-type	$("p:first-of-type")	属于其父元素的第一个 p 元素的所有 p 元素
:last-child	$("p:last-child")	属于其父元素的最后一个子元素的所有 p 元素
:last-of-type	$("p:last-of-type")	属于其父元素的最后一个 p 元素的所有 p 元素
:nth-child(n)	$("p:nth-child(2)")	属于其父元素的第二个子元素的所有 p 元素
:nth-last-child(n)	$("p:nth-last-child(2)")	属于其父元素的第二个子元素的所有 p 元素,从最后一个子元素开始计数
:nth-of-type(n)	$("p:nth-of-type(2)")	属于其父元素的第二个 p 元素的所有 p 元素
:nth-last-of-type(n)	$("p:nth-last-of-type(2)")	属于其父元素的第二个 p 元素的所有 p 元素,从最后一个子元素开始计数
:only-child	$("p:only-child")	属于其父元素的唯一子元素的所有 p 元素
:only-of-type	$("p:only-of-type")	属于其父元素的特定类型的唯一子元素的所有 p 元素
parent child	$("div p")	div 元素的直接子元素的所有 p 元素
parent descendant	$("div p")	div 元素的后代的所有 p 元素
element + next	$("div + p")	每个 div 元素相邻的下一个 p 元素
element ~ siblings	$("div ~ p")	div 元素同级的所有 p 元素
:eq(index)	$("ul li:eq(3)")	列表中的第四个元素(index 值从 0 开始)
:gt(no)	$("ul li:gt(3)")	列举 index 大于 3 的元素
:lt(no)	$("ul li:lt(3)")	列举 index 小于 3 的元素
:not(selector)	$("input:not(:empty)")	所有不为空的输入元素
:header	$(":header")	所有标题元素 h1,h2,…
:animated	$(":animated")	所有动画元素
:focus	$(":focus")	当前具有焦点的元素
:contains(text)	$(":contains('Hello')")	所有包含文本"Hello"的元素

续表

选择器	实例	选取内容
:has(selector)	$("div:has(p)")	所有包含 p 元素在内的 div 元素
:empty	$(":empty")	所有空元素
:hidden	$("p:hidden")	所有隐藏的 p 元素
:visible	$("table:visible")	所有可见的表格
:root	$(":root")	文档的根元素
[attribute]	$("[href]")	所有带有 href 属性的元素
[attribute=value]	$("[href='default.htm']")	所有带有 href 属性且值等于"default.htm"的元素
[attribute!=value]	$("[href!='default.htm']")	所有带有 href 属性且值不等于"default.htm"的元素
:input	$(":input")	所有 input 元素
:text	$(":text")	所有带有 type="text"的 input 元素
:password	$(":password")	所有带有 type="password"的 input 元素
:radio	$(":radio")	所有带有 type="radio"的 input 元素
:checkbox	$(":checkbox")	所有带有 type="checkbox"的 input 元素
:submit	$(":submit")	所有带有 type="submit"的 input 元素
:reset	$(":reset")	所有带有 type="reset"的 input 元素
:button	$(":button")	所有带有 type="button"的 input 元素
:image	$(":image")	所有带有 type="image"的 input 元素
:file	$(":file")	所有带有 type="file"的 input 元素
:enabled	$(":enabled")	所有启用的元素
:disabled	$(":disabled")	所有禁用的元素
:selected	$(":selected")	所有选定的下拉列表元素
:checked	$(":checked")	所有选中的复选框选项

19.2.6 jQuery 事件

事件是指页面对不同访问者的响应,事件处理程序是指当 HTML 发生某些事件时所调用的方法。通俗地讲,那就是网站人机交互中,用户触发一个鼠标、键盘、表单或者窗口的事件,机器会反馈给用户一个交互效果的过程。

表 19-3 列出了一部分常见的 DOM 事件,更多的 DOM 事件,读者可以通过网络获取和学习。

表 19-3 常见的 DOM 事件一览表

事件名	术语
鼠标事件	click(单击)、dblclick(双击)、mouseenter(光标进入)、mouseleave(光标离开)、hover(光标悬停)
键盘事件	keydown(键按下的过程)、keypress(键被按下)、keyup(键被松开)

续表

事 件 名	术 语
表单事件	submit(提交)、change(选择)、focus(获取焦点)、blur(失去焦点)
文档/窗口事件	load(载入)、resize(大小调整)、scroll(滚动条滚动)、unload(关闭或离开)

19.2.7 jQuery 效果

（1）隐藏/显示：通过 jQuery 的 hide()和 show()方法,可实现隐藏和显示 HTML 元素,如表 19-4 所示。

表 19-4 隐藏/显示 API 一览表

语 法	作 用	返 回 值
$(selector).hide(speed,callback);	隐藏 HTML 元素	speed 参数规定隐藏/显示的速度,可取值:"slow"、"fast"或毫秒。callback 参数是隐藏/显示完成后所执行的方法名称
$(selector).show(speed,callback);	显示 HTML 元素	
$(selector).toggle(speed,callback);	切换 hide()和 show()方法	

（2）淡入/淡出：通过 jQuery 的 Fading 方法(注意方法名严格区分大小写),可实现元素的淡入/淡出效果,如表 19-5 所示。

表 19-5 淡入/淡出 API 一览表

语 法	作 用	返 回 值
$(selector).fadeIn(speed,callback);	淡入已隐藏的元素	speed 参数规定隐藏/显示的速度,可取值:"slow"、"fast"或毫秒。callback 参数是隐藏/显示完成后所执行的方法名称。opacity 参数是将淡入淡出效果设置为给定的不透明度(值介于 0 与 1 之间)
$(selector).fadeOut(speed,callback);	淡出可见元素	
$(selector).fadeToggle(speed,callback);	在 fadeIn()与 fadeOut()方法之间进行切换	
$(selector).fadeTo(speed,opacity,callback);	允许渐变为给定的不透明度(值介于 0 与 1 之间)	

（3）滑动：通过 jQuery,可以在元素上创建滑动效果,滑动的方法如表 19-6 所示。

表 19-6 滑动 API 一览表

语 法	作 用	返 回 值
$(selector).slideDown(speed,callback);	向下滑动元素	speed 参数规定隐藏/显示的速度,可取值:"slow"、"fast"或毫秒。callback 参数是隐藏/显示完成后所执行的方法名称
$(selector).slideUp(speed,callback);	向上滑动元素	
$(selector).slideToggle(speed,callback);	在 slideDown()与 slideUp()方法之间进行切换	

（4）动画：运用 jQuery animate()方法,可以实现自定义动画,如表 19-7 所示。

表 19-7 动画 API 一览表

语法	作用	返回值
$(selector).animate({params},speed,callback);	创建自定义动画	params 参数定义形成动画的 CSS 属性。 speed 参数规定隐藏/显示的速度,可取值:"slow"、"fast"或毫秒。 callback 参数是隐藏/显示完成后所执行的方法名称。 定义相对值(该值相对于元素的当前值),需要在值的前面加上+=或-=。 动画值设置为"show"、"hide"或"toggle"

19.2.8 jQuery HTML

1. 捕获(获取)

jQuery 拥有可操作 HTML 元素和属性的强大方法。jQuery 中非常重要的部分,就是操作 DOM 的能力。jQuery 提供一系列与 DOM 相关的方法,这使得访问和操作元素和属性变得很容易,如表 19-8 和表 19-9 所示。

表 19-8 获取内容 API 一览表

方法	作用
text()	返回所选元素的文本内容
html()	返回所选元素的内容(包括 HTML 标记)
val()	返回表单字段的值

表 19-9 获取属性 API 一览表

方法	区别	结果
attr()	本身就带有的固有属性	如果有相应的属性,返回指定属性值 如果没有相应的属性,返回值是 undefined
prop()	自定义的 DOM 属性	如果有相应的属性,返回指定属性值 如果没有相应的属性,返回值是空字符串

2. 设置

设置 API 的方法和作用如表 19-10 所示。

表 19-10 设置 API 的方法和作用

方法	作用
text(值)	设置所选元素的文本内容
html(值)	设置所选元素的内容(包括 HTML 标记)
val(值)	设置表单字段的值
attr(属性,值)	设置/改变属性值

3. 添加元素

通过 jQuery，可以很容易地添加新元素/内容，如表 19-11 所示。

表 19-11　添加元素 API 的语法和作用

语　法	作　用
append()	在被选元素的结尾插入内容，仍在该元素的内部
prepend()	在被选元素的开头插入内容
after()	在被选元素之后插入内容
before()	在被选元素之前插入内容

4. 删除元素

通过 jQuery，可以很容易地删除已有的 HTML 元素，如表 19-12 所示。

表 19-12　删除元素 API 的语法和作用

语　法	作　用
remove()	删除被选元素（及其子元素）
empty()	从被选元素中删除子元素

5. CSS 类

通过 jQuery，可以很容易地对 CSS 元素进行操作，如表 19-13 所示。

表 19-13　CSS 类 API 的语法和作用

语　法	作　用
addClass()	向被选元素添加一个或多个类
removeClass()	从被选元素删除一个或多个类
toggleClass()	对被选元素进行添加/删除类的切换操作
css()	设置或返回样式属性

19.2.9　jQuery 遍历

1. 什么是遍历

jQuery 遍历是指根据其相对于其他元素的关系来查找（或获取）HTML 元素。以某项选择开始，并沿着这个选择移动，直到抵达用户期望的元素为止。下面展示一个 DOM 家族树来进行阐述，如图 19-10 所示。

图示解析如下。

div 元素是 ul 的父元素，同时是其中所有内容的祖先。

ul 元素是 li 元素的父元素，同时是 div 的子元素。

左边的 li 元素是 span 的父元素，ul 的子元素，同时是 div 的后代。

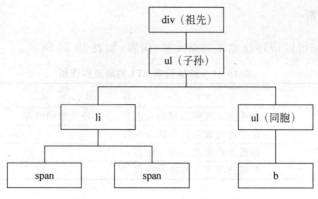

图 19-10　DOM 家族树示意图

span 元素是 li 的子元素，同时是 ul 和 div 的后代。
两个 li 元素是同胞（拥有相同的父元素）。
右边的 li 元素是 b 的父元素，ul 的子元素，同时是 div 的后代。
b 元素是右边的 li 的子元素，同时是 ul 和 div 的后代。

2. 祖先

祖先是父、祖父或曾祖父等。通过 jQuery，用户能够向上遍历 DOM 树，以查找元素的祖先，如表 19-14 所示。

表 19-14　获取祖先 API 的语法和作用

语法	作　用
parent()	返回被选元素的直接父元素，该方法只会向上一级对 DOM 树进行遍历
parents()	返回被选元素的所有祖先元素，它一路向上直到文档的根元素(<html>)
parentsUntil()	返回介于两个给定元素之间的所有祖先元素

3. 后代

后代是子、孙、曾孙等。通过 jQuery，用户能够向下遍历 DOM 树，以查找元素的后代，如表 19-15 所示。

表 19-15　获取后代 API 的语法和作用

语法	作　用
children()	返回被选元素的所有直接子元素
find()	返回被选元素的后代元素，一路向下直到最后一个后代

4. 同胞（siblings）

同胞拥有相同的父元素。通过 jQuery，用户能够在 DOM 树中遍历元素的同胞元素，如表 19-16 所示。

表 19-16 获取同胞 API 的语法和作用

语法	作用
siblings()	返回被选元素的所有同胞元素
next()	返回被选元素的下一个同胞元素
nextAll()	返回被选元素的所有跟随(往下)的同胞元素
nextUntil()	返回介于两个给定参数之间的所有跟随(往下)的同胞元素
prev()	返回被选元素的上一个同胞元素
prevAll()	返回被选元素的所有之前(往上)的同胞元素
prevUntil()	返回介于两个给定参数之间的所有之前(往上)的同胞元素

19.2.10 jQuery AJAX

1. 什么是 AJAX

AJAX(asynchronous JavaScript and XML)是与服务器交换数据的技术,它在不重载全部页面的情况下,实现了对部分网页的更新。它不是新的编译语言,而是新的现有的标准使用方法,其优点是在不重复载入全部页面的情况下,实现对部分页面内容的更新。

AJAX 不需要任何浏览器插件,但需要用户允许 JavaScript 在浏览器上执行。jQuery 提供多个与 AJAX 有关的方法。通过 jQuery AJAX 方法,用户能够使用 HTTP GET 和 HTTP POST 从远程服务器上请求文本、HTML、XML 或 JSON,同时用户能够把这些外部数据直接载入网页的相关元素中。

2. $.ajax()方法

语法格式如下。

```
$.ajax({name:value,name:value,…})
```

其中的参数规定 AJAX 请求的一个或多个名称或者值对。

作用:执行 AJAX(异步 HTTP)请求。

所有的 jQuery AJAX 方法都使用 ajax() 方法。该方法通常用于其他方法不能完成的请求。

$.ajax()方法的一些名称/值如表 19-17 所示。

表 19-17 $.ajax()方法名称/值

名称	作用	返回值
async	布尔值,表示请求是否异步处理	默认是 true
beforeSend(xhr)	发送请求前运行的方法	
cache	布尔值,表示浏览器是否缓存被请求页面	默认是 true
complete(xhr,status)	请求完成时运行的方法(在请求成功或失败之后均调用)	

续表

名称	作用	返回值
contentType	发送数据到服务器时所使用的内容类型	默认是"application/x-www-form-urlencoded"
context	为所有 AJAX 相关的回调方法	默认是 this
data	规定要发送到服务器的数据	
dataFilter(data,type)	用于处理 XMLHttpRequest 原始响应数据的方法	
dataType	预期的服务器响应的数据类型	
error(xhr,status,error)	当请求失败时运行的方法	
global	布尔值,规定是否为请求触发全局 AJAX 事件处理程序	默认是 true
ifModified	布尔值,规定是否仅在最后一次请求以来响应发生改变时才请求成功	默认是 false
jsonp	在一个 jsonp 中重写回调方法的字符串	
jsonpCallback	在一个 jsonp 中规定回调方法的名称	
password	规定在 HTTP 访问认证请求中使用的密码	
processData	布尔值,规定通过请求发送的数据是否转换为查询字符串	默认是 true
scriptCharset	规定请求的字符集	
success(result,status,xhr)	当请求成功时运行的方法	
timeout	设置本地的请求超时时间(以毫秒计)	
traditional	布尔值,规定是否使用参数序列化的传统样式	
type	规定请求的类型	默认是 GET 或 POST
url	规定发送请求的 URL。默认是当前页面	
username	规定在 HTTP 访问认证请求中使用的用户名	
xhr	用于创建 XMLHttpRequest 对象的方法	

下面列举了一个常用的 $.ajax()方法的使用案例,读者可以自行参考和编写,代码如下。

```
$.ajax({
  type: "GET",
  url: "test.json",
  data: data,
  dataType: "json",
  success: function(res){
      //异步传输数据成功后执行
  },
  error:function(res){
      //异步传输发生错误后执行,该回调方法可以省略
```

```
    }
});
```

3. $.get()与$.post()方法

这两个方法用于通过 HTTP GET 或 HTTP POST 请求从服务器请求数据。GET 指的是从指定的资源请求数据，POST 指的是资源提交要处理的数据，如表 19-18 所示。

表 19-18　get()/post()方法 API 的语法和作用

语 法	作 用	返 回 值
$.get(URL,callback);	从服务器上请求数据	URL 参数规定用户希望请求的 URL。callback 参数是请求成功后所执行的方法名称
$.post(URL,data,callback);	从服务器上请求数据	URL 参数规定用户希望请求的 URL。data 参数规定连同请求发送的数据。callback 参数是请求成功后所执行的方法名称

$.get()与$.post()方法的区别如表 19-19 所示。

表 19-19　get()/post()方法的区别

类 型	get()	post()
发生的数据数量	只能发送有限数量的数据，因为数据是在 URL 中发送的	可以发送大量的数据，因为数据是在正文主体中发送的
安全性	发送的数据不受保护，因为数据在 URL 栏中公开，这增加了漏洞和黑客攻击的风险	发送的数据是安全的，因为数据未在 URL 栏中公开，还可以在其中使用多种编码技术，这使其具有弹性
加入书签	查询的结果可以加入书签中，因为它以 URL 的形式存在	查询的结果无法加入书签中
编码	在表单中使用 GET 方法时，数据类型中只接受 ASCII 字符	在表单提交时，POST 方法不绑定表单数据类型，并允许二进制和 ASCII 字符
可变大小	可变大小约为 2000 个字符	最多允许 8MB 的可变大小
缓存	可缓存的	无法缓存的
主要作用	主要用于获取信息	主要用于更新数据

19.3　任务实施

19.3.1　PC 端注册页表单验证交互效果设计与制作

第一步：将注册页引入 jQuery 版本文件。

注意：jQuery 版本文件需要第一个被引入到页面，在 jQuery 版本文件的下面，再引入其他外部 JS 文件，顺序不要颠倒。

代码如下。

```
<head>
    <script src="js/jquery-3.6.0.min.js" type="text/javascript"></script>
    <!--对于jQuery版本文件的路径,读者需要根据自身实际项目目录的关系进行调整-->
</head>
```

第二步:新建 showTips.js 外部文件。

打开 HBuilder X,右击 js 文件夹,选择"新建"|"js 文件"命令,在"新建 js 文件"对话框中,将文件命名为 showTips.js,然后单击"创建"按钮,如图 19-11 和图 19-12 所示。

图 19-11 新建外部 js 文件

图 19-12 "新建 js 文件"对话框

接着,打开刚刚新建好的 showTips.js 文件,添加显示提示框代码,代码如下。

```javascript
//显示提示框,三个参数
//txt:要显示的文本
//time:自动关闭的时间(如果不设置,则默认为1500毫秒)
//status:默认 0 为错误提示,1 为正确提示
function showTips(txt,time,status)
{
    var htmlCon = '';
    if(txt != ''){
        if(status != 0 && status != undefined){
            htmlCon = '<div class="tipsBox" style="width:220px;padding:10px;background-color:#4AAF33;border-radius:4px;-webkit-border-radius:4px;-moz-border-radius:4px;color:#fff;box-shadow:0 0 3px #ddd inset;-webkit-box-shadow:0 0 3px #ddd inset;text-align:center;position:fixed;top:0%;left:50%;z-index:999999;margin-left:-120px;"><img src="/plant/images/ok.png" style="vertical-align:middle;margin-right:5px;" alt="OK,"/>'+txt+'</div>';
        }
        else{
            htmlCon = '<div class="tipsBox" style="width:220px;padding:10px;background-color:#D84C31;border-radius:4px;-webkit-border-radius:4px;-moz-border-radius:4px;color:#fff;box-shadow:0 0 3px #ddd inset;-webkit-box-shadow:0 0 3px #ddd inset;text-align:center;position:fixed;top:0%;left:50%;z-index:999999;margin-left:-120px;"><img src="/plant/images/err.png" style="vertical-align:middle;margin-right:5px;" alt="Error,"/>'+txt+'</div>';
        }
        $('body').prepend(htmlCon);
        if(time == '' || time == undefined){
            time = 1500;
        }
        setTimeout(function(){ $('.tipsBox').remove(); },time);
    }
}
```

其中,提示框中使用到了两个 png 图片素材,读者应该先将 ok.png 和 err.png 图片素材存放到项目根目录下的 images 文件夹中去。

最后,再使用<script></script>标签对,将外部 showTips.js 文件引入到注册页中,并放置在 jQuery 版本文件引入代码的下方。

第三步:实现 PC 端注册页表单验证交互效果。

PC 端注册页的最终效果如图 19-13 所示,表单部分的 HTML 代码如下。

```html
<form name='registerform' id="registerform" action="" method="">
  <table class="register_table">
    <tr>
      <td class="registertitle">以下均为必填项</td>
    </tr>
    <tr>
      <td><table class="registertable">
    <tr>
      <td><span class="redstar">*</span>请填写您的Email地址:</td>
      <td class="registerinputtd">
        <input name="email" id="email" type="text" class="registerinput" />
      </td>
      <td class="registerchecktext">请填写有效的Email地址,在下一步中您将用此邮箱接收验证邮件。</td>
    </tr>
    <tr>
      <td><span class="redstar">*</span>设置您在叮当网的昵称:</td>
      <td class="registerinputtd">
        <input name="username" id="username" type="text" class="registerinput" />
      </td>
      <td class="registerchecktext">您的昵称可以由小写英文字母、数字组成,长度4-20个字符。</td>
    </tr>
    <tr>
      <td><span class="redstar">*</span>设置密码:</td>
      <td class="registerinputtd">
        <input name="pwd" id="pwd" type="password" class="registerinput" />
      </td>
      <td class="registerchecktext">您的密码可以由大小写英文字母、数字组成,长度6-20位。</td>
    </tr>
    <tr>
      <td><span class="redstar"> </span>再次输入您设置的密码:</td>
      <td class="registerinputtd">
        <input name="repwd" id="repwd" type="password" class="registerinput" />
      </td>
      <td class="registerchecktext"> </td>
    </tr>
    <tr>
      <td colspan="3" class="registerbottomtd">
        <input name="registersubmit" type="submit" value="注 册" id="btnregister" class="registe rok">
      </td>
    </tr>
  </table>
</form>
```

PC端注册页表单验证交互效果如下。

图 19-13　PC 端注册页最终效果图

（1）账号验证：必须采用邮箱格式。
（2）昵称验证：由小写英文字母、数字组成，长度为 4～20 个字符。
（3）密码验证：由大小写英文字母、数字组成，长度为 6～20 个字符。
（4）确认密码验证：与密码值相同。
jQuery 表单验证交互代码如下。

```
//文档就绪事件
$(document).ready(function(){
  //当"注册"按钮被单击后,触发验证效果
  $('#btnregister').click(function(){

    var temp_email=$('#email').val();       //获取 E-mail 文本框的值
    var temp_username=$('#username').val(); //获取昵称文本框的值
    var temp_pwd=$('#pwd').val();           //获取密码文本框的值
    var temp_repwd=$('#repwd').val();       //获取确认密码文本框的值

    //判断表单是否为空
    if(temp_email=='' || temp_username=='' || temp_pwd=='' || temp_repwd==''){
      showTips('请将表单填写完整!');
      return false;
    }

    //E-mail 填写格式的正则表达式
    var emailERG=/^([A-Za-z0-9_\-\.])+\@(([A-Za-z0-9_\-\.])+\.([A-Za-z]{2,4}))$/;
    //判断 E-mail 填写格式是否正确
    if(!emailERG.test(temp_email)){
      showTips("账号必须是邮箱格式!");
```

```
        return false;
    };

    //昵称填写格式的正则表达式
    var usernameERG=/^[a-z0-9]{4,20}$/;
    //判断昵称填写格式是否正确
    if(!usernameERG.test(temp_username)){
        showTips("昵称规则不正确!");
        return false;
    }

    //密码填写格式的正则表达式
    var pwdERG=/^[a-zA-Z0-9]{6,20}$/;
    //判断密码填写格式是否正确
    if(!pwdERG.test(temp_pwd)){
        showTips("密码规则不正确!");
        return false;
    }

    //判断与密码填写是否一致
    if(temp_pwd != temp_repwd){
        showTips("两次密码不一致!");
        return false;
    }
    else{
        //弹出注册成功提示框
        showTips("表单验证通过!",1,3000);
    }
});
});
```

PC 端注册页表单验证交互效果设计的每种验证效果分别如图 19-14～图 19-19 所示。

图 19-14 PC 端表单验证之表单为空验证效果图

图 19-15　PC 端表单验证之邮箱格式验证效果图

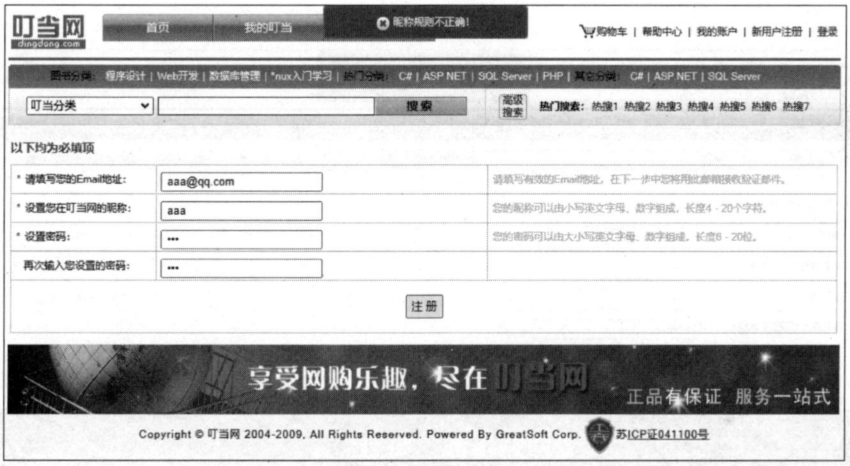

图 19-16　PC 端表单验证之昵称规则验证效果图

图 19-17　PC 端表单验证之密码规则验证效果图

图 19-18 PC 端表单验证之两次密码相同验证效果图

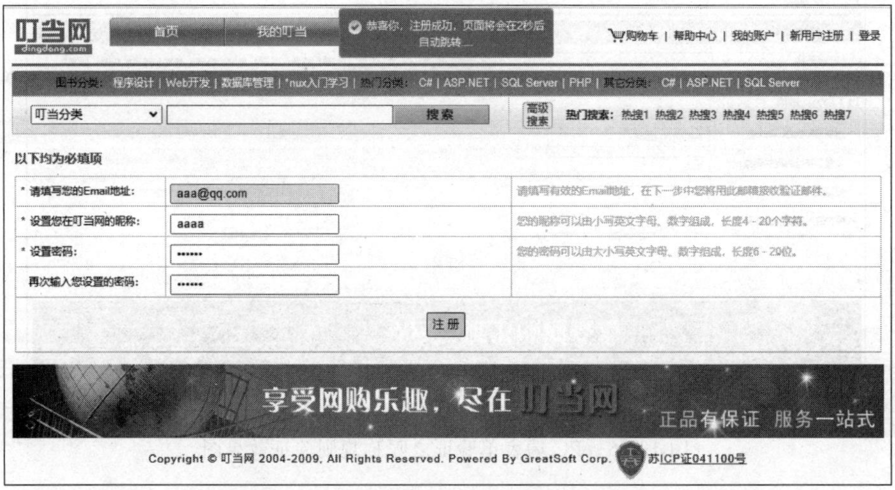

图 19-19 PC 端表单验证通过验证效果图

综合网络上很多表单验证效果来看,本任务实现的 PC 端表单验证效果是基于自动消失的提示层效果,操作简便,增加了用户的体验度,提升了网络产品的人性化设计。该表单验证效果不占用额外的屏幕长、宽度,也适用于移动端下网络产品的表单验证交互效果设计,读者可以参考本任务的实现方式来完成移动端网络产品中的表单验证交互效果设计与制作。

19.3.2 移动端首页返回顶部交互效果设计与制作

随着移动设备终端的智能化发展,移动设备已经成为连接互联网的主力设备。在移动端下,网络产品的设计更加需要考虑移动设备终端屏幕大小问题,从而提升用户体验。

本任务的移动端首页返回顶部交互效果就是基于这样的考量来设计的。下面由程旭元带领读者们采用jQuery插件来实现返回顶部交互效果的设计与制作。

scrollUp是一个基于jQuery返回顶部的插件工具,它能够让用户滚动条滚动到一定的位置时(可设置),右下角出现滚动到顶部的按钮,单击后,页面就是慢慢地滚动到顶部,而不是硬生生地直接回到顶部,提高了用户体验。

要使用jQuery插件来实现交互设计,首先需要读者通过网络查询和下载相关插件,然后将插件放置到项目目录下对应的文件夹中,最后将插件引入到页面中即可。最终效果如图19-20所示。

图 19-20 移动端首页返回顶部交互效果图

引入代码如下。

```
<head>
    <!--引入jQuery版本文件,src路径可以根据实际项目目录调整-->
    <script src="jquery/js/jquery3.2.1.min.js"></script>
    <!--引入scrollUp插件js文件,放置在jQuery版本文件下方-->
    <script src="jquery/js/jquery.scrollUp.min.js"></script>
</head>
```

HTML代码如下。

```html
<!--回顶端-->
<div>
    <div class="order-tips__message-item" :class="getClass(index)"
        v-for="(orderTip, index) in tips" :key="index">
        {{orderTip[]}}
    </div>
</div>
```

JavaScript 代码如下。

```
<script>
    $(document).ready(function() {
        $.scrollUp({
            scrollName: "scrollUp",         //绑定 id,默认为 scrollUp
            topDistance: "300",             /*滚动条距离顶部多少距离时出现按钮,单位为 px,默
                                              认为 300 */
            topSpeed: 300,                  //滚动到顶部的时间,单位为 ms,默认为 300
            animation: "fade",              /*按钮出现、隐藏的方式,可选 fade(淡入/淡出)、slide
                                              (滑块)或者 none(无) */
            animationInSpeed: 200,          //按钮出现的时间
            animationOutSpeed: 200,         //按钮隐藏的时间
            scrollText: '<i class="fa fa-angle-up"></i>',
                                            /*按钮内的文字,默认为 Scroll to top,本案例采用了
                                              icon 图标的向上箭头 */
            activeOverlay: false            /*是否显示参考线,值为十六进制颜色值或者 false,默
                                              认为 false */
        });
    });
</script>
```

CSS 代码如下。

```css
/* 返回顶部样式 */
#scrollUp {
    background-color: #777;
    color: #eee;
    font-size: 40px;
    line-height: 1;
    text-align: center;
    text-decoration: none;
    bottom: 20px;
    right: 20px;
    overflow: hidden;
    width: 46px;
    height: 46px;
    border: none;
    opacity: .8;
    margin-bottom: 60px;
}
.order-tips__message {
```

```css
        position: relative;
}
.order-tips__message-item {
        position: absolute;
        top: 17px;
        opacity: ;
}
.order-tips__message-item--slidein {
        top: ;
        opacity: ;
        transition: top 1s, opacity 1s;
}
.order-tips__message-item--slideout {
        top: -16px;
        opacity: ;
        transition: top 1s, opacity 1s;
}
#scrollUp:hover {
        background-color: #778899
}
@media screen and (min-width:992px) {
        #scrollUp {
                bottom: 80px
        }
}
```

19.3.3 移动端购物车页交互效果设计与制作

"叮当网上书店"项目作为一个电子商务平台的网络产品,其中,购物车页是最能够体现人机交互设计的一个页面。本任务由程旭元带领读者来实现移动端购物车页的人机交互效果的设计与制作。PC端购物车页的人机交互效果,读者可参考本任务的实现过程,独立完成。

在本任务的移动端购物车页的交互效果设中,主要设计了单复选框选择、商品数量"加"和"减"按钮点击、"全选"复选框选择、统计商品合计价格等交互效果。最终效果如图19-21所示。

HTML代码如下。

```html
<!-- 购物车页商品列表 HTML 代码部分 -->
<div class="shopcar">
    <ul class="spcarul">
        <li class="spcartli">
            <div class="spcartbox-r">
                <label><input class="aui-radio check" type="checkbox" name="demo1"/></label>
                <img href="detail.html" class="img-holes" src="images/products/1.jpg" />
                <div class="spcartbox-spinfo">
```

```html
            <div class="spcartbox-spname">六百年故宫</div>
            <div class="spcartbox-spsize" data-toggle="modal" data-target="#myModal">
                官方标配:六百年故宫
            </div>
            <div class="spcartbox-spprice">
                <span class="unitprice">￥139.00</span>
                <div class="spcartbox-spnum">
                    <span class="minus">-</span>
                    <span class="num">1</span>
                    <span class="plus">+</span>
                </div>
            </div>
        </div>
        <!-- 商品小计 -->
        <div class="box">
            <div>&yen;<span class="subPrice" id="subPrice2">0</span></div>
        </div>
    </div>
  </li>
 </ul>
</div>
<!-- 购物车页商品列表第二行商品 -->
<div class="shopcar">
 ...
</div>
<!-- 购物车页商品列表第三行商品 -->
<div class="shopcar">
 ...
</div>
...

<!-- 购物车页结算显示区 HTML 代码 -->
<nav class="navbar fixed-bottom navbar-light bg-white">
  <!-- Start 所有商品全选-->
  <label class="allchoice"><input class="aui-radio allSelect" type="checkbox"
    name="demo1" />全选</label>
  <div class="bar-right">
    合计:
    <span>￥<span class="allPrice1" id="finalPrice">0</span></span>
    <div class="calBtn"><a href="javascript:;">结算</a></div>
  </div>
  <!-- Ending 所有商品全选-->
</nav>
```

引入 jQuery 版本文件代码如下。

任务 19 "叮当网上书店"网站交互设计与制作

图 19-21 移动端购物车页交互效果图

```
<head>
    <!-- 引入 jQuery 版本文件 -->
    <script src="jquery/js/jquery3.2.1.min.js"></script>
</head>
```

JavaScript 代码如下。

```
<script>
//文档就绪事件,简写方式
$(function() {
    shopcart(); //调用 shopcart()方法。

    //定义购物车页的 shopcart()方法,无参数
    function shopcart() {
        //数量加
        $(".plus").on("click", function() {
            var num = $(this).prev().html();          //获取商品初始数量 1
            $(this).prev().html(Number(num) + 1);     //此时已将数字直接写入标签内,是动作
            var buynum = $(this).prev().html();       //得到+1 之后的商品数量,即购买数量
            var price = $(this).parent().prev().html().replace('￥','');
            $(this).parent().parent().parent().next().children().children().html((buynum * Number(price)));
            allPrice();         //调用下方定义的 allPrice()方法
            checkNum();         //调用下方定义的 checkNum()方法
        });
```

```javascript
//数量减
$(".minus").on("click", function() {
    var num = $(this).next().html();        //获取此时商品数量
    if (num > 1) {
        $(this).next().html(Number(num) - 1);//此时已将数字直接写入标签内,是动作
        var buynum = $(this).next().html();  //得到-1之后的商品数量,即购买数量
        var price = $(this).parent().prev().html().replace('￥', '');
        $(this).parent().parent().parent().next().children().children().html(
            buynum * Number(price)).toFixed(2));
    } else {
        alert("该宝贝不能减少了哟～～");
    }
    allPrice();
    checkNum();
});

//全选
$(".allSelect").click(function() {
    if (this.checked == true) {
        $(".check").prop("checked", true);
    } else {
        $(".check").prop("checked", false);
    }
    allPrice();
    checkNum();
});

    //单选
    $(".check").click(function() {
        var check = $(".check").length;
        var checked = $(".check:checked").length;
        if (check == checked) {
            $(".allSelect").prop("checked", true);
        } else {
            $(".allSelect").prop("checked", false);
        }
            allPrice();
            checkNum();
    });

    //定义checkNum()方法,获取商品数量
    function checkNum() {
        var num = 0;
        $(".check").each(function() {
            if (this.checked == true) {
                //获取每个选中商品的数量
                var b = $(this).parent().next().next().find('.num').html();
                num += Number(b);
```

```
            }
        });
            $(".fontColor1").html(num);
    }

    //获取每个商品的小计和改变其总数值
    function allPrice() {
        var sum = 0;
        $(".check").each(function() {
            if (this.checked == true) {
                //获取每个商品的小计随后相加
                var a = $($(this).parent().next().next().next().children().
                    children()[0]).html();
                if (a == 0) {
                    a = $($(this).parent().parent().find(".unitprice")).html().
                        replace('¥','');
                }
                sum += Number(a);
            }
        });
        // 改变总计数值
        $(".allPrice1").html(sum.toFixed(2));
    }
}
})
</script>
```

19.4 任务拓展

随着移动端购物车页结算交互效果的完成,本任务所有的交互效果已经全部实现。接下来,就需要读者举一反三,灵活应用 jQuery 前端框架给网站加入更多的人机交互效果,提升用户的使用体验。

"叮当网上书店"电子商务平台项目 PC 端和移动端网站其他页面的人机交互效果,读者也可以不断地完善它们。

1. PC 端登录页表单验证交互效果的设计与制作

PC 端登录页表单验证交互的效果,可以参照注册页的表单验证效果,主要包括账号和密码为空验证、账号邮箱格式验证和密码是大小写字母、数字,长度 6~20 位的规则验证,效果如图 19-22 所示。

2. PC 端购物车页结算交互效果的设计与制作

PC 端购物车页结算交互的效果,可以参考移动端购物车页的结算交互效果,交互的操作基本类似,效果如图 19-23 所示。

图 19-22　PC 端登录页交互效果图

图 19-23　PC 端购物车页交互效果图

19.5　职 业 素 养

随着最后一个任务点的实施完成,本书也接近尾声。但是,围绕Web前端开发1+X证书制度标准体系及课证融通方面才刚刚开始,后续还会开始诸如JavaScript脚本语言、MySQL数据库、PHP动态网站、Web MVC后端框架等方面的初、中级证书标准体系的课程。如果读者还想往更高层次的Web前端开发方向发展,可以学习1+X证书制度高级证相关的课程。

纵观Web前端开发1+X证书制度标准体系,再结合课证融通开设的课程,本书所设计与制作的PC端和移动端静态网站又只是整个"叮当网上书店"大项目中的一个过程环节,相当于软件工程工作过程中的DEMO设计阶段。后续课程还会在此基础上,加入更多的人机交互效果、结合MySQL数据库及PHP语言或者MVC框架进行项目功能模块的研发和实现。

由此可见,"叮当网上书店"电子商务平台项目贯彻的不只是本课程,而是整个Web前端开发1+X证书制度标准体系(初、中级)下的所有课证融通课程,主要培养学生以下方面的职业素养。

(1) 具有把一项任务精益求精地一直做下去、做到极致的工匠精神。

(2) 针对IT行业技术变革的日新月异,能够持之以恒、终身学习。

19.6　任 务 小 结

本任务主要通过"叮当网上书店"项目的PC端注册页表单验证交互、移动端首页返回顶部交互及移动端购物车页结算交互三个人机交互案例,以点带面,由程旭元将读者们领进jQuery前端框架的大门,让读者们理解掌握jQuery前端框架从下载安装开始,到基本知识,再到选择器、事件、效果、HTML、遍历、AJAX的API等相关知识和技能,最后通过3个任务实施,让读者能够学以致用,熟能生巧。

其中,本任务没有涉及jQuery的AJAX实施,该方面的知识和技能在Web前端开发1+X证书制度标准体系中,主要体现在中级证书方面,读者们可以在后续中级证书的课程中去理解、运用和掌握它。

至此,按照本书任务1"叮当网上书店"项目需求分析中网站项目开发流程图所示,整个项目通过项目需求设计、DEMO设计、素材设计、HTML架构、CSS样式、Hack测试等环节已经接近尾声。接下来,项目经理宫成世将与客户最终确认项目后,帮助客户将网站项目上网,供全球用户进行使用。要将网站项目放置到互联网上,还要经过两个环节,一是给网站申请域名;二是根据项目开发环境,购买相对应的虚拟主机。申请域名和购买虚拟主机的任务,读者们可以通过新网或者阿里云等互联网运营商来寻求帮助。最后,域名申请和购买成功后,读者们还需要配合运营商,帮助客户做好域名的备案工作。

19.7 能力评估

1. 简述 jQuery 及工作原理。
2. jQuery 有哪些优势？
3. 什么是文档就绪事件？语法格式是什么？
4. 常用的 jQuery 选择器分哪几种？列举 10 种以上选择器。
5. 常用的 jQuery 事件分哪几种？每种事件列举 3 种以上。
6. jQuery 效果的 API 有哪些？分别有什么作用？
7. jQuery HTML 的 API 有哪些？分别有什么作用？
8. jQuery 遍历的 API 有哪些？分别有什么作用？
9. jQuery AJAX 的 API 有哪些？分别有什么作用及参数组有哪些？
10. jQuery 版本文件如何引入到页面？采用什么标签？有哪些注意点？

参 考 文 献

[1] 何丽.精通 DIV+CSS 网页样式与布局[M].北京：清华大学出版社,2011.

[2] Jon Duckett.Web 编程入门经典：HTML、XHTML 和 CSS[M].杜静,敖富江,译.2 版.北京：清华大学出版社,2010.

[3] 马增友,孙小艳,赵俊俏,等.Adobe Photoshop 网页设计与制作标准实训教程[M].北京：印刷工业出版社,2014.

[4] 储久良.Web 前端开发技术——HTML 5、CSS 3、JavaScript[M].3 版.北京：清华大学出版社,2018.

[5] 杨旺功.Bootstrap 4 Web 设计与开发实战[M].北京：清华大学出版社,2020.

[6] Ben Frain.响应式 Web 设计 HTML 5 和 CSS 3 实战[M].奇舞团,译.北京：人民邮电出版社,2017.

[7] 刘鑫.Web 前端技术丛书：jQuery 前端开发实战[M].北京：清华大学出版社,2019.